"十三五"国家重点出版物出版规划项目
岩石力学与工程研究著作丛书

深部围岩可靠性、稳定性与密闭性评价方法及应用

张强勇　熊清蓉　段　抗　张　岳　张振杰　著

科学出版社
北　京

内 容 简 介

本书紧密围绕深部围岩可靠性、稳定性和密闭性评价分析的关键科学问题，通过力学试验、模型试验、理论分析、数值模拟和工程应用相结合的多种方法，研究提出了深部围岩力学参数的概率分布模型，建立了深部洞室结构可靠度分析方法和模型试验验证方法；提出了深部围岩高应力与非达西渗流耦合力学模型，建立了多场耦合作用下大埋深隧洞围岩稳定性分析方法和深部钻井井壁失稳评价方法；提出了围岩孔隙结构多尺度表征与重构方法；构建了围岩介质的物质运移模型和深部围岩密闭性测试评价方法。本书注重理论方法和工程实践的紧密结合，提出的试验方法、建立的理论模型和编制的计算程序皆成功应用于实际工程，并能有效指导工程实践。

本书可供土木工程、水利水电工程、能源与交通工程等领域的科研和工程技术人员使用，也可作为高等院校相关专业研究生的教学参考书。

图书在版编目(CIP)数据

深部围岩可靠性、稳定性与密闭性评价方法及应用 / 张强勇等著. 北京 : 科学出版社, 2025. 6. --（岩石力学与工程研究著作丛书）.

ISBN 978-7-03-081945-1

Ⅰ. TD325

中国国家版本馆CIP数据核字第2025C1A997号

责任编辑：刘宝莉 / 责任校对：任苗苗
责任印制：赵 博 / 封面设计：蓝正设计

科学出版社出版
北京东黄城根北街16号
邮政编码: 100717
http://www.sciencep.com
三河市春园印刷有限公司印刷
科学出版社发行 各地新华书店经销
*
2025年6月第 一 版 开本：720 × 1000 1/16
2025年9月第二次印刷 印张：17 1/4
字数：345 000

定价：198.00元

（如有印装质量问题，我社负责调换）

“岩石力学与工程研究著作丛书”编委会

“岩石力学与工程研究著作丛书”序

随着西部大开发等相关战略的实施，国家重大基础设施建设正以前所未有的速度在全国展开：在建、拟建水电工程达30多项，大多以地下硐室(群)为其主要水工建筑物，如龙滩、小湾、三板溪、水布垭、虎跳峡、向家坝等水电站，其中白鹤滩水电站的地下厂房高达90m、宽达35m、长400多米；锦屏二级水电站4条引水隧道，单洞长16.67km，最大埋深2525m，是世界上埋深与规模均为最大的水工引水隧洞；规划中的南水北调西线工程的隧洞埋深大多在400～900m，最大埋深1150m。矿产资源与石油开采向深部延伸，许多矿山采深已达1200m以上。高应力的作用使得地下工程冲击地压显现剧烈，岩爆危险性增加，巷(隧)道变形速度加快、持续时间长。城镇建设与地下空间开发、高速公路与高速铁路建设日新月异。海洋工程(如深海石油与矿产资源的开发等)也出现方兴未艾的发展势头。能源地下储存、高放核废物的深地质处置、天然气水合物的勘探与安全开采、CO_2地下隔离等已引起高度重视，有的已列入国家发展规划。这些工程建设提出了许多前所未有的岩石力学前沿课题和亟待解决的工程技术难题。例如，深部高应力下地下工程安全性评价与设计优化问题，高山峡谷地区高陡边坡的稳定性问题，地下油气储库、高放核废物深地质处置库以及地下CO_2隔离层的安全性问题，深部岩体的分区碎裂化的演化机制与规律，等等。这些难题的解决迫切需要岩石力学理论的发展与相关技术的突破。

近几年来，863计划、973计划、“十一五”国家科技支撑计划、国家自然科学基金重大研究计划以及人才和面上项目、中国科学院知识创新工程项目、教育部重点(重大)与人才项目等，对攻克上述科学与工程技术难题陆续给予了有力资助，并针对重大工程在设计和施工过程中遇到的技术难题组织了一些专项科研，吸收国内外的优势力量进行攻关。在各方面的支持下，这些课题已经取得了很多很好的研究成果，并在国家重点工程建设中发挥了重要的作用。目前组织国内同行将上述领域所研究的成果进行了系统的总结，并出版“岩石力学与工程研究著作丛书”，值得钦佩、支持与鼓励。

该丛书涉及近几年来我国围绕岩石力学学科的国际前沿、国家重大工程建设中所遇到的工程技术难题的攻克等方面所取得的主要创新性研究成果，包括深部及其复杂条件下的岩体力学的室内、原位试验方法和技术，考虑复杂条件与过程（如高应力、高渗透压、高应变速率、温度-水流-应力-化学耦合）的岩体力学特性、变形破裂过程规律及其数学模型、分析方法与理论，地质超前预报方法与技术，工程地质灾害预测预报与防治措施，断续节理岩体的加固止裂机理与设计方法，灾害环境下重大工程的安全性，岩石工程实时监测技术与应用，岩石工程施工过程仿真、动态反馈分析与设计优化，典型与特殊岩石工程（海底隧道、深埋长隧洞、高陡边坡、膨胀岩工程等）超规范的设计与实践实例，等等。

岩石力学是一门应用性很强的学科。岩石力学课题来自于工程建设，岩石力学理论以解决复杂的岩石工程技术难题为生命力，在工程实践中检验、完善和发展。该丛书较好地体现了这一岩石力学学科的属性与特色。

我深信“岩石力学与工程研究著作丛书”的出版，必将推动我国岩石力学与工程研究工作的深入开展，在人才培养、岩石工程建设难题的攻克以及推动技术进步方面将会发挥显著的作用。

钱七虎

2007 年 12 月 8 日

“岩石力学与工程研究著作丛书”编者的话

近20年来，随着我国许多举世瞩目的岩石工程不断兴建，岩石力学与工程学科各领域的理论研究和工程实践得到较广泛的发展，科研水平与工程技术能力得到大幅度提高。在岩石力学与工程基本特性、理论与建模、智能分析与计算、设计与虚拟仿真、施工控制与信息化、测试与监测、灾害性防治、工程建设与环境协调等诸多学科方向与领域都取得了辉煌成绩。特别是解决岩石工程建设中的关键性复杂技术疑难问题的方法，973计划、863计划、国家自然科学基金等重大、重点课题研究成果，为我国岩石力学与工程学科的发展发挥了重大的推动作用。

应科学出版社诚邀，由国际岩石力学学会副主席、岩土力学与工程国家重点实验室主任冯夏庭教授和黄理兴研究员策划，先后在武汉市与葫芦岛市召开“岩石力学与工程研究著作丛书”编写研讨会，组织我国岩石力学工程界的精英们参与本丛书的撰写，以反映我国近期在岩石力学与工程领域研究取得的最新成果。本丛书内容涵盖岩石力学与工程的理论研究、试验方法、试验技术、计算仿真、工程实践等各个方面。

本丛书编委会编委由75位来自全国水利水电、煤炭石油、能源矿山、铁道交通、资源环境、市镇建设、国防科研领域的科研院所、大专院校、工矿企业等单位与部门的岩石力学与工程界精英组成。编委会负责选题的审查，科学出版社负责稿件的审定与出版。

在本丛书的策划、组织与出版过程中，得到了各专著作者与编委的积极响应；得到了各界领导的关怀与支持，中国岩石力学与工程学会理事长钱七虎院士特为丛书作序；中国科学院武汉岩土力学研究所冯夏庭教授、黄理兴研究员与科学出版社刘宝莉编辑做了许多烦琐而有成效的工作，在此一并表示感谢。

“21世纪岩土力学与工程研究中心在中国”，这一理念已得到世人的共识。我们生长在这个年代里，感到无限的幸福与骄傲，同时我们也感觉到肩上的责任重大。我们组织编写这套丛书，希望能真实反映我国岩石力学与工程研究的现状与成果，希望对读者有所帮助，希望能为我国岩石力学学科发展与工程建设贡献一份力量。

“岩石力学与工程研究著作丛书”

编委会

2007年11月28日

前　言

随着我国水电、交通、能源等领域深部工程的蓬勃发展，在复杂地质环境和各种不确定性风险因素影响下，深部工程在施工建设和运行过程中频繁出现突水、突泥、岩爆和垮塌破坏等灾害事故，给国家和人民生命财产造成了重大损失。为有效保证地下工程建设安全，近年来，基于概率论与数理统计的能够充分考虑设计参数不确定性的结构可靠度分析方法，逐渐被引入地下工程可靠性分析之中。目前，针对边坡、大坝、桩基工程开展的可靠度分析研究较多，而针对地下工程尤其是深部洞室结构的可靠度分析研究成果还比较少见。另外，随着我国引水隧洞工程的快速发展，当洞室埋深达到千米以深之后，深部围岩将受到高地应力、高渗透水压和钻爆开挖扰动的影响，多场耦合作用下大埋深隧洞围岩稳定性分析方法值得高度关注。

在发展水利、水电、交通等基础设施建设的同时，我国也高度重视油气产业发展，已将非常规油气能源的开发和利用摆到国家能源发展的战略位置。钻井工程是油气资源勘探与开采过程中的重要一环，随着油气工程逐渐向地层深部发展，钻井井壁失稳垮塌与卡钻现象已成为钻井工程经常遇到的技术瓶颈问题，并严重阻碍了油气能源开发的发展步伐。为了保证深部钻井工程的安全，亟须开展深部储层钻井井壁失稳评价分析研究。

为了确保我国能源安全和可持续发展，需要大力发展清洁再生能源，构建清洁低碳安全高效的能源体系。目前，无论是CO_2地质封存、油气能源储备，还是核废料地质处置，孔隙和裂隙作为围岩物质运移的主要通道，其导流能力对油气储备工程安全和油气资源开采效率都起着至关重要的作用。因此，开展深部围岩介质物质运移规律和围岩密闭性评价分析对加强 CO_2 地质封存和油气能源大规模地下安全储备都具有重大理论意义和工程应用价值。

基于上述情况，本书针对深部围岩可靠性、稳定性和密闭性评价分析的关键科学问题，通过力学试验、模型试验、理论分析、数值模拟和工程应用相结合的综合手段，研究提出了考虑深部围岩力学参数概率分布的深部洞室结构可靠度分析方法和模型试验验证方法，得到了深部洞室结构可靠度指标的空间分布规律；建立了考虑渗透系数变化的深部围岩高应力与非达西渗流耦合力学模型，提出了多场耦合作用下大埋深隧洞围岩稳定性分析方法和深部钻井井壁失稳评价方法；提出了考虑围岩孔隙结构多尺度表征与重构的物质运移模型以及深部围岩密闭性测试评价方法，并有效指导工程实践。

本书研究得到国家自然科学基金项目（42172292、42207191）、深地国家科技重大专项青年科学家项目（2024ZD1004105）、国家重点研发计划青年科学家项目（2023YFB2390300）、山东能源集团揭榜挂帅科技项目（SNKJ2022A01-R26）、泰山学者特聘专家专项基金项目以及山东大学特聘教授专项基金项目的支持，作者在此深表谢意！同时，对参与本书相关研究工作的博士研究生王鹏飞、薛天恩、林韩祥、张瑞新、陈长鹏、曲勇晓和硕士研究生周新宇、刘磊、范清涵、宋佳琦等表示感谢！

本书的完成也得到山东大学李术才院士、张庆松教授、刘斌教授、李利平教授、李树忱教授、王汉鹏教授、杨为民教授、林春金教授、张乾青教授和向文副教授的大力支持和帮助，在此一并表示衷心感谢！

本书撰写过程中，参阅了相关专业领域的大量文献资料，在此向所有相关文献的作者表示衷心感谢！

由于作者水平有限，书中难免存在疏漏和欠妥之处，敬请各位同仁批评指正！

目　录

第1章 绪　论

1.1 引　言

中国是目前世界上地下工程建设规模最大、难度最高和数量最多的国家，大量在建和拟建的重大工程已向地下千米以深发展，深部复杂孕灾环境常常诱发突水、突泥、岩爆和垮塌破坏等重大灾害事故，造成大量人员伤亡、严重经济损失和恶劣社会影响[1]。为保证深部工程施工和运行安全，开展深部洞室结构可靠性与深部围岩稳定性分析具有重要理论意义和工程应用价值。早期对于工程结构安全稳定性的评估，常采用单一安全系数法，该方法将工程结构中的材料强度、荷载等参数均视为确定值，将强度与荷载的比值定义为安全系数。当安全系数大于1时，即认为结构处于安全状态。然而，地下洞室修建于天然地层之中，围岩的物理力学参数存在着不确定性，单一安全系数法忽略了这种设计参数的不确定性，因而不能真实反映地下洞室结构安全稳定的可靠程度。针对这一问题，基于概率论与数理统计的能够充分考虑设计参数不确定性的可靠度分析方法，逐渐被引入地下工程中，并日益受到重视。

近些年来，我国规划和在建的深埋长大引水隧洞工程越来越多，但目前对于高渗透外水压力作用下大埋深隧洞围岩稳定分析的研究尚不充分。一方面，在高渗压作用下，地下流体运动已不满足达西定律；另一方面，当隧洞埋深达到千米以深后，由于高地应力和高渗压的耦合作用，常用的莫尔-库仑强度准则已经不再适用。同时，在实际隧洞工程中，受高地应力和高渗压的影响，围岩渗透系数会发生变化，再将围岩渗透系数看作定值明显不合适。因此，针对这些问题，需要开展高地应力与高渗透外水压力耦合作用下大埋深隧洞围岩稳定性分析研究。

与此同时，随着国家对能源需求的大幅增加，我国致密砂岩气年产量呈快速增长态势，致密砂岩气已在我国天然气储量中占有举足轻重的地位，是我国快速发展的重要资源之一。钻井工程是油气资源勘探与开采过程中的重要一环，随着钻井深度的增加，钻井工程面临高地应力、高渗压等复杂地质环境，钻井井壁失稳垮塌和卡钻现象已成为工程中经常遇到的技术瓶颈问题。因此，为保证深部钻井工程安全施工，亟须开展深部钻井井壁失稳评价分析研究。

另外，围岩作为CO_2地质封存、油气能源储备和高放废物地质处置的重要介质，其孔隙和裂隙的导流能力对油气储备工程安全和油气资源开采效率都起着决定性作用。因此，开展深部围岩介质的密闭性测试评价分析意义重大。

基于上述原因，本书系统研究了深部围岩可靠性、稳定性和密闭性评价分析的关键科学问题，构建了深部洞室结构可靠度分析方法和深部围岩稳定性分析方法以及深部围岩密闭性测试评价方法体系。本书内容共分6章。第1章介绍深部围岩可靠性、稳定性和密闭性研究现状以及本书主要研究成果；第2章介绍建立的深部围岩力学参数的概率分布模型；第3章介绍深部洞室结构可靠性分析研究成果；第4章介绍多场耦合作用下大埋深隧洞围岩稳定性分析研究成果；第5章介绍深部砂岩储层钻井井壁失稳评价分析研究成果；第6章介绍深部围岩物质运移机理与围岩密闭性评价分析研究成果。

1.2 研究现状分析

1.2.1 深部洞室结构可靠性分析研究现状

1. 隐式功能函数显式化研究现状

结构可靠度分析中，功能函数$Z=g(x_1,x_2,\cdots,x_n)$是在基本随机变量x_1, $x_2,\cdots,x_n$取不同值时，判断结构处于何种状态的依据，功能函数值小于零，则表明结构处于失效状态，反之则为安全状态。实际工程中，影响结构实际状态的因素较多，且结构的变形破坏机理复杂，因此，通常难以直接得到功能函数关于基本随机变量的显式函数，这给后续的可靠度指标计算造成了困难。对此，通常采用响应面法构建隐式功能函数的近似显式模型。常用的响应面模型包括多项式模型、人工神经网络模型、克里金模型以及支持向量机模型等[2-5]。

1）多项式模型

多项式模型是应用最为广泛的一类响应面模型。例如，Bjerager[6]对响应面法进行了较为全面的总结，首先采用二水平因子设计或中心复合设计法选取试验样本点，然后采用多项式函数拟合得到响应面模型来近似代替实际的功能函数；Rajashekhar等[7]进一步对响应面法试验样本点的选取方式提出了改进，并通过迭代求解提高了响应面的精度。佟晓利等[8]提出了一种迭代格式的响应面方法，其响应面函数形式选取为不含交叉项的二次多项式，并通过与结构可靠度分析中的几何法相结合，实现了对大型结构开展可靠度分析；苏永华等[9]基于多项式响应面法研究了功能函数为隐式形式的边坡工程可靠度计算方法。

基于二次多项式模型的响应面法简单易用，但受到多项式模型非线性拟合能力的限制，多项式响应面法只适用于功能函数非线性程度较低的情况。

2) 人工神经网络模型

随着计算机技术的快速发展，机器学习的方法开始引入到隐式功能函数的显式化分析中，其中，人工神经网络模型具有较高的容错性和较强的泛化能力，因此，研究者将其用于代替传统的多项式模型，以提高响应面法建立隐式功能函数显式模型的精度。例如：Papadrakakis[10,11]等率先采用人工神经网络模型建立结构近似显式功能函数，从而将人工神经网络模型引入结构可靠度分析中。张建仁等[12]采用BP神经网络模型建立近似的显式功能函数，然后与遗传算法相结合开展了斜拉桥结构可靠度计算分析。徐军等[13]对二次多项式模型、有理多项式模型以及BP神经网络模型在构建隐式功能函数显式模型时的精度进行了对比研究。桂劲松等[14]采用BP神经网络模型和模糊神经网络构建响应面，提高了响应面的精度。Nie等[15]、Gomes等[16]、Schueremans等[17]、Elhewy等[18]分别针对基于人工神经网络模型的响应面法提出了改进措施，进一步提高了其计算精度和计算效率。Cardoso等[19]采用人工神经网络模型构建隐式功能函数的近似显式表达式，并将其与蒙特卡罗法相结合进行结构可靠度指标计算，通过算例分析证明了该方法的有效性。毕卫华等[20]提出采用RBF神经网络模型构建响应面，然后与蒙特卡罗法相结合，开展了边坡的可靠度分析。Chojaczyk等[21]对人工神经网络模型在可靠度中的应用情况进行了较为全面的总结，并阐述了不同类型神经网络模型与可靠度计算方法结合的具体应用。

人工神经网络适应性很强，理论上可以逼近任意的函数，但是人工神经网络模型要求样本的数据量较大，在小样本条件下精度不足。

3) 克里金模型

克里金(Kriging)模型源于地质统计学，其由一个参数化模型和一个非参数化的高斯随机过程联合构成，可有效克服单独运用参数化模型或非参数化模型时各自的局限性，建立的近似函数具有平滑效应以及估计方差最小的统计特征。现有的研究成果中，Kaymaz[22]首次将克里金模型与一次二阶矩分析法结合开展结构可靠度指标的计算。张崎等[23]将克里金模型与失效概率计算的重要抽样方法相结合，将这种方法用于结构可靠度计算。苏永华等[24]将克里金模型方法与蒙特卡罗法相结合，开展了边坡稳定可靠度分析。Gaspar等[25]评估了克里金模型在结构可靠度分析应用时的有效性，并将其与常规的多项式回归模型开展可靠度计算时的精度进行了对比，揭示出克里金模型具有更高的计算精度。Zhang等[26]、Sun等[27]和Wang等[28]则分别对克里金模型在结构隐式功能函数中的显式化过程提出了改进措施。

4) 支持向量机模型

支持向量机模型是一种基于统计学习理论的机器学习算法[29]。支持向量机可有效适用于非线性、高维度的回归建模问题，是一种专门针对小样本条件的机器学习方法，并逐渐在结构可靠度分析领域得到了应用。Li 等[30]率先引入支持向量机对结构隐式功能函数的可靠度进行分析，并指出与传统的多项式响应面法和人工神经网络相比，支持向量机方法在信息量较小的情况能以更高的精度逼近隐函数，具有更好的泛化能力。金伟良等[31]引入了最小二乘支持向量机构建隐式功能函数的显式近似表达式，进而与蒙特卡罗法相结合计算结构的失效概率。Zhao[32]、何婷婷等[33]采用支持向量机模型拟合边坡的隐式功能函数，在此基础上结合一次二阶矩法计算边坡的失稳概率。苏永华等[34]构建了隧道周边收敛变形隐式功能函数，并采用支持向量机方法得到其高精度显式表达式，据此计算得到了隧道可靠度指标。Tan 等[35]和蔡宁等[36]对比了多项式响应面、径向基函数、BP 神经网络、支持向量机等多个模型在计算边坡可靠度时的计算效率和精度，指出支持向量机模型是一种准确且高效的模型。

机器学习方法的引入，可有效提高构建隐式功能函数显式模型的精度，但针对深部洞室结构的隐式功能函数显式化分析，在训练样本的选取、近似模型的构建等方面，还需要开展更加深入的研究。

2. 地下洞室结构可靠度指标分析研究现状

在得到结构显式功能函数后，就可以开展结构可靠度指标计算。可靠度指标是结构安全可靠程度的度量，可靠度指标越大，其对应的失效概率越小，结构越趋于可靠。目前，结构可靠度指标计算方法主要分为两类：基于统计矩的可靠度指标计算方法和基于数字模拟的可靠度指标计算方法。

1) 基于统计矩的可靠度指标计算方法

(1) 一次二阶矩法。基于统计矩的可靠度指标计算方法中，最基础的是一次二阶矩法，其基本原理是利用 Taylor 级数将功能函数展开并取至一次项，然后根据可靠度指标的定义进行计算。根据在功能函数上选取的展开点不同，一次二阶矩法又分中心点法和验算点法。基于一次二阶矩的可靠度指标计算方法简便易行，得到了广泛应用[37-52]。但其仍存在一个明显的不足之处：其在验算点处将功能函数进行线性化处理，忽略了验算点附近功能函数的局部性质，这导致当功能函数在验算点附近非线性程度较高时，可靠度指标计算误差较大。

(2) 二次二阶矩法。面对一次二阶矩法计算可靠度指标时的不足，研究者又针对性地发展出了二次二阶矩法，其可对功能函数在验算点附近的凹凸、曲率等非线性特性进行有效考虑，可得到比一次二阶矩法更高的精度。Breitung[53-55]将二次二阶矩法引入到结构可靠度计算，并提出了两种方法：一种方法是在验算点处将功能函数用 Taylor 级数展开并取至二次项，用所得二次函数曲面来近似代替验算点处的功能函数失效面；另一种方法则是根据功能函数在验算点处的二次导数值，直接得到结构失效概率在该关键点处的渐近近似积分值。

Hohenbichler 等[56]则将二次二阶矩法扩展到非正态随机变量的情况，并得到失效概率的灵敏度。Kiureghian 等[57]、Hong[58]则分别针对二次二阶矩法的复杂求解过程提出了相应的改进措施。李云贵等[59]提出在广义随机空间内，利用 Laplace 渐进积分理论来求解功能函数非线性程度较高时的结构可靠度。谭忠盛等[60]提出与随机有限元法相结合，将二次二阶矩法应用到隧道的结构可靠度分析中。由于二次二阶矩法计算过程过于烦琐，复杂程度高，实用性差，因而限制了其在实际工程结构可靠度分析中的发展和应用。

(3) 高阶矩法。一次二阶矩法、二次二阶矩法的计算结果均对功能函数中基本变量服从的概率分布模型十分敏感。而在确定基本随机变量的概率分布模型时，样本容量的大小以及选用的统计推断方法的不同，都会导致建立的概率分布模型不同，进而影响到结构可靠度分析的计算结果。样本数据的各阶矩同样可以反映出随机变量概率分布的一些重要特征，可以直接使用从样本数据中统计分析得到的各阶矩来开展结构可靠度计算分析，不用考虑基本随机变量的实际概率分布，这种方法称为高阶矩法[61-63]。

Tagliani[64]、Pandey[65]等提出采用 Taylor 级数对功能函数进行展开并取至二次项后，由基本变量的前四阶矩来估计功能函数的前四阶矩，并通过最大熵原理建立功能函数的概率密度函数，最后根据功能函数的概率密度函数计算得到结构的失效概率。邓建等[66]、宫凤强等[67]等提出得到功能函数各阶矩后，采用以多项式为基的函数逼近方法建立功能函数的概率密度函数，进而计算得到结构失效概率。高阶矩法同样因为计算烦琐，目前在工程实际中应用还较少。

2) 基于数字模拟的可靠度指标计算方法

随着计算机技术的进步，基于数字模拟的可靠度计算方法逐渐发展起来。其中，应用最广泛的是蒙特卡罗法，其核心原理是：根据功能函数中基本随机变量的概率分布函数生成大量的随机样本点(共 N 个)，然后分别计算出这些样本点对应的功能函数值，并统计出其中令功能函数小于 0 的样本点个数(共 n 个)，从而可按式(1.2.1)近似估计出结构的失效概率 P_f，并进一步根据式(1.2.2)

计算得到对应的可靠度指标 β。

$$P_{\mathrm{f}}=\frac{n}{N} \tag{1.2.1}$$

$$\beta=\Phi^{-1}\left(1-P_{\mathrm{f}}\right) \tag{1.2.2}$$

蒙特卡罗法的优点是计算结果与随机变量的维数、功能函数的复杂程度均无关，只需要利用到不同样本点对应的功能函数值，当抽样次数足够大时，蒙特卡罗法的计算结果可被视为精度解。但蒙特卡罗法的不足在于：实际工程中结构的失效是一个小概率事件，直接采用蒙特卡罗法求解，绝大多数样本点将落入可靠域。为得到足够多的失效样本点以满足计算精度要求，则需要进行大量的抽样计算，其计算工作量十分巨大。因此，直接采用蒙特卡罗法的计算效率过低，难以在实际工程中加以应用。对此，发展出了多种用以提高蒙特卡罗法抽样效率的方差缩减技术[68-71]，以增加抽样所得样本落入失效域内的机会。总的来说，基于数字模拟的可靠度分析方法相比于基于统计矩的可靠度计算方法具有更高的计算精度，并避免了复杂的数学运算过程，适用于非线性程度较高的功能函数的可靠度指标计算，但如何在失效概率较小的情况下，提高其计算效率，仍是数字模拟法应用于实际工程的关键问题。

综上所述，关于深部洞室结构可靠度分析还存在着以下不足：

(1) 由于深部围岩取样的困难，目前对于深部围岩力学参数不确定性开展的统计分析，并建立描述其不确定性概率分布模型的研究还较为少见。

(2) 深部洞室结构的功能函数为非线性程度较高的隐式函数，需开展深部洞室结构高精度显式功能函数的快速分析方法研究。

(3) 在得到深部洞室结构显式功能函数的基础上，如何高精度快速计算得到深部洞室结构的可靠度指标，还需进行深入的研究。

1.2.2 深部隧洞围岩稳定性分析研究现状

在理论研究方面，研究者对于深部隧洞围岩的受力变形分析一般将其简化为厚壁圆筒进行分析，认为深部围岩和衬砌材料具有渗透性，外水压力是作用于隧洞围岩和衬砌的体积力 。张有天等[72]提出围岩和衬砌都是透水介质，将水压力看作体积力进行了隧洞围岩和衬砌的计算分析。Schleiss[73]采用厚壁圆筒模型，推导了不同透水性条件下衬砌应力和变形的计算公式，并进一步在衬砌设计中考虑了应力场和渗流场的相互作用。王秀英等[74]将衬砌渗透力作为外缘表面力，基于达西定律建立了隧道排水量和衬砌外水压力的计算模型。李宗利等[75]将外水压力作为渗透体积力，推导了位移和应力弹性解析表达式，再基于莫尔-库仑强度准则得到了隧洞围岩的塑性解析表达式。胡力绳等[76]推导了轴对称条件下深埋隧洞的应力弹塑性解。郑丽娟等[77]采用复变函数推导了非均布力下的平面应力解，分析了应力极值问题。朱倩等[78]将岩体材料看作是弹塑性软化材料，经过推导得到了厚壁圆筒模型的弹塑性解。漆江等[79]假设围岩和衬砌为完全弹性体，得到了围岩的应力位移解析解。Zhang 等[80]考虑渗透系数变化，提出了衬砌圆形隧洞的弹塑性解析表达式，分析了衬砌结构预留变形、渗透性和比奥系数对塑性半径、位移和涌水量的影响。

对于深部隧洞围岩的应力场和位移场解析分析，一般假设岩体和衬砌为完全弹性体或理想弹塑性体，满足莫尔-库仑强度准则，这样可以得到封闭式的解析表达式。但是，当隧洞埋深达到千米以深后，隧洞围岩将不再是完全弹性体或理想弹塑性体，也不再满足简单的莫尔-库仑强度准则，而 Hoek-Brown 强度准则更适用于分析深部岩体的非线性变形强度特性。

Hoek-Brown 强度准则是由 Hoek 等[81,82]通过对几百组岩石的三轴试验结果和大量现场岩体试验成果进行统计分析后提出的可反映岩体破坏的非线性经验强度准则。对于高外水压作用下的深部隧洞围岩来说，Hoek-Brown 强度准则可以更好地描述其非线性变形特征，也更加符合工程实际。

对于深部隧洞围岩渗流场的分析，目前研究者多基于达西定律进行分析，认为流体流速与水力梯度呈线性关系。然而，当隧洞埋深达到千米以深之后，围岩中流体流速与水力梯度不再呈现线性关系，而是呈现出非线性关系。陈崇希等[83]通过试验验证了非达西渗流福熙海麦(Forchheimer)方程的通用性。张文娟等[84]运用数值模拟对比了福熙海麦型非达西渗流和达西渗流，验证了福熙海麦方程的准确性，并分析了其渗流参数特征。于可等[85]通过 Fluent 软件模拟了裂隙开度和粗糙度对渗透率和非达西系数的影响，发现了非达西系数与渗透率之间存在着负相关关系。刘杰等[86]开展了不同岩体裂隙粗糙度的高速渗流试验，结合福熙海麦方程量化分析，发现了粗糙度对裂隙的非线性渗流特性的影响。刘建等[87]选用天然大理岩开展了不同隙宽的渗流试验，发现福熙海麦方程能准确地描述裂隙中流量与水力梯度之间的关系。周志芳等[88]基于福熙海麦方程建立了钻孔高压压水试验的非线性数学模型，分析了非线性参数对水头和流速的影响。目前对于福熙海麦型渗流的研究主要针对单一渗流场或者单裂隙中的渗流进行分析,还缺乏将福熙海麦渗流运动方程与应力场进行耦合分析的研究。

在外水压力作用的数值模拟方面，李连崇等[89]采用 $RFPA^{2D}$ 模拟了隧洞活化突水过程，发现了突水通道形成的控制因素。郑功等[90]利用 $FLAC^{3D}$ 模拟了煤层开采过程中由于断层构造引起的底板突水通道的形成过程，发现小倾角正断层比大倾角更容易引起突水危险。郭鸿雁等[91]利用有限差分法计算分析了隧洞注浆过程中外水压力的变化规律。谢小帅等[92]研究了隔水层对衬砌外水压力的影响，揭示了围岩和隔水层的相对渗透性对外水压力的影响规律。伍国军等[93]改进了饱和岩体渗透系数的动态演化模型，计算分析了某深埋引水隧洞施工开挖时的变形分布规律。陈金平等[94]建立了反向模拟-聚类分析方法，为突水水源判别提供了一种新方法。牟林等[95]基于 CFD-DEM 耦合模型模拟了巷道封水过程，分析了水力梯度和携砂能力对钻孔数量的影响。丁建新[96]基于剪切破坏理论建立了隐伏断层导水力学模型，分析了不同倾角隐伏逆断层在开采条件下的孔隙水压力分布规律，并依此建立了突水判据。崔国政等[97]建立了应力-渗流-损伤耦合模型，模拟了煤矿顶板的突水过程，发现岩体破裂形成贯通性的导水通道诱发突水灾害现象。目前的工程数值计算还是以基于莫尔-库仑强度准则的理想弹塑性模型为主，而这些模型对于千米以深的深部工程不太适用。

尽管针对大埋深隧洞围岩稳定分析研究取得了上述研究进展，但仍存在如下问题需要进一步开展更深入的解决：

(1) 对高外水压作用下大埋深隧洞的围岩稳定分析需要将应力场和渗流场进行耦合分析，但是目前的研究，多数考虑了渗流场对应力场的影响，而较少考虑应力场对渗流场的影响，尤其是考虑应力场和渗流场双向作用的完全耦合分析的研究成果还不多见。

(2) 目前对于隧洞围岩的受力变形分析，大多数采用基于莫尔-库仑强度准则的理想弹塑性模型进行分析，但是当隧洞达到千米以深后，围岩变形具有明显非线性特征，再采用基于莫尔-库仑强度准则的理想弹塑性模型进行计算明显不妥。

(3) 对于地下渗流场的分析研究，目前为了简化分析，都将地下水运动假设为达西渗流进行计算，而在高渗透水压作用下，流体流速与水力梯度具有明显的非线性关系，采用达西定律进行分析明显不合适。

(4) 对于深部隧洞围岩的渗透系数，一般将其简化为岩体渗透系数的均值或者特征值，而在实际工程中，岩体渗透系数是随着隧洞埋深、地应力改变或者岩体变形而发生变化的，将岩体渗透系数设为定值可以简化计算但是会产生误差，对实际工程安全分析不利。

1.2.3　深部储层钻井井壁失稳分析研究现状

过去几十年，研究者通过室内试验、理论分析和数值模拟对深部钻井井壁失稳破坏机理进行了深入研究，为钻探工程提供了理论支持。

1. 井壁失稳力学试验研究现状

为揭示钻井井壁失稳崩落的机理与破坏形态，研究者开展了不同应力条件下各种岩石的钻孔崩落破坏试验。Haimson 等[98,99]基于不同种类岩石的室内缩尺真三轴试验总结了常见的钻孔崩落破坏形态，并通过显微镜观察、CT 扫描等手段分析了不同破坏形态产生的原因和条件。Meier 等[100]和 Labiouse 等[101]使用厚壁圆筒试样进行钻孔崩落试验以表征井壁钻井失稳垮塌过程，试样出现了 V 形破坏和螺旋形破坏。

针对深部地层地质条件复杂、断层节理发育密集的情况，研究者总结了节理方向和井眼直径对钻井井壁破坏的影响规律。岩体裂隙的几何特性十分复杂，为方便研究裂隙岩体中的渗流特征，蒋宇静等[102]把裂隙简化成两光滑平行板之间的缝隙，建立了裂隙流量与裂隙宽度立方的比例关系。Rawlings 等[103]对不同岩性、不同孔径试样进行室内试验，得到了井壁失稳破坏区域出现不同破坏类型的规律。Haimson 等[104]发现在高孔隙率砂岩中，随着钻孔直径的增加，槽状破坏区的长度会显著增加。Lin 等[105]进行了大量真三轴试验，认为钻孔尺寸是影响井壁破坏形状的重要参数，同时井壁破坏形状还与相对水平应力大小有关。

2. 井壁失稳数值模拟分析研究现状

室内试验难以表征岩石破坏中裂缝萌生、扩展的细观破裂过程与水力耦合机理，数值模拟为此研究提供了新途径。在众多数值模拟手段中，离散元法由于在解决非连续介质问题上的优势，以及能够显式地表征岩石裂缝的萌生、扩展全过程，得到了广泛的应用[106,107]。

Cook 等[108]使用离散元法研究了在水平地应力分布不均匀条件下，不同相对应力大小对钻井破坏机制的影响。杨天鸿[109]通过数值模拟研究了一系列不同孔隙结构和裂隙结构的岩石渗透特性，分析了岩石非均匀性对渗流特性的影响。黄桃等[110]将地层看成多孔弹性介质，建立了钻井围岩的流固耦合模型。Rahmati 等[111]采用颗粒破碎算法，通过删除颗粒对钻孔过程进行模拟，模拟出了高孔隙率砂岩的板状破坏。Zhang 等[112]在考虑岩石裂隙摩擦系数的基础上建立了岩体裂隙渗流模型，阐明了砂岩、页岩、花岗岩等不同岩体的渗透特性。Lee 等[113]采用颗粒破碎算法，模拟研究了岩石的微尺度损伤和局部损伤区域。Duan 等[114]使用 PFC 软件研究分析了颗粒粒径分布、钻孔直径大小、远场应力分布和岩石各向异性等因素对钻孔破坏发育的影响。总的来看，目前针对深部砂岩油气储层钻井井壁的失稳破坏，还需要开展更深入的研究。

1.2.4 深部围岩密闭性评价分析研究现状

自然界中岩石的成分和结构复杂多样，在物理性质上表现出非连续性、非均质性和各向异性等特性，在工程中会受到温度、应力、水力和化学等多场耦合作用，导致其孔隙结构和物质运移规律随时间不断发生变化，因此，物质在围岩介质孔隙中的运移规律是 CO_2 地质封存与清洁能源开发的核心科学问题。

孔隙网络模型是微细观尺度上研究多孔介质物质运移的重要手段，其能够再现复杂的孔隙空间，降低计算与试验成本，缩短试验数据获取周期，还可以得到室内试验难以测量的数据。孔隙网络模型构建的第一步是获取围岩介质的孔隙结构和矿物成分信息。围岩介质的孔隙结构和矿物成分的主要表征方法有流体侵入法和图像分析法，其中流体侵入法是使用 N_2、CO_2、Ar 等气体以及汞等非润湿性流体侵入样品孔隙内部并记录流体注入量，再通过相应的理论计算以获取孔隙信息。虽然流体侵入法会污染岩芯，且只能测量连通的孔隙，得到诸如孔隙率和孔径分布等最基本的孔隙结构特征参数，但该方法因其试验过程简单、测试速度快、成本低、评估孔径范围广等而受到广泛应用。最常见的流体侵入法为气体吸附法与压汞法，还有流体自吸法等。图像分析法是通过仪器设备对岩芯截面进行图像采集，这些图像可以提供相关岩石内部的孔隙结构信息，通过计算软件进行处理分析后，可以得到样品中孔隙及喉道的大小、连通性及分布等情况。常见的图像分析法包括扫描电镜技术、场发射扫描电镜技术、环境扫描电镜技术、透射扫描电镜技术、偏振光显微镜技术、纳米 CT 扫描技术和原子力显微镜技术等。目前，构建多尺度孔隙网络模型的常用方法主要有如下三种：

(1) 基于真实孔隙结构图像的叠加法得到多尺度孔隙结构三维数字模型[115-117]，这种方法主要适用于构建内部孔隙呈均匀分布的多孔介质试样，对于均质性较差的试样，则会存在较大程度的偏差。

(2) 对于不同尺度的孔隙结构特征，采用互相关模拟法分别对其进行统计重构[118-120]，得到仅包含特定孔隙特征的三维数字模型，并将不同孔隙结构特征的数字模型直接进行叠加。从严格意义上来讲，直接使用真实孔隙结构图像进行不同尺度、不同相之间叠加的方法存在一定程度的主观性，缺少必要的理论依据，最终得到的多尺度孔隙结构三维数字模型的准确性较差。

(3) 利用与真实孔隙结构相等效的孔隙网络模型来进行多尺度三维数字模

型的连接重构[121-124]。

由于围岩介质孔隙结构跨越尺度大，通常需要结合多种分析方法对孔隙结构进行代表性范围的精确表征，然而如何整合不同方法得到的微观结构信息来构建围岩介质的多尺度孔隙结构模型仍是目前研究的热点和难点问题。

1.3　本书主要研究内容

本书系统研究了深部围岩可靠性、深部围岩稳定性与深部围岩密闭性评价分析的关键科学问题，构建了深部洞室结构可靠度分析方法、深部围岩稳定性分析方法和深部围岩密闭性测试评价方法体系，并有效指导工程实践。

本书主要研究内容如下：

(1)第 1 章简要介绍了深部地下工程的研究背景和研究现状，阐述了本书主要内容。

(2)第 2 章对深部围岩力学参数的概率分布特征进行了统计分析，建立了深部围岩力学参数的概率分布模型。

(3)第 3 章建立了基于自适应重要抽样的深部洞室结构可靠度分析方法和模型试验验证方法，得到了北山地下实验室施工开挖过程中洞室结构可靠度指标空间分布规律，提出了具有工程指导意义的研究结论。

(4)第 4 章建立了考虑渗透系数变化的深部围岩高应力与非达西渗流耦合力学模型，提出了多场耦合作用下大埋深隧洞围岩稳定性分析方法。

(5)第 5 章研究得到了钻井直径、地应力、钻井液密度和节理裂隙等对钻井井壁稳定性的影响规律，建立了深部钻井井壁失稳评价方法，揭示了深部砂岩储层钻井井壁的失稳破坏机制。

(6)第 6 章提出了围岩孔隙结构多尺度表征与重构方法，建立了围岩物质运移模型，构建了深部围岩介质密闭性测试与评价分析方法。

参 考 文 献

[1] 张强勇, 李术才, 张绪涛, 等. 深部洞室破坏机理与围岩稳定分析理论方法及应用. 北京: 科学出版社, 2017.

[2] Li D Q, Zheng D, Cao Z J, et al. Response surface methods for slope reliability analysis: Review and comparison. Engineering Geology, 2016, 203: 3-14.

[3] Zeng P, Li T, Chen Y, et al. New collocation method for stochastic response surface reliability analyses. Engineering with Computers, 2020, 36: 1751-1762.

[4] Teixeira R, Nogal M, O'Connor A. Adaptive approaches in metamodel-based reliability analysis:

A review. Structural Safety, 2021, 89: 102019.

[5] Afshari S S, Enayatollahi F, Xu X, et al. Machine learning-based methods in structural reliability analysis: A review. Reliability Engineering & System Safety, 2022, 219: 108223.

[6] Bjerager P. On computation methods for structural reliability analysis. Structural Safety, 1990, 9(2): 79-96.

[7] Rajashekhar M R, Ellingwood B R. A new look at the response surface approach for reliability analysis. Structural Safety, 1993, 12(3): 205-220.

[8] 佟晓利, 赵国藩. 一种与结构可靠度分析几何法相结合的响应面方法. 土木工程学报, 1997, (4): 51-57.

[9] 苏永华, 赵明华, 蒋德松, 等. 响应面方法在边坡稳定可靠度分析中的应用. 岩石力学与工程学报, 2006, (7): 1417-1424.

[10] Papadrakakis M, Papadopoulos V, Lagaros N D. Structural reliability analyis of elastic-plastic structures using neural networks and Monte Carlo simulation. Computer Methods in Applied Mechanics and Engineering, 1996, 136(1-2): 145-163.

[11] Papadrakakis M, Lagaros N D. Reliability-based structural optimization using neural networks and Monte Carlo simulation. Computer Methods in Applied Mechanics and Engineering, 2002, 191(32): 3491-3507.

[12] 张建仁, 刘扬. 遗传算法和人工神经网络在斜拉桥可靠度分析中的应用. 土木工程学报, 2001, 34(1): 7-13.

[13] 徐军, 郑颖人. 响应面重构的若干方法研究及其在可靠度分析中的应用. 计算力学学报, 2002, 19(2): 217-221.

[14] 桂劲松, 康海贵. 结构可靠度分析的全局响应面法研究. 建筑结构学报, 2004, 25(4): 100-105.

[15] Nie J, Ellingwood B R. A new directional simulation method for system reliability. Part I: application of deterministic point sets. Probabilistic Engineering Mechanics, 2004, 19(4): 425-436.

[16] Gomes H M, Awruch A M. Comparison of response surface and neural network with other methods for structural reliability analysis. Structural Safety, 2004, 26(1): 49-67.

[17] Schueremans L, van Gemert D. Benefit of splines and neural networks in simulation based structural reliability analysis. Structural Safety, 2005, 27(3): 246-261.

[18] Elhewy A H, Mesbahi E, Pu Y. Reliability analysis of structures using neural network method. Probabilistic Engineering Mechanics, 2006, 21(1): 44-53.

[19] Cardoso J B, de Almeida J R, Dias J M, et al. Structural reliability analysis using Monte Carlo simulation and neural networks. Advances in Engineering Software, 2008, 39(6): 505-513.

[20] 毕卫华, 谭晓慧, 侯晓亮, 等. 基于 RBF 神经网络的边坡稳定可靠度分析. 地下空间与工程

学报, 2010, 6(2): 423-428.

[21] Chojaczyk A A, Teixeira A P, Neves L C, et al. Review and application of artificial neural networks models in reliability analysis of steel structures. Structural Safety, 2015, 52(3): 78-89.

[22] Kaymaz I. Application of kriging method to structural reliability problems. Structural Safety, 2005, 27(2): 133-151.

[23] 张崎, 李兴斯. 结构可靠性分析的模拟重要抽样方法. 工程力学, 2007, 24(1): 33-36.

[24] 苏永华, 罗正东, 张盼凤, 等. 基于 Kriging 的边坡稳定可靠度主动搜索法. 岩土工程学报, 2013, 35(10): 1863-1869.

[25] Gaspar B, Teixeira A P, Soares C G. Assessment of the efficiency of Kriging surrogate models for structural reliability analysis. Probabilistic Engineering Mechanics, 2014, 37: 24-34.

[26] Zhang L, Lu Z, Wang P. Efficient structural reliability analysis method based on advanced Kriging model. Applied Mathematical Modelling, 2015, 39(2): 781-793.

[27] Sun Z, Wang J, Li R, et al. LIF: A new Kriging based learning function and its application to structural reliability analysis. Reliability Engineering & System Safety, 2017, 157: 152-165.

[28] Wang Z, Shafieezadeh A. REAK: Reliability analysis through error rate-based adaptive Kriging. Reliability Engineering & System Safety, 2019, 182: 33-45.

[29] Cortes C, Vapnik V. Support-vector networks. Machine Learning, 1995, 20(3): 273-297.

[30] Li H, Lv Z, Yue Z. Support vector machine for structural reliability analysis. Applied Mathematics and Mechanics, 2006, 27(10): 1295-1303.

[31] 金伟良, 袁雪霞. 基于 LS-SVM 的结构可靠度响应面分析方法. 浙江大学学报(工学版), 2007, 41(1): 44-47.

[32] Zhao H. Slope reliability analysis using a support vector machine. Computers and Geotechnics, 2008, 35(3): 459-467.

[33] 何婷婷, 尚岳全, 吕庆, 等. 边坡可靠度分析的支持向量机法. 岩土力学, 2013, 34(11): 3269-3276.

[34] 苏永华, 罗正东, 伍文国. 隧道围岩变形破坏概率的 SVM 分析方法. 应用力学学报, 2010, 27(4): 804-808.

[35] Tan X, Bi W, Hou X, et al. Reliability analysis using radial basis function networks and support vector machines. Computers and Geotechnics, 2011, 38(2): 178-186.

[36] 蔡宁, 赵明华. 边坡稳定可靠度替代模型分析. 中南大学学报(自然科学版), 2014, 45(8): 2851-2856.

[37] Lee T W, Kwak B M. A reliability-based optimal design using advanced first order second moment method. Journal of Structural Mechanics, 1987, 15(4): 523-542.

[38] Kunstmann H, Kinzelbach W, Siegfried T. Conditional first-order second-moment method and its application to the quantification of uncertainty in groundwater modeling. Water Resources

Research, 2002, 38(4): 6-1-6-14.

[39] 王永刚, 任伟中, 陈浩, 等. 一次二阶矩法及其在边坡可靠性分析中的应用. 中外公路, 2006, (2): 42-46.

[40] 赵军, 孙昌. 广义随机空间内可靠性分析的改进一次二阶矩法. 桂林理工大学学报, 2011, 31(1): 77-79.

[41] Ganji A, Jowkarshorijeh L. Advance first order second moment(AFOSM) method for single reservoir operation reliability analysis: A case study. Stochastic Environmental Research and Risk Assessment, 2012, 26(1): 33-42.

[42] 张宁, 王明洋, 肖军华, 等. 基于改进的一次二阶矩失效概率计算方法的深部盐岩地下储气库片帮风险模型及其应用. 岩石力学与工程学报, 2013, 32(S2): 3448-3454.

[43] 石福周, 司伟, 马骉, 等. 基于一次二阶矩的冻融作用下沥青路面性能可靠度分析. 长安大学学报(自然科学版), 2015, 35(4): 20-26.

[44] 侯晓亮, 谭晓慧. 改进的一次二阶矩方法在基坑抗隆起稳定可靠度评价中的应用. 武汉大学学报(工学版), 2016, 49(5): 791-795.

[45] 陈志英, 周平, 郑家祥. 基于均值一次二阶矩方法的稳健性优化设计. 推进技术, 2018, 39(6): 1210-1216.

[46] 朱彦鹏, 刘鑫, 马孝瑞, 等. 基于改进一次二阶矩法的可靠度理论在高填方边坡加固中的应用. 科学技术与工程, 2019, 19(27): 351-357.

[47] 李宝玉, 张磊刚, 裘群海, 等. 基于 Kriging 模型梯度解析解的改进一次二阶矩方法. 航空学报, 2019, 40(5): 155-162.

[48] 袁修开, 孔冲冲, 顾健. Kriging 与改进一次二阶矩融合的可靠性分析方法. 国防科技大学学报, 2020, 42(6): 150-156.

[49] Fatolahzadeh S, Mehdizadeh R. Reliability assessment of shallow foundation stability under eccentric load using monte carlo and first order second moment method. Geotechnical and Geological Engineering, 2021, 39(8): 5651-5664.

[50] 巴振宁, 王鸣铄, 梁建文, 等. 改进的一次二阶矩计算埋地管道失效概率方法及其应用. 安全与环境学报, 2021, 21(6): 2371-2377.

[51] 胡启国, 袁帅辉, 王高爽. 应用 BP 神经网络和均值一次二阶矩法的连杆频率可靠性分析. 机械设计与制造, 2021, (5): 63-67.

[52] Ma C H, Yang J, Cheng L, et al. Research on slope reliability analysis using multi-kernel relevance vector machine and advanced first-order second-moment method. Engineering with Computers, 2022, 38: 3057-3068.

[53] Breitung K. Asymptotic approximations for multinormal integrals. Journal of Engineering Mechanics, 1984, 110(3): 357-366.

[54] Breitung K. Asymptotic approximations for probability integrals. Probabilistic Engineering

Mechanics, 1989, 4(4): 187-190.

[55] Breitung K. Probability approximations by log likelihood maximization. Journal of Engineering Mechanics, 1991, 117(3): 457-477.

[56] Hohenbichler M, Gollwitzer S, Kruse W, et al. New light on first-and second-order reliability methods. Structural Safety, 1987, 4(4): 267-284.

[57] Kiureghian A D, Stefano M D. Efficient algorithm for second-order reliability analysis. Journal of Engineering Mechanics, 1991, 117(12): 2904-2923.

[58] Hong H P. Simple approximations for improving second-order reliability estimates. Journal of Engineering Mechanics, 1999, 125(5): 592-595.

[59] 李云贵, 赵国藩. 广义随机空间内的结构可靠度渐近分析方法. 水利学报, 1994 (8): 36-41.

[60] 谭忠盛, 王梦恕. 隧道衬砌结构可靠度分析的二次二阶矩法. 岩石力学与工程学报, 2004, 23(13): 2243-2247.

[61] Zhao Y G, Ono T. Third-moment standardization for structural reliability analysis. Journal of Structural Engineering, 2000, 126(6): 724-732.

[62] Zhao Y G, Ono T. Moment methods for structural reliability. Structural Safety, 2001, 23(1): 47-75.

[63] Zhao Y G, Lu Z H. Fourth-moment standardization for structural reliability assessment. Journal of Structural Engineering, 2007, 133(7): 916-924.

[64] Tagliani A. On the existence of maximum entropy distributions with four and more assigned moments. Probabilistic Engineering Mechanics, 1990, 5(4): 167-170.

[65] Pandey M D. Direct estimation of quantile functions using the maximum entropy principle. Structural Safety, 2000, 22(1): 61-79.

[66] 邓建, 李夕兵, 古德生. 结构可靠性分析的多项式数值逼近法. 计算力学学报, 2002, 19(2): 212-216.

[67] 宫凤强, 李夕兵. 基于 Legendre 正交多项式逼近法的结构可靠性分析. 工程力学, 2008, 25(6): 225-229.

[68] Pradlwarter H J, Schueller G I, Koutsourelakis P S, et al. Application of line sampling simulation method to reliability benchmark problems. Structural Safety, 2007, 29(3): 208-221.

[69] Grooteman F. An adaptive directional importance sampling method for structural reliability. Probabilistic Engineering Mechanics, 2011, 26(2): 134-141.

[70] Papadopoulos V, Giovanis D G, Lagaros N D, et al. Accelerated subset simulation with neural networks for reliability analysis. Computer Methods in Applied Mechanics and Engineering, 2012, 223: 70-80.

[71] Papaioannou I, Papadimitriou C, Straub D. Sequential importance sampling for structural reliability analysis. Structural Safety, 2016, 62: 66-75.

[72] 张有天, 张武功, 王镭. 再论隧洞水荷载的静力计算. 水利学报, 1985, 3(3): 22-31.
[73] Schleiss A J. Design of reinforced concrete linings of pressure tunnels and shafts. International Journal on Hydropower & Dams, 1997, 4(3): 88-94.
[74] 王秀英, 王梦恕, 张弥. 计算隧道排水量及衬砌外水压力的一种简化方法. 北方交通大学学报, 2004, (1): 8-10.
[75] 李宗利, 任青文, 王亚红. 考虑渗流场影响深埋圆形隧洞的弹塑性解. 岩石力学与工程学报, 2004, (8): 1291-1295.
[76] 胡力绳, 王建秀, 卢耀如. 考虑地下水、注浆及衬砌影响的深埋隧洞弹塑性解. 岩土力学, 2012, 33(3): 757-766.
[77] 郑丽娟, 张帅, 付宇明. 非均布载荷作用下厚壁筒平面问题的应力解析解. 塑性工程学报, 2014, 21(3): 1-4.
[78] 朱倩, 赵均海, 张常光, 等. 双层组合厚壁圆筒弹脆塑性极限内压统一解. 工程力学, 2015, 32(9): 68-75.
[79] 漆江, 任旭华, 张继勋. 考虑外水压力的衬砌与围岩受力分析的解析法. 三峡大学学报(自然科学版), 2015, 37(4): 25-28, 33.
[80] Zhang Q, Shao C, Su H, et al. A closed-form hydraulic-mechanical coupling solution of a circular tunnel in elastic-brittle-plastic rock mass. European Journal of Environmental and Civil Engineering, 2020, 26(8): 1-18.
[81] Hoek E, Brown E T. Empirical strength criterion for rock masses. Journal of Geotechnical and Geoenvironmental Engineering, ASCE, 1980, 106(9): 1013-1035.
[82] Hoek E, Wood D, Shah S. A modified Hoek-Brown failure criterion for jointed rock masses// Proceedings of the Rock Characterization, Symposium of ISRM. London, 1992: 209-214.
[83] 陈崇希, 万军伟. 孔隙介质非 Darcy 流基本方程——Forchheimer 等公式具通用性吗? 水利学报, 2011, 42(10): 1257-1259.
[84] 张文娟, 王媛, 倪小东. 福熙海麦型非达西渗流参数特征分析. 水电能源科学, 2014, 32(1): 52-54, 164.
[85] 于可, 王媛, 牛玉龙. 单裂隙中开度及粗糙度对福熙海麦公式特征参数的影响. 水电能源科学, 2018, 36(5): 98-101, 136.
[86] 刘杰, 王者超, 张宇鹏, 等. 岩石粗糙裂隙大范围雷诺数条件下渗流特性. 山东大学学报(工学版), 2019, 49(4): 70-77, 85.
[87] 刘建, 杨巧艳, 白雪, 等. 福熙海麦方程参数量化及达西-非达西转变临界点. 西南交通大学学报, 2020, 55(1): 218-224.
[88] 周志芳, 王哲, 李雅冰, 等. 基于钻孔高压压水试验非线性流模拟计算错动带渗透参. 工程地质学报, 2021, 29(1): 197-204.
[89] 李连崇, 唐春安, 梁正召, 等. 煤层底板陷落柱活化突水过程的数值模拟. 采矿与安全工程

学报, 2009, 26(2): 158-162.
[90] 郑功, 程久龙, 王玉和, 等. 不同倾角断层对煤层底板突水影响的数值模拟研究. 矿业安全与环保, 2012, 39(1): 14-19.
[91] 郭鸿雁, 纪亚英, 方林, 等. 基于流固耦合分析的富水隧道外水压力与限量排放标准研究. 岩土工程学报, 2019,41(S1): 165-168.
[92] 谢小帅, 谢兴华, 王小东, 等. 隔水层对深埋隧洞衬砌外水压力的影响研究. 岩土工程学报, 2020, 42(S2): 146-150.
[93] 伍国军, 陈卫忠, 谭贤君, 等. 饱和岩体渗透性动态演化对引水隧洞稳定性的影响研究. 岩石力学与工程学报, 2020, 39(11): 2172-2182.
[94] 陈金平, 朱家辰, 阴祥诚, 等. 基于 PHREEQC 反向模拟-聚类分析方法的矿井突水水源判别. 煤炭技术, 2020, 39(11): 75-78.
[95] 牟林, 董书宁, 郑士田, 等. 基于 CFD-DEM 耦合模型的阻水墙建造过程数值模拟. 岩土工程学报, 2021, 43(3): 481-491.
[96] 丁建新. 不同倾角隐伏断层条件下的底板突水模拟研究. 中国煤炭地质, 2021, 33(6): 47-53.
[97] 崔国政, 杨天鸿, 刘洪磊, 等. 基于应力-渗流-损伤耦合作用的煤矿突水模拟. 中国矿业, 2021, 30(5): 136-142.
[98] Haimson B, Lee H. Borehole breakouts and compaction bands in two high-porosity sandstones. International Journal of Rock Mechanics and Mining Sciences, 2004, 41(2): 287-301.
[99] Haimson B. Micromechanisms of borehole instability leading to breakouts in rocks. International Journal of Rock Mechanics and Mining Sciences, 2007, 44(2): 157-173.
[100] Meier T, Rybacki E, Reinicke A, et al. Influence of borehole diameter on the formation of borehole breakouts in black shale. International Journal of Rock Mechanics & Mining Sciences, 2013, 62: 74-85.
[101] Labiouse V, Sauthier C, You S. Hollow cylinder simulation experiments of galleries in boom clay formation. Rock Mechanics and Rock Engineering, 2014, 47(1): 43-55.
[102] 蒋宇静, 李博, 王刚, 等. 岩石裂隙渗流特性试验研究的新进展. 岩石力学与工程学报, 2008, 27(12): 2377-2386.
[103] Rawlings C, Barton N, Bandis S, et al. Laboratory and numerical discontinuum modeling of wellbore stability. Journal of Petroleum Technology, 1993, 45(11): 1086-1092.
[104] Haimson B, Kovacich J. Borehole instability in high-porosity Berea sandstone and factors affecting dimensions and shape of fracture-like breakouts. Engineering Geology, 2003, 69(3): 219-231.
[105] Lin H, Oh J, Canbulat I, et al. Experimental and analytical investigations of the effect of hole size on borehole breakout geometries for estimation of in situ stresses. Rock Mechanics and

Rock Engineering, 2020, 53(2): 781-798.

[106] Cundall P A. A computer model for simulating progressive, large-scale movement in blocky rock system//Proceedings of the International Symposium on Rock Mechanics. Nancy, 1971: 129-136.

[107] Hofmann H, Babadagli T, Yoon J, et al. Multi-branched growth of fractures in shales for effective reservoir contact: A particle based distinct element modeling study. Journal of Natural Gas Science and Engineering, 2016, 35: 509-521.

[108] Cook B, Lee M, di Giovanni A, et al. Discrete element modeling applied to laboratory simulation of near-wellbore mechanics. International Journal of Geomechanics, 2004, 4(1): 19-27.

[109] 杨天鸿. 岩石破裂过程的渗流特性: 理论、模型与应用. 北京: 科学出版社, 2004.

[110] 黄桃, 蒲晓林, 罗霄, 等. 基于流固耦合理论的泥页岩井壁稳定性分析. 石油天然气学报, 2014, 36(10): 117-121.

[111] Rahmati H, Nouri A, Chan D, et al. Simulation of drilling-induced compaction bands using discrete element method. International Journal for Numerical and Analytical Methods in Geomechanics, 2014, 38(1): 37-50.

[112] Zhang Z, Nemcik J, Qiao Q, et al. A model for water flow through rock fractures based on friction factor. Rock Mechanics and Rock Engineering, 2015, 48(2): 559-571.

[113] Lee H, Moon T, Haimson B. Borehole breakouts induced in arkosic sandstones and a discrete element analysis. Rock Mechanics and Rock Engineering, 2016, 49: 1369-1388.

[114] Duan K, Kwok C. Evolution of stress-induced borehole breakout in inherently anisotropic rock: Insights from discrete element modeling. Journal of Geophysical Research: Solid Earth, 2016, 121(4): 2361-2381.

[115] Okabe H, Blunt M. Pore space reconstruction of vuggy carbonates using microtomography and multiple-point statistics. Water Resources Research, 2007, 43(12): 179-183.

[116] Yao J, Wang C, Yang Y, et al. The construction of carbonate digital rock with hybrid superposition method. Journal of Petroleum Science and Engineering, 2013, 110: 263-267.

[117] 王晨晨, 姚军, 杨永飞, 等. 碳酸盐岩双孔隙数字岩心结构特征分析. 中国石油大学学报(自然科学版), 2013, 37(2): 71-74.

[118] Tahmasebi P, Javadpour F, Sahimi M. Multiscale and multiresolution modeling of shales and their flow and morphological properties. Scientific Reports, 2015, 5(1): 1-11.

[119] 杨永飞, 刘志辉, 姚军, 等. 基于叠加数字岩心和孔隙网络模型的页岩基质储层孔隙空间表征方法. 中国科学: 技术科学, 2018, 48(5): 488-498.

[120] Ji L, Lin M, Cao G, et al. A multiscale reconstructing method for shale based on SEM image and experiment data. Journal of Petroleum Science and Engineering, 2019, 179: 586-599.

[121] Jiang Z, van Dijke M I J, Sorbie K S, et al. Representation of multiscale heterogeneity via multiscale pore networks. Water Resources Research, 2013, 49(9): 5437-5449.

[122] Mehmani A, Prodanović M. The effect of microporosity on transport properties in porous media. Advances in Water Resources, 2014, 63: 104-119.

[123] Bultreys T, van Hoorebeke L, Cnudde V. Multi-scale, micro-computed tomography-based pore network models to simulate drainage in heterogeneous rocks. Advances in Water Resources, 2015, 78: 36-49.

[124] de Vries E, Raoof A, van Genuchten M. Multiscale modelling of dual-porosity porous media; A computational pore-scale study for flow and solute transport. Advances in Water Resources, 2017, 105: 82-95.

第 2 章　深部围岩力学参数的概率分布模型

2.1 引　　言

地下洞室修建于天然地层之中，天然地层在形成过程中经受了各种复杂的成岩作用和构造运动，使得围岩的力学参数存在固有的不确定性，而这种不确定性势必对结构的安全稳定产生影响。因此，建立深部围岩力学参数的概率分布模型，对其不确定性进行定量描述，是开展地下洞室结构可靠性分析的前提和基础。目前，构建围岩力学参数概率分布模型的方法，主要有假设检验法、样本信息直接推断法、贝叶斯(Bayes)公式法等[1-5]。

1. 假设检验法

当样本数量较大时(样本数 $N > 50$)，建立围岩力学参数的概率分布模型通常可采用假设检验法。其基本原理为：首先，根据样本数据的频率统计直方图形态，假设其服从某几个经典分布类型；然后，通过矩估计或最大似然估计，计算得到对应分布类型下的分布参数；最后，对建立的分布模型进行拟合优度检验。假设检验法建立概率分布模型示意图如图 2.1.1 所示。

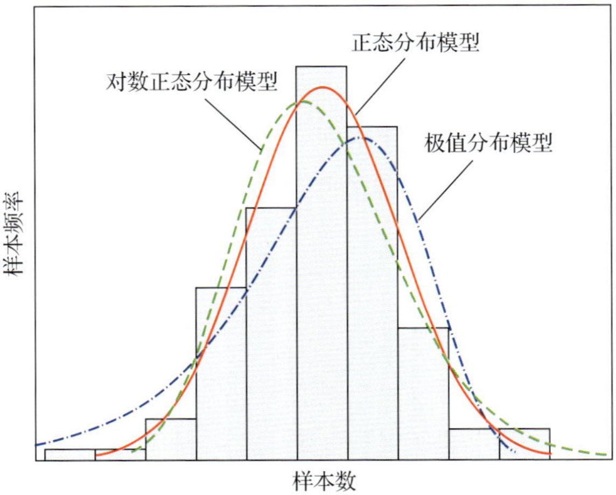

图 2.1.1　假设检验法建立概率分布模型示意图

光耀华[6]收集了国内 40 多个水利水电工程共 800 多个坝基岩石的抗剪断试

验资料，采用假设检验法，研究坝基岩石抗剪断参数的特征值和分布规律，研究结果表明：摩擦系数服从的分布类型为正态分布或者对数正态分布，黏聚力主要服从对数正态分布。谭忠盛等[7]根据铁路隧道围岩的 265 组抗剪强度指标值，统计分析出围岩黏聚力和内摩擦角的最优概率分布以正态分布为主。范明桥[8]收集了国内 17 座水库堤坝中 290 个土样剪切试验的黏聚力和内摩擦角样本，用假设检验法进行统计分析，研究结果表明：黏聚力服从正态分布的占总数 42.3%，服从对数正态分布的占 38.5%；内摩擦角服从正态分布的占总数 61.5%，服从对数正态分布的占 26.9%；其他的则符合极值 I 型分布，内摩擦角与黏聚力的相关系数在–0.9～–0.3。罗冲等[9]根据从三峡库区得到的 1074 个滑带土抗剪强度参数样本，用假设检验法对其进行统计分析，研究结果表明：黏聚力与内摩擦角分别服从对数正态分布和正态分布。陈炜韬等[10]收集了 144 个浅埋黏性土隧道工程共计 500 组围岩的黏聚力与内摩擦角样本，通过假设检验法分析得到黏聚力与内摩擦角的最优概率分布模型分别为正态分布和对数正态分布。江权等[11]对白鹤滩水电站 100 个玄武岩试样进行了单轴压缩试验，并对试验结果进行统计分析，发现其特征应变、单轴抗压强度、破裂面角度、变形参数所服从的最优概率分布形式并不完全相同，分别服从 Weibull 分布、正态分布和对数正态分布。

2. 样本信息直接推断法

假设检验法是以已知的经典理论分布模型为基础，但实际工程中随机变量的不确定性不一定能够用经典的理论分布模型进行有效描述，其也有可能服从的是某种未知的分布。因此，研究者尝试直接根据变量的样本信息对变量的概率分布模型进行推断。例如，苏永华等[12]在大样本条件下，提出了直接利用多项式逼近来构建岩土随机参数的概率密度函数；邓建等[13,14]提出了建立岩石力学参数概率分布模型的最大信息熵法，其无须对样本分布类型进行假设，而是基于最大熵原理，由样本数据的前四阶矩信息来构建岩石力学参数的概率密度函数。宫凤强等[15-18]提出了正交多项式数值逼近法，其根据岩土力学参数的样本数据，由 Legendre 正交多项式来直接拟合建立对应的概率密度函数。朱唤珍等[19]对大样本条件下岩土参数的概率分布推断提出了正态信息扩散法，并将其应用于太原粉质黏土压缩指数以及上海粉质黏土抗剪强度参数的统计分析。

在变量概率密度函数具有多峰特征的情况下，根据变量的样本信息进行概率密度函数推断，可以建立与样本数据实际分布特征更为接近的概率密度函数。如图 2.1.2 所示。

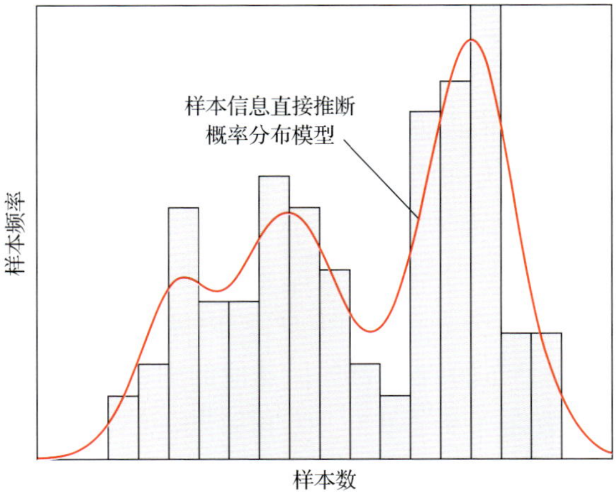

图 2.1.2 根据样本信息直接推断建立概率分布模型示意

采用样本信息直接推断建立概率密度函数比较复杂。因此，在实际应用中采用假设检验法建立概率分布模型更为实用。

3. 贝叶斯公式法

上述两种方法均是在大样本条件下才能保证其计算精度，但考虑到取样的困难，有时对某一具体工程能够得到的样本数量较少(样本数 N<30)，无法满足假设检验法和样本信息直接推断法的要求。为了在小样本条件下建立对应的概率分布模型，可以充分利用具有相似地质条件的其他工程所得大样本数据作为先验分布，然后以某一具体工程中得到的小样本数据作为后验分布，采用贝叶斯公式法建立小样本条件下的概率分布模型。张广文等[20]提出了计算围岩力学参数概率分布模型中分布参数的推广贝叶斯方法，该方法是利用已有的经验和资料，在试验样本数量不足以进行概率统计分析的情况下，基于贝叶斯公式确定出围岩力学参数概率分布模型中的分布参数，并将其应用在土石坝工程筑坝材料基本参数的统计分析。严春风等[21]基于贝叶斯法，提出了一套与最小熵原理结合、以拟合优度检验为基础的围岩力学参数概率分布模型统计推断方法，并对小样本条件下重庆地区砂岩弹性模量的不确定性进行了统计分析。徐超等[22]利用推广的贝叶斯公式法结合概率分布模型拟合优度检验有限比较法，来确定统计意义下的最优分布模型和最优分布参数，并将其应用于上海地区粉质黏土抗剪强度参数的统计分析，研究结果显示，黏聚力和内摩擦角的最优概率分布模型均为对数正态分布。徐军等[23]则提出了将贝叶斯公式法与模糊综合评判方法相结合，实现由小样本试验数据确定出岩土物理力学参数的概率分布模型。王俊杰等[24]提出先在大样本数据条件下，通过 χ^2 检验法确定出岩土参

数的概率分布模型，并将其作为先验分布，然后以具体工程中该岩土参数小样本数据下的概率分布模型为似然函数，最后利用贝叶斯公式法计算得到对应的后验分布概率分布模型参数。

由于围岩物理力学参数的不确定性，针对深部围岩力学参数的概率分布模型还需要开展更深入的研究。

2.2　分布参数估计

建立一个描述随机变量不确定性的概率分布模型，首先需要根据随机变量的样本数据，分析其可能服从的概率分布类型，然后计算出该分布类型下对应的分布参数。对于随机变量分布类型的选取，通常是根据样本数据绘制统计直方图，根据其分布形态并结合已有的实际经验，假定变量近似服从于某种概率分布。

对于围岩的力学参数，通常认为其近似服从正态分布、对数正态分布、极值 I 型分布和指数分布(见图 2.2.1)，其对应的概率密度函数表达式如表 2.2.1 所示。

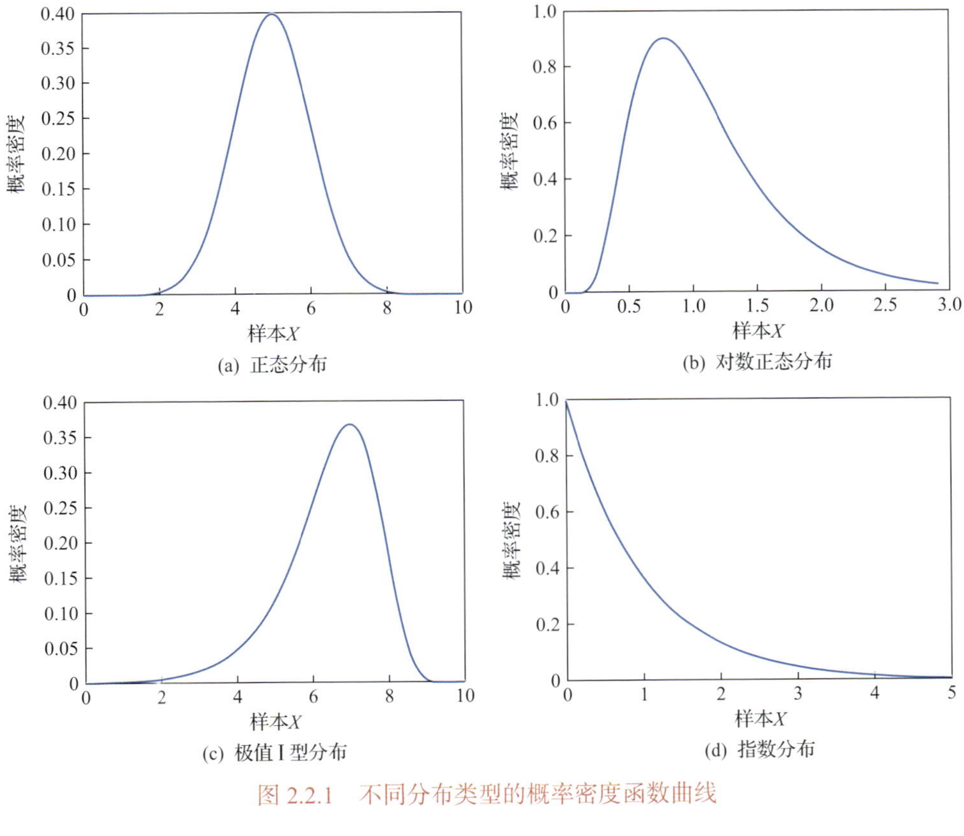

图 2.2.1　不同分布类型的概率密度函数曲线

表 2.2.1 不同分布类型的概率密度函数表达式

分布类型	概率密度函数
正态分布	$f(x)=\frac{1}{\sqrt{2\pi}q}\exp\left[-\frac{(x-p)^2}{2q^2}\right]$
对数正态分布	$f(x)=\frac{1}{\sqrt{2\pi}qx}\exp\left[-\frac{(\ln x-p)^2}{2q^2}\right]$
极值Ⅰ型分布	$f(x)=q\exp\{-q(x-p)-\exp[-q(x-p)]\}$
指数分布	$f(x)=p\exp(-px)$

由表 2.2.1 可以看出，各概率分布模型中包含着待确定的分布参数 p、q，确定该参数常用的方法包括矩估计和最大似然估计。矩估计的基本原理是采用样本矩代替总体矩，其不要求掌握变量的具体分布，但显然，如果在分布类型为已知的情况下，矩估计未充分利用变量分布所提供的信息，导致矩估计所得结果可能不具有唯一性。

最大似然估计的基本原理为：在假设变量总体服从某一分布形式时，其未知参数的估计值应使所得到的样本观测值出现的概率最大。对于变量样本 $x_1,x_2,\cdots,x_n$，若其分布类型的概率密度函数为 $p(x)$，则构造分布参数 $\hat{\theta}_1,\hat{\theta}_2,\cdots,\hat{\theta}_m$ 的似然函数为[6]

$$L\left(x_1,x_2,\cdots,x_n\mid\theta_1,\theta_2,\cdots,\theta_m\right)=\prod_{i=1}^{n}p\left(x_i\mid\theta_1,\theta_2,\cdots,\theta_m\right)\tag{2.2.1}$$

若式(2.2.1)中分布参数取为 $\hat{\theta}_1,\hat{\theta}_2,\cdots,\hat{\theta}_m$ 时，式(2.2.1)所示似然函数取得最大值，则 $\hat{\theta}_1,\hat{\theta}_2,\cdots,\hat{\theta}_m$ 即为分布参数的最大似然估计量。最大似然估计法可以充分利用分布函数对分布参数提供的信息，因此，本节将采用最大似然法进行分布参数的估计。

下面针对围岩力学参数中常见的正态分布、对数正态分布、极值Ⅰ型分布、指数分布四种概率分布类型，推导其对应分布参数的最大似然估计量。

首先以正态分布为例，假设 $x_1,x_2,\cdots,x_n$ 是取自正态母体 $N(p,q^2)$ 的一个样本集，正态分布概率密度函数为

$$f(x)=\frac{1}{\sqrt{2\pi}q}\exp\left[-\frac{(x-p)^2}{2q^2}\right]\tag{2.2.2}$$

式中，p 和 q 均为正态分布的分布参数。

根据式(2.2.1)和式(2.2.2)，构造正态分布似然函数为

$$L\left(p,q^2\right)=\prod_{i=1}^{N}\frac{1}{\sqrt{2\pi q}}\exp\left[-\frac{\left(x_i-p\right)^2}{2q^2}\right]=\left(2\pi q^2\right)^{-\frac{n}{2}}\exp\left[-\frac{1}{2q^2}\sum_{i=1}^{n}\left(x_i-p\right)^2\right] \quad (2.2.3)$$

对式(2.2.3)两边同时取对数可得

$$\ln L\left(p,q^2\right)=-\frac{n}{2}\ln(2\pi)-\frac{n}{2}\ln q^2-\frac{1}{2q^2}\sum_{i=1}^{n}\left(x_i-p\right)^2 \quad (2.2.4)$$

然后对式(2.2.4)中 p、q^2 分别求导，并令其等于 0，得到似然方程组，即

$$\begin{cases}\dfrac{\partial\ln L\left(p,q^2\right)}{\partial p}=\dfrac{1}{2q^2}\displaystyle\sum_{i=1}^{n}\left(x_i-p\right)=0\\ \dfrac{\partial\ln L\left(p,q^2\right)}{\partial q^2}=-\dfrac{n}{2q^2}+\dfrac{1}{2q^4}\displaystyle\sum_{i=1}^{n}\left(x_i-p\right)^2=0\end{cases} \quad (2.2.5)$$

求解式(2.2.5)，即可得到正态分布中分布参数 p 和 q 的最大似然估计量为

$$\begin{cases}p=\dfrac{1}{n}\displaystyle\sum_{i=1}^{n}x_i\\ q^2=\dfrac{1}{n}\displaystyle\sum_{i=1}^{n}\left(x_i-p\right)^2\end{cases} \quad (2.2.6)$$

同理，对于对数正态分布、极值 I 型分布、指数分布，将其概率密度函数分别代入式(2.2.1)，构造出对应的似然函数后，即可推导出对应的分布参数 p 和 q 的最大似然估计量。

对数正态分布：

$$\begin{cases}p=\dfrac{1}{n}\displaystyle\sum_{i=1}^{n}\ln x_i\\ q^2=\dfrac{1}{n}\displaystyle\sum_{i=1}^{n}\left(\ln x_i-p\right)^2\end{cases} \quad (2.2.7)$$

极值 I 型分布：

$$\begin{cases}p=\dfrac{1}{q}\lg\left[\dfrac{1}{n}\displaystyle\sum_{i=1}^{n}\exp\left(-qx_i\right)\right]\\ \dfrac{1}{q}=\dfrac{1}{n}\displaystyle\sum_{i=1}^{n}x_i-\dfrac{\displaystyle\sum_{i=1}^{n}x_i\exp\left(-qx_i\right)}{\displaystyle\sum_{i=1}^{n}\exp\left(-qx_i\right)}\end{cases} \quad (2.2.8)$$

指数分布：

$$p = n\sum_{i=1}^{n}\frac{1}{x_i} \tag{2.2.9}$$

当得到一定数量的样本 x 时，将其代入式(2.2.7)～式(2.2.9)，可以计算得到不同分布类型下分布参数的估计值。

2.3 拟合优度检验

由最大似然法对变量样本建立了多个分布模型后，为从中确定出与样本实际分布情况最接近的概率分布模型，需对不同分布模型分别进行拟合优度检验。对此，常用的检验方法包括 χ^2 检验法和 K-S 检验法。

χ^2 检验法[25]的主要原理为：将样本划分到 L 个子区间，各区间中包含的样本的频数为 m_i，原假设分布在该区间中对应的理论分布频数为 np_i，根据皮尔逊定理，以理论频数 np_i 与实际频数 m_i 差值的加权平方和作为其统计量 χ^2，即

$$\chi^2 = \sum_{i=1}^{L}\frac{(m_i - np_i)^2}{np_i} \tag{2.3.1}$$

由式(2.3.1)可知，只有当随机变量样本数 n 趋于无穷时，χ^2 才逐渐收敛到自由度 L–1 时的 χ^2 分布，因而 χ^2 检验法主要适用于样本数量较多的情况。但在实际工程中，要得到特定工程围岩力学参数的大样本数据通常较为困难，此时 χ^2 检验法难以适应。

K-S 检验法[26]不同于 χ^2 检验法，其不需要对样本数据划分区间，而是对每一个样本点检验经验分布函数 $F_n(x)$ 与原假设的分布函数 $F_0(x)$ 的偏差，进而建立统计量 D_n：

$$D_n = \max\left|F_n(x) - F_0(x)\right| \tag{2.3.2}$$

然后在给定置信度 α 下，将统计量 D_n 与临界值 $D_{n\alpha}$ 作比较。当 $D_n<D_{n\alpha}$ 时，不拒绝接受原假设；当 $D_n>D_{n\alpha}$ 时，拒绝接受原假设。图 2.3.1 为 K-S 检验法原理示意图。

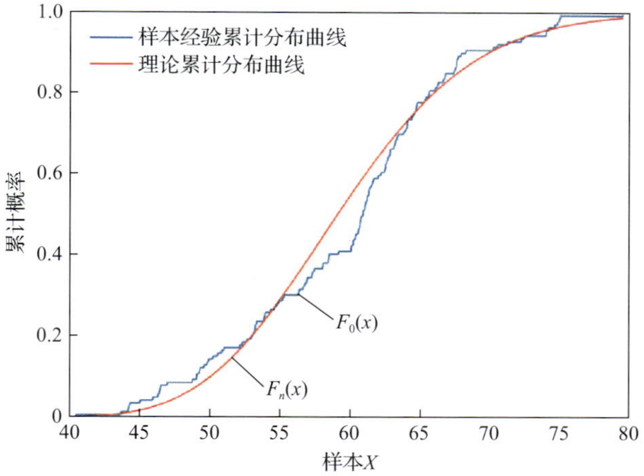

图 2.3.1　K-S 检验法原理示意图

相比于 χ^2 检验法，K-S 检验法具有更高的计算精度，而且适用于小样本数据，因此，本节采用 K-S 检验法对围岩力学参数概率分布模型进行拟合优度检验。另外，在对概率分布模型进行拟合优度检验的过程中，可能会出现多个不同的概率分布函数同时被接受的情况。为确定出和真实分布最接近的概率分布，以 K-S 检验法所得统计量 D_n 与其临界值 $D_{n\alpha}$ 的比值 K_H 为依据进行优化。

$$K_{\mathrm{H}} = \frac{D_n}{D_{n\alpha}} \tag{2.3.3}$$

由式(2.3.3)计算所得 K_H 最小值对应的分布模型，即为样本的最优概率分布模型。

2.4　深部围岩力学参数概率分布模型的建立

前面对构建随机变量概率分布模型的方法进行了介绍，包括概率分布类型的选取、概率分布参数的最大似然估计以及概率分布模型的 K-S 拟合优度检验，下面将采用上述方法对我国首座高放废物深埋地质处置北山地下实验室围岩力学参数的概率分布特征进行统计分析，并建立深部围岩力学参数的最优概率分布模型。

2.4.1　深部围岩力学参数样本

在北山地下实验室工程的前期场址钻探工作中，已在工程场址 0～600m 深度范围内施工了多口地质钻井。北山地下实验室建设场区深部钻孔岩芯如图 2.4.1 所示[27]。

图 2.4.1　北山地下实验室建设场区深部钻孔岩芯[27]

本节共收集到北山地下实验室围岩的弹性模量、泊松比样本数据 145 组，围岩的黏聚力和内摩擦角样本数据 73 组，如图 2.4.2 所示。可以看出，深部围岩力学参数的离散性较为明显。因此，必须建立相应的概率分布模型以对围岩力学参数的不确定性进行描述。

2.4.2　力学参数概率分布模型

根据图 2.4.2 中各力学参数的样本数据，绘制了深部围岩力学参数样本频数直方图，如图 2.4.3 所示。

将图 2.2.1 所示的概率密度曲线与图 2.4.3 中岩石力学参数频数直方图分布形态进行对比，初步判断出上述变量大致服从正态分布、对数正态分布和极值

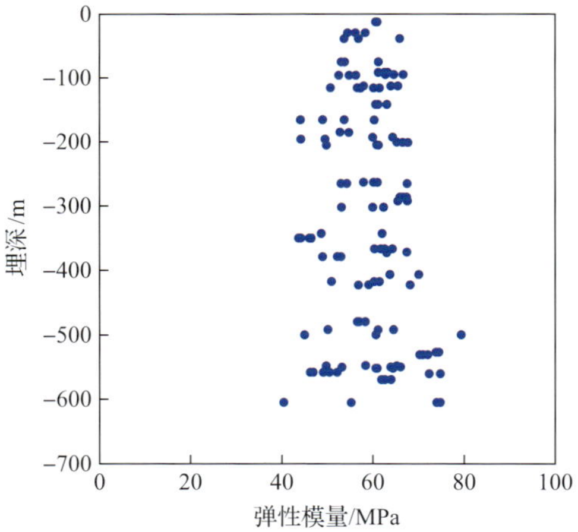

(a) 弹性模量数据样本

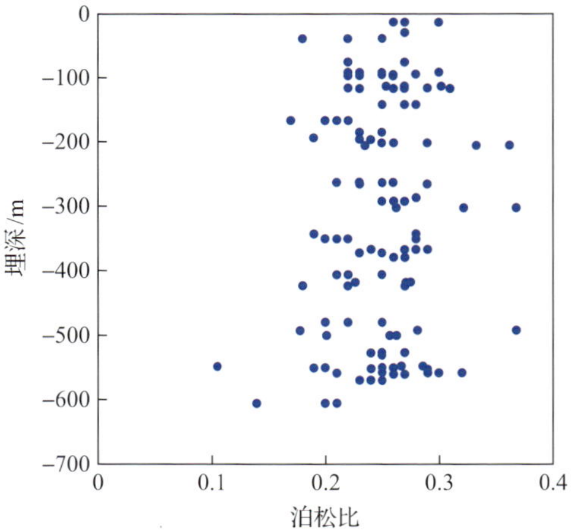

(b) 泊松比数据样本

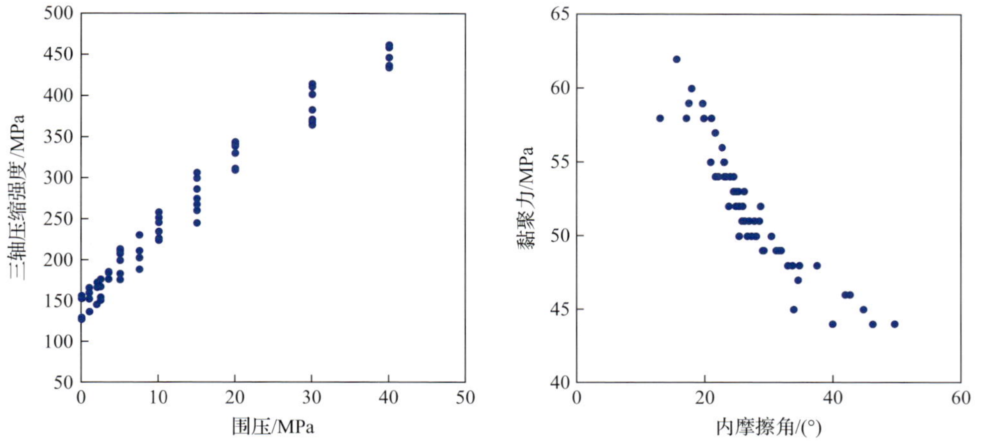

(c) 三轴压缩强度数据样本　　(d) 黏聚力与内摩擦角数据样本

图 2.4.2　北山地下实验室深部围岩力学参数样本散点分布

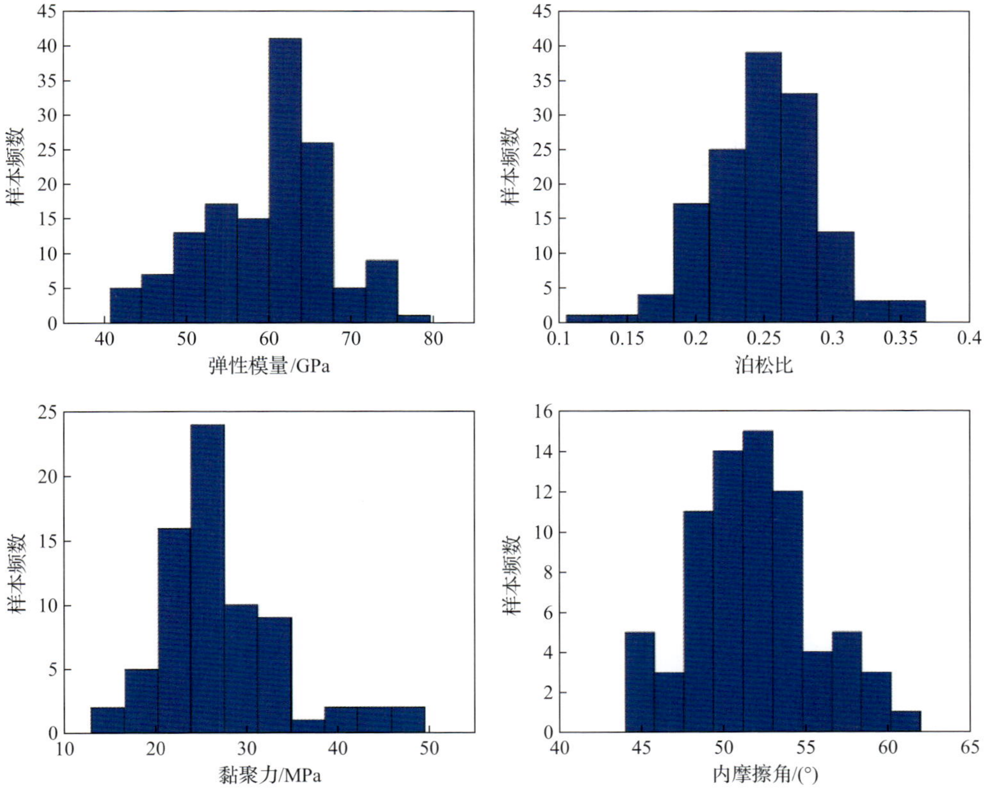

图 2.4.3　深部围岩力学参数样本频数直方图

I 型分布这三种分布类型中的某一种。然后，采用最大似然法，根据式(2.2.6)～式(2.2.8)，分别计算得到各力学参数在上述三种分布类型下的分布参数估计值，计算结果如表 2.4.1 所示。

表 2.4.1　不同分布类型对应分布参数的最大似然估计值

变量名称	分布类型	分布参数最大似然估计值	
		p	q
弹性模量/GPa	正态分布	59.7641	7.8223
	对数正态分布	4.0816	0.1347
	极值 I 型分布	63.6077	7.4135
泊松比	正态分布	0.2504	0.0395
	对数正态分布	–1.3979	0.1686
	极值 I 型分布	0.2701	0.0421
黏聚力/MPa	正态分布	27.0632	6.9063
	对数正态分布	3.2684	0.2433
	极值 I 型分布	30.8232	8.4387
内摩擦角/(°)	正态分布	51.8767	3.8728
	对数正态分布	3.9461	0.0748
	极值 I 型分布	53.8258	3.9225

根据表 2.4.1，可绘制不同分布模型对应的围岩力学参数概率密度函数曲线，如图 2.4.4 所示。

由图 2.4.4 可以看出，初步建立的三种分布模型均可在一定程度上反映样本直方图的概率分布特征，但必然存在一个最优的概率分布模型与样本实际分布情况最为接近，需进一步开展各概率分布模型的拟合优度检验。

对此，采用 K-S 检验法分别对表 2.4.1 中的弹性模量、泊松比、黏聚力、内摩擦角在正态分布、对数正态分布、极值 I 型分布模型下的拟合优度进行检

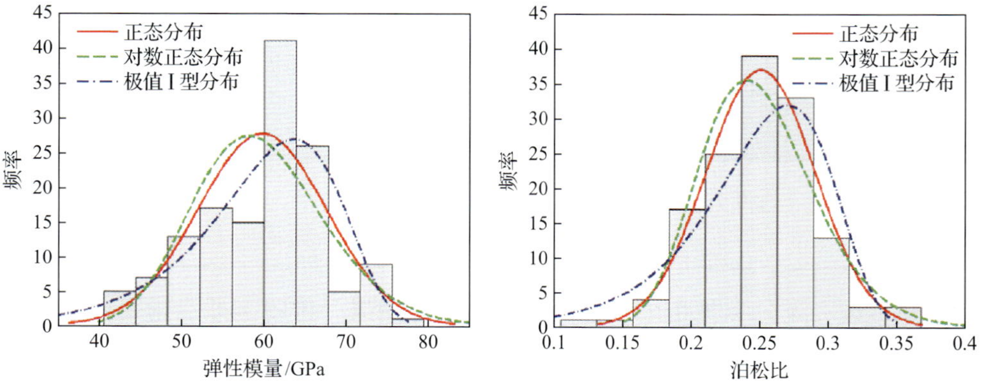

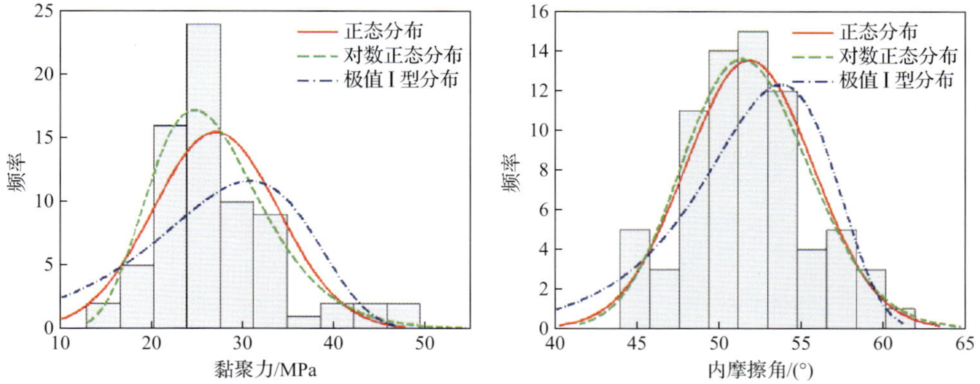

图 2.4.4　不同分布模型对应的围岩力学参数概率密度函数曲线

验。当 K-S 检验统计量 D_n 小于理论临界值 $D_{n\alpha}$ 时，接受该分布，否则拒绝该分布。当同时有多个原假设分布被接收时，取 $K_{\mathrm{H}} = D_n/D_{n\alpha}$ 最小值对应的分布模型为最优概率分布。最终 K-S 拟合优度检验的计算结果如表 2.4.2 所示。

表 2.4.2　不同分布模型的围岩力学参数 K-S 拟合优度检验结果

变量	分布类型	K-S 检验			有限比较 K_{H}	检验结果
		D_n	$D_{n\alpha}$	判断结果		
弹性模量/GPa	正态分布	0.109	0.114	接受	0.958	—
	对数正态分布	0.135	0.114	拒绝	1.181	—
	极值 I 型分布	0.086	0.114	接受	0.750	最优
泊松比	正态分布	0.108	0.114	接受	0.943	最优
	对数正态分布	0.135	0.114	拒绝	1.181	—
	极值 I 型分布	0.131	0.114	拒绝	1.151	—
黏聚力/MPa	正态分布	0.144	0.157	接受	0.921	—
	对数正态分布	0.097	0.157	接受	0.617	最优
	极值 I 型分布	0.195	0.157	拒绝	1.244	—
内摩擦角/(°)	正态分布	0.114	0.157	接受	0.726	—
	对数正态分布	0.105	0.157	接受	0.672	最优
	极值 I 型分布	0.174	0.157	拒绝	1.109	—

根据表 2.4.2 中各变量拟合优度检验计算结果，即得到北山地下实验室深部围岩力学参数最优概率分布模型，如表 2.4.3 所示[28]。

表 2.4.3 北山地下实验室深部围岩力学参数最优概率分布模型[28]

参数类型	分布类型	概率密度函数	分布参数	
			p	q
弹性模量	极值Ⅰ型分布	$f(x)=q\exp\{-q(x-p)-\exp[-q(x-p)]\}$	63.60	7.82
泊松比	正态分布	$f(x)=\dfrac{1}{\sqrt{2\pi q}}\exp\left[-\dfrac{(x-p)^2}{2q^2}\right]$	0.25	0.039
黏聚力	对数正态分布	$f(x)=\dfrac{1}{\sqrt{2\pi}qx}\exp\left[-\dfrac{(\ln x-p)^2}{2q^2}\right]$	3.26	0.24
内摩擦角	对数正态分布	$f(x)=\dfrac{1}{\sqrt{2\pi}qx}\exp\left[-\dfrac{(\ln x-p)^2}{2q^2}\right]$	3.94	0.074

2.4.3 力学参数之间的相关性

在建立围岩各力学参数的概率分布模型后，还需要分析围岩力学参数间的相关性。考虑到弹性模量与泊松比样本以及黏聚力与内摩擦角样本分别来自同一试样，因此，对弹性模量与泊松比、黏聚力与内摩擦角的相关性进行分析，绘制出图 2.4.5 所示的弹性模量与泊松比以及黏聚力与内摩擦角样本散点分布图。

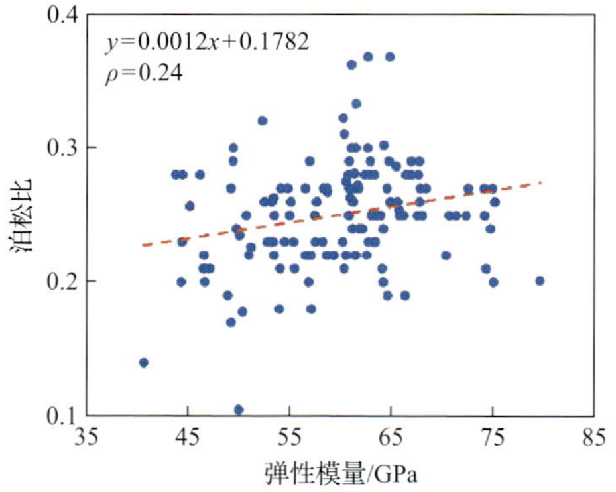

(a) 弹性模量与泊松比

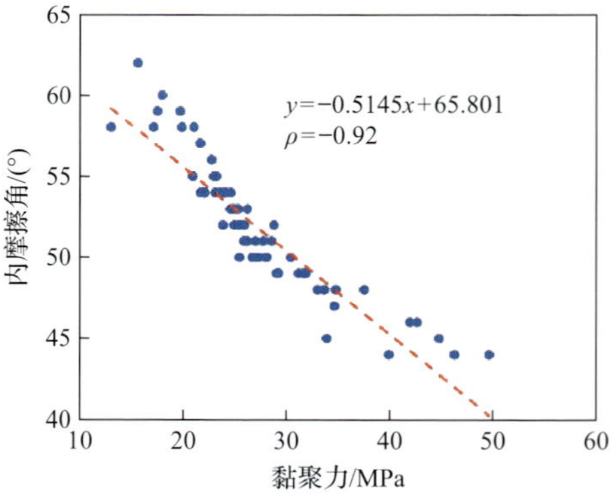

(b) 黏聚力与内摩擦角

图 2.4.5 弹性模量与泊松比以及黏聚力与内摩擦角样本散点分布图

对图 2.4.5 中样本进行线性拟合，并根据式(2.4.1)计算相关系数 ρ：

$$\rho=\frac{\sum_{i=1}^{n}\left(X_i-\bar{X}\right)\left(Y_i-\bar{Y}\right)}{\sqrt{\sum_{i=1}^{n}\left(X_i-\bar{X}\right)^2}\sqrt{\sum_{i=1}^{n}\left(Y_i-\bar{Y}\right)^2}} \tag{2.4.1}$$

式中，X_i 和 Y_i 为样本数据；$\bar{X}$ 和 $\bar{Y}$ 为样本数据的平均值。

相关系数值 ρ 在−1～1，其绝对值越接近于 1，表明变量间相关性越强。最终计算结果如表 2.4.4 所示。

表 2.4.4　深部围岩力学参数间的相关系数

围岩力学参数	相关系数
弹性模量	0.24
泊松比	0.24
黏聚力	−0.92
内摩擦角	−0.92

由表 2.4.4 可以看出，北山地下实验室围岩力学参数中，弹性模量与泊松比为正相关，但相关性较弱，相关系数仅为 0.24。而黏聚力与内摩擦角为负相关，且相关性较强，相关系数达到−0.92。因此，后续可靠度分析中要考虑黏聚力与内摩擦角的负相关性。

2.5　本章小结

本章通过最大似然估计和 K-S 拟合优度检验，根据北山地下实验室场区的深钻孔岩石力学参数样本数据，统计分析了深部围岩力学参数的概率分布特征，建立了深部围岩力学参数的概率分布模型。本章得到以下结论：

(1) 深部围岩弹性模量服从极值 I 型分布，泊松比服从正态分布，黏聚力和内摩擦角均服从对数正态分布。

(2) 黏聚力与内摩擦角的相关系数为−0.92，具有显著的负相关性。

参考文献

[1] Zhang D, Zhou Y, Phoon K K, et al. Multivariate probability distribution of Shanghai clay properties. Engineering Geology, 2020, 273: 105675.

[2] Ching J, Wu S, Phoon K K. Constructing quasi-site-specific multivariate probability distribution using hierarchical Bayesian model. Journal of Engineering Mechanics, 2021, 147(10): 04021069.

[3] Zhang W, Meng F, Chen F, et al. Effects of spatial variability of weak layer and seismic randomness on rock slope stability and reliability analysis. Soil Dynamics and Earthquake Engineering, 2021, 146: 106735.

[4] 石梁宏，李双洋. 寒区渠基黏土热参数最优概率分布. 吉林大学学报(地球科学版)，2021,

51(2): 473-482.

[5] 李斌, 吕海涛, 耿峰, 等. 塔河油田碳酸盐岩缝洞型油藏单储系数概率分布模型. 油气地质与采收率, 2021, 28(3): 62-69.

[6] 光耀华. 坝基岩石抗剪断参数的统计特征. 岩石力学与工程学报, 1989, (2): 151-162.

[7] 谭忠盛, 高波, 关宝树. 隧道围岩抗剪强度指标 c 、$\tan\varphi$ 的概率特征.岩土工程学报, 1999, (6): 760-762.

[8] 范明桥. 黏性填筑土强度指标 φ 、c 的概率特性. 水利水运科学研究, 2000, (1): 49-53.

[9] 罗冲, 殷坤龙, 陈丽霞, 等. 万州区滑坡滑带土抗剪强度参数概率分布拟合及其优化. 岩石力学与工程学报, 2005, 24(9): 1588-1593.

[10] 陈炜韬, 王玉锁, 王明年, 等. 黏土质隧道围岩抗剪强度参数的概率分布及优化实例. 岩石力学与工程学报, 2006(Z2): 3782-3787.

[11] 江权, 崔洁, 冯夏庭, 等. 玄武岩力学参数的随机性统计与概率分布估计. 岩土力学, 2017, 38(3): 784-792.

[12] 苏永华, 何满潮, 孙晓明. 大子样岩土随机参数统计方法. 岩土工程学报, 2001, (1): 117-119.

[13] 邓建, 李夕兵, 古德生. 岩石力学参数概率分布的信息熵推断. 岩石力学与工程学报, 2004, (13): 2177-2181.

[14] Deng J, Li X B, Gu G S. A distribution-free method using maximum entropy and moments for estimating probability curves of rock variables. International Journal of Rock Mechanics & Mining Sciences, 2004, 41(S1): 127-132.

[15] 宫凤强, 李夕兵, 邓建. 基于正交多项式逼近法的岩土参数概率分布推断. 岩土工程技术, 2005, (3): 144-147.

[16] 李夕兵, 宫凤强. 岩土力学参数概率分布的推断方法研究综述. 长沙理工大学学报(自然科学版), 2007, (1): 1-8.

[17] Li X B, Gong F Q. A method for fitting probability distributions to engineering properties of rock masses using Legendre orthogonal polynomials. Structural Safety, 2009, 31(4): 335-343.

[18] 宫凤强, 黄天朗, 李夕兵. 岩土参数最优概率分布推断方法及判别准则的研究. 岩石力学与工程学报, 2016, 35(12): 2452-2460.

[19] 朱唤珍, 李夕兵, 宫凤强. 大样本岩土参数概率分布的正态信息扩散推断. 岩土力学, 2015, 36(11): 3275-3282.

[20] 张广文, 刘令瑶. 确定随机变量概率分布参数的推广贝叶斯法. 岩土工程学报, 1995, 17(3): 91-94.

[21] 严春风, 陈洪凯, 张建辉. 岩石力学参数的概率分布的贝叶斯推断. 重庆建筑大学学报, 1997, 19(2): 65-71.

[22] 徐超, 杨林德. 随机变量拟合优度检验和分布参数贝叶斯估计. 同济大学学报(自然科学

版), 1998, (3): 340-344.

[23] 徐军, 雷用, 郑颖人. 岩土参数概率分布推断的模糊贝叶斯方法探讨. 岩土力学, 2000, (04): 394-396, 400.

[24] 王俊杰, 陈爱玖, 姬凤玲, 等. 岩土参数的概率分布拟合及贝叶斯方法优化. 华北水利水电学院学报, 2004, (2): 51-54.

[25] 张亚锦, 胡典顺, 姚本武. 概率与统计的知识理解之卡方检验. 数学通讯, 2021, (14): 1-4.

[26] 侯澍旻, 李友荣, 姬水旺, 等. 基于 K-S 检验的智能故障诊断方法研究. 振动与冲击, 2006, (1): 82-85, 167-168.

[27] Wang J, Chen L, Su R, et al. The Beishan underground research laboratory for geological disposal of high-level radioactive waste in China: Planning, site selection, site characterization and in situ tests. Journal of Rock Mechanics and Geotechnical Engineering, 2018, 10(3): 411-435.

[28] Zhang Y, Zhang Q Y, Duan K, et al. Reliability analysis of deep underground research laboratory in Beishan for geological disposal of high-level radioactive waste. Computers and Geotechnics, 2020, 118: 103328.

第 3 章　深部洞室结构可靠性分析研究

3.1　引　言

作为一种低碳、高效的新兴能源，核电受到越来越多国家的重视。目前，我国核电行业正处于快速发展阶段，根据国家能源局公布的数据，截至 2023 年底，我国已建核电机组 54 台，总装机容量 5682 万千瓦，位列全球第三。在建核电机组 26 台，总装机容量 2974.66 万千瓦，连续第 17 年位居全球第一位。在核电装机容量不断扩大的同时，其生产过程中产生的核废料也在进一步累积，预计 2050 年我国核电站产生的核废料将达到 82630t，其中包括了一部分毒性大、半衰周期长的高放射性废物。如何安全合理地处置这些高放射性废物，已经成为实现核能可持续发展的瓶颈问题[1-3]。

国际公认的安全处置高放射性废物的方法是深埋地质处置，即在深部的地质体中修建一个处置库，将高放射性废物放置其中，以地质体作为一道天然屏障，从而将大量高放射性废物与人类的生存环境有效隔离。目前，高放射性废物深埋地质处置均需建设地下实验室进行场址的特征评价、现场试验和设备验证，为最终处置库工程建设提供必要的科研基础和实践经验[4-7]。

目前，国外已相继建设了二十多座地下实验室。我国经过三十多年的场址评估工作，确定在甘肃北山兴建我国首座高放废物深埋地质处置地下实验室，该试验室是由多条竖井、水平巷道、螺旋斜坡道组成的复杂洞室群结构[8]。与常规地下工程相比，地下实验室埋深大、洞室结构布局复杂，且对于安全性的要求较高。因此，有必要对地下实验室洞室结构的施工安全可靠性开展系统深入的研究。

本章在第 2 章深部围岩力学参数概率分布特征的基础上，开展了深部地下实验室洞室结构可靠度分析与地质力学模型试验验证研究，揭示出施工开挖过程中地下实验室深部洞室结构可靠度指标的空间分布规律，并提出了相应的工程优化措施。

3.2　深部洞室隐式功能函数的显式分析方法

可靠度分析中，结构的可靠状态由功能函数加以描述，功能函数小于零，则表明结构处于失效状态。结构可靠度分析是在得到随机变量概率分布特征的基础上，计算结构功能函数小于零的概率。因此，能否准确建立起反映结构真实状态的功能函数，对结构可靠度分析将产生直接影响。但受深部复杂地质赋存环境因素的影响，深部洞室结构的功能函数通常为与多个基本随机变量相关的非线性隐式函数，这给可靠度指标计算造成了困难。对此，常用解决方法是通过构建一个近似模型作为隐式功能函数的显式表达式。但常规功能函数显式表达式基于的是二次多项式模型，其只适用于功能函数非线性程度不高的情况，面对深部洞室结构中非线性程度较高的隐式功能函数，常规功能函数显式表达式难以适应。

目前，机器学习已成为解决非线性问题的强有力手段，其中，支持向量回归方法在样本数量较小的条件下对高维、非线性函数拥有良好的泛化能力。若采用支持向量回归模型代替二次多项式模型，可实现由较少次数的数值模拟计算对非线性隐式函数构建高精度的显式表达式。因此，本节基于支持向量回归方法建立了隐式功能函数的显式表达式，且在此过程中，为提高支持向量回归的建模精度与效率，提出了一种改进惯性权重的粒子群算法，对支持向量回归中的回归参数赋值进行优化，最终实现了对深部洞室结构隐式功能函数的快速显式分析，为后续开展深部洞室结构可靠度指标计算奠定了基础。

3.2.1　深部洞室结构隐式功能函数的构建

对于地下洞室围岩的压剪破坏，构建由极限容许剪应力条件控制的隐式功能函数，即

$$Z_\tau = [\tau] - \tau \tag{3.2.1}$$

式中，$[\tau]$为围岩允许抗剪强度；τ为围岩实际受到的剪应力。

根据莫尔-库仑强度准则，当围岩最大主应力和最小主应力分别为σ_1、σ_3时，抗剪强度$[\tau]$计算公式为

$$[\tau] = \left[\frac{1}{2}(\sigma_1 + \sigma_3) - \frac{1}{2}(\sigma_1 - \sigma_3)\sin\varphi\right]\tan\varphi + c \tag{3.2.2}$$

围岩实际受到的剪应力τ计算公式为

$$\tau = \frac{1}{2}(\sigma_1 - \sigma_3)\cos\varphi \tag{3.2.3}$$

式中，c、φ分别为围岩的黏聚力与内摩擦角。

将式(3.2.2)和式(3.2.3)代入式(3.2.1)，则式(3.2.1)可以写为

$$Z_\tau = \left[\frac{1}{2}(\sigma_1+\sigma_3)-\frac{1}{2}(\sigma_1-\sigma_3)\sin\varphi\right]\tan\varphi + c - \frac{1}{2}(\sigma_1-\sigma_3)\cos\varphi \tag{3.2.4}$$

对于围岩的张拉破坏，构建由极限拉应变条件控制的隐式功能函数，即

$$Z_{\varepsilon_t} = [\varepsilon_t] - \varepsilon_{tmax} \tag{3.2.5}$$

式中，$[\varepsilon_t]$为围岩发生张拉破坏时的允许极限拉应变，可由岩石直接拉伸试验测得；ε_{tmax}为实际受力条件下围岩产生的最大拉应变。

当围岩受到的最大主应力、中间主应力和最小主应力分别为σ_1、σ_2、σ_3时，ε_{tmax}可根据广义胡克定律计算

$$\varepsilon_{tmax} = \frac{1}{E}\left[\sigma_1 - \mu(\sigma_2+\sigma_3)\right] \tag{3.2.6}$$

式中，E、μ分别为围岩的弹性模量和泊松比。

将式(3.2.6)代入式(3.2.5)，可得

$$Z_{\varepsilon_t} = [\varepsilon_t] - \frac{1}{E}\left[\sigma_1 - \mu(\sigma_2+\sigma_3)\right] \tag{3.2.7}$$

由于式(3.2.4)和式(3.2.7)中σ_1、σ_2、σ_3与围岩实际赋存环境中的多个力学参数变量相关，且无法通过理论推导直接得到，只能通过数值模拟计算得到，因此，式(3.2.4)和式(3.2.7)均是关于基本随机变量的隐式功能函数。

将式(3.2.4)和式(3.2.7)相结合，即得到深部洞室围岩的隐式功能函数[9]

$$\begin{cases} Z_\tau = \left[\frac{1}{2}(\sigma_1+\sigma_3)-\frac{1}{2}(\sigma_1-\sigma_3)\sin\varphi\right]\tan\varphi + c - \frac{1}{2}(\sigma_1-\sigma_3)\cos\varphi \\ Z_{\varepsilon_t} = [\varepsilon_t] - \frac{1}{E}\left[\sigma_1 - \mu(\sigma_2+\sigma_3)\right] \end{cases} \tag{3.2.8}$$

式中，当$Z_\tau \leqslant 0$或$Z_{\varepsilon_t} \leqslant 0$时，即表示围岩处于失效状态，反之表示围岩处于安全状态。

3.2.2 支持向量回归的隐式功能函数显式化

式(3.2.8)所示隐式形式的功能函数给可靠度指标计算造成了困难，因此必须建立对应的显式功能函数。对此，常用方法是采用功能函数显式表达式，其原理为：选取一组基本随机变量$x_1,x_2,\cdots,x_n$，依次开展数值计算得到相应的隐

式功能函数值 Z，每一组基本随机变量样本 $x_1,x_2,\cdots,x_n$ 与对应计算的功能函数值 Z 即组成一个训练样本。根据隐式功能函数的训练样本拟合得到功能函数值 Z 与基本随机变量 $x_1,x_2,\cdots,x_n$ 的显式表达式。结构隐式功能函数显式化过程如图 3.2.1 所示。

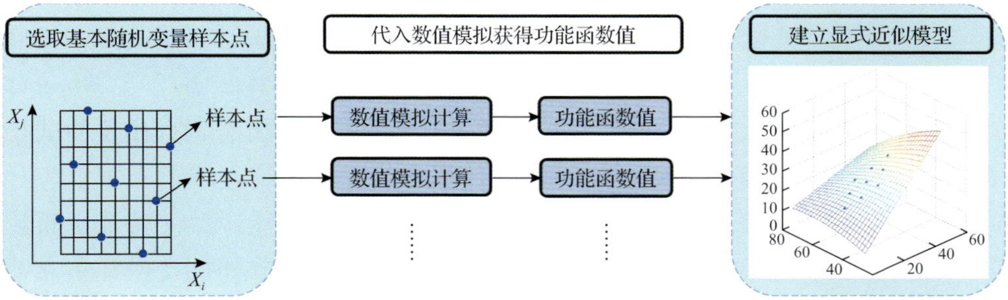

图 3.2.1　结构隐式功能函数显式化过程

根据样本数据，可得到由二次多项式表示的功能函数的显式表达式为

$$Z = a + \sum_{i=1}^{n} b_i X_i + \sum_{i=1}^{n} c_i X_i^2 \tag{3.2.9}$$

式中，a、b_i 和 c_i 均为待求系数。

基于二次多项式模型的功能函数显式表达式原理简单、易于求解，但受到二次多项式模型拟合能力的限制，其只有在功能函数非线性程度不高时，具有较好的拟合精度，面对强非线性功能函数时，其拟合误差较大，如图 3.2.2 所示。

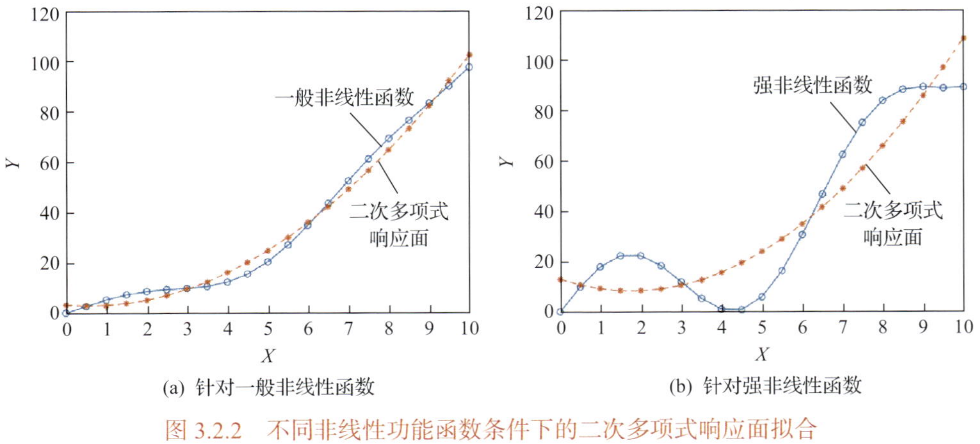

图 3.2.2　不同非线性功能函数条件下的二次多项式响应面拟合

对此，本节基于支持向量回归方法，构建非线性隐式功能函数的显式表达，

同时，提出一种改进粒子群算法，对支持向量回归建模过程中回归参数的赋值进行优化，以进一步提高支持向量回归方法的建模精度与效率。

1. 隐式功能函数样本点的试验设计

由图 3.2.1 可知，得到隐式功能函数一定数量的训练样本，是建立隐式功能函数显式表达式的基础。理论上，用于建模的样本数据越多，越有助于提高建模的精度，但地下洞室结构每开展一次数值模拟计算，往往需要耗费大量计算资源，因此，实际应用中选取的训练样本数量不宜过多。同时，由于隐式功能函数的具体特征事先未知，在有限的样本数量条件下，选取的样本点应尽可能地在基本随机变量的定义域内均匀分布，从而对功能函数的特征进行较为全面的反映，这就需要采用试验设计的方法来提高基本随机变量样本点的选取质量。

常用的试验设计方法中，全因子设计、正交试验设计、均匀试验设计、拉丁超立方试验设计等均可得到空间内均匀分布的样本点，但全因子设计与正交试验设计为保证选取的样本点“整体可比”特性，会对变量的同一水平进行重复取值(见图 3.2.3)，从而导致在变量数与变量水平数取值较大时，产生的试验样本数量过多。

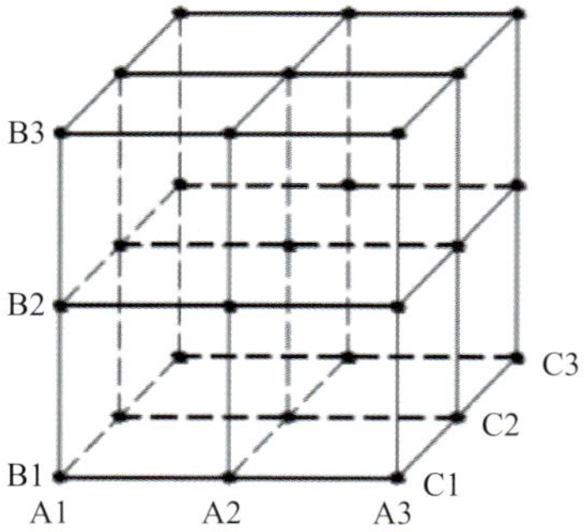

(a) 全因子设计

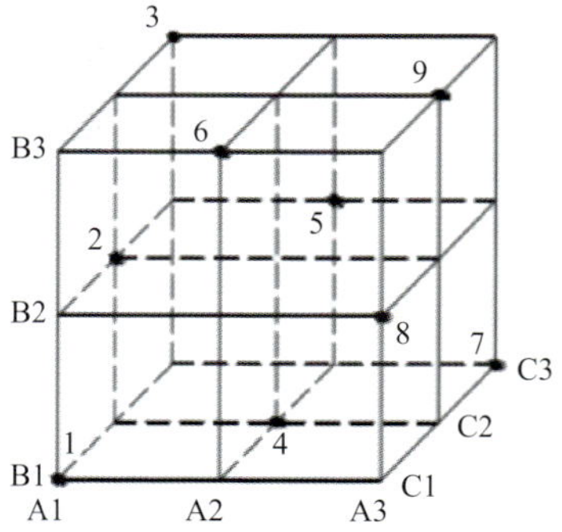

(b) 正交试验设计

图 3.2.3　全因子设计与正交试验设计取样

均匀试验设计与拉丁超立方设计，对每一个变量的每个水平只取一次值，从而可确保样本在随机变量空间内均匀分布的同时，显著减小试验样本数。但均匀试验设计需借助于给定的均匀试验设计表，导致其在抽样数目的选择上不如拉丁超立方设计方法灵活，为此，本节采用拉丁超立方试验设计方法对深部洞室结构隐式功能函数的样本数据进行选取，其主要过程如下[9]：

(1) 建立深部洞室结构的数值计算模型，并确定基本随机变量 $x_1,x_2,\cdots,x_n$。

(2) 对任意一个基本随机变量 x_i，将其取值范围平均分为 N 个区间，然后在每个区间内随机生成一个代表值，从而得到该随机变量的 N 个代表值。同理可得到其他基本随机变量的 N 个代表值。

(3) 从每个随机变量的 N 个代表值中随机选取一个代表值，组成随机变量的一个样本点。再从每个随机变量剩余的 $N-1$ 个代表值中随机选取一个代表值，组成随机变量的第二个样本点。以此类推 N 次，从而得到基本随机变量组成的 N 个样本点 $\boldsymbol{X}$。

(4) 将基本随机变量组成的 N 个样本点 $\boldsymbol{X}$ 依次代入数值模型进行计算，得到单元应力状态 σ_1 、σ_2 、σ_3 后，再依次将样本点值与单元应力值代入式 (3.2.8)，从而得到各单元对应的 N 个隐式功能函数值 Z。

(5) 由基本随机变量的 N 个样本点和与之对应的 N 个隐式功能函数值 Z，即组成隐式功能函数的训练样本集 $\{\boldsymbol{X},Z\}$。

2. 非线性函数的支持向量回归过程

通过拉丁超立方试验设计结合数值模拟，得到隐式功能函数的训练样本后，就可据此采用合适的计算模型，构建隐式功能函数的显式表达式。随着人工智能技术的发展，机器学习已成为解决非线性建模问题的有力手段。其中，支持向量回归是一种基于结构风险最小化原则的机器学习方法，相比于神经网络基于经验风险最小化原则的机器学习方法，其优势在于：在样本数量较小的条件下，对高维、非线性函数具有良好泛化能力。

支持向量回归模型的基本表达式为[10]

$$g_{\text{svr}}(x) = \boldsymbol{w}k(x) + b \tag{3.2.10}$$

式中，$\boldsymbol{w}$ 和 b 称为回归因子；$k(x)$ 为核函数。

支持向量回归的基本原理是通过一个核函数 $k(x)$，将低维空间中的数据 x 映射到高维空间，以便在高维空间中寻找一个超平面，使得样本数据点到该超平面的间隔最大化，该超平面就是所求的支持向量回归模型，如图 3.2.4 所示[10]。

构建式 (3.2.10) 所示支持向量回归模型的主要过程如下：

1) 选取核函数 $k(x)$

式 (3.2.10) 中，核函数 $k(x)$ 的常用类型包括线性核函数、多项式核函数和高斯径向基核函数等，其表达式分别为

$$k(x, y) = xy \tag{3.2.11a}$$

$$k(x,y)=(xy+1)^d \tag{3.2.11b}$$

$$k(x,y)=\exp\left(-\gamma\left|x-y\right|^2\right) \tag{3.2.11c}$$

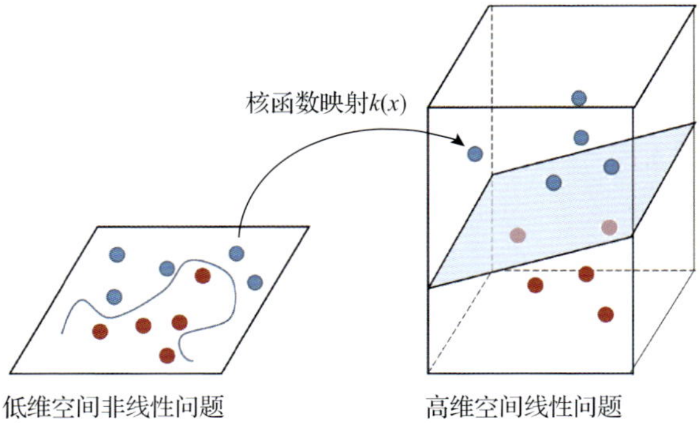

图 3.2.4　非线性函数的支持向量回归[10]

鉴于高斯径向基核函数形式简单、具备一定普遍性，且只包含一个需要调整的核参数 γ，后续支持向量回归模型中均默认采用高斯径向基核函数（式(3.2.11c)）。

2) 对回归参数赋值

当选用高斯径向基核函数时，支持向量回归模型中包含着两个需要进行赋值的支持向量回归参数：惩罚系数 C 和核参数 γ。为确定出合适的回归参数取值，常用的方法是网格搜索法，其主要过程为：将支持向量回归参数 C 和 γ 在指定范围内划分为均匀的网格，每个网格点代表一种回归参数组合情况，然后根据样本数据，分别计算出由各网格点参数组合建立的支持向量回归模型的泛化误差。常用的泛化误差指标包括：均方误差 MSE 和决定系数 R^2，二者对应的计算公式为

$$\mathrm{MSE}=\frac{1}{n}\sum_{i=1}^{n}\left(\hat{y}_i-y_i\right)^2 \tag{3.2.12}$$

$$R^2=1-\frac{\sum_{i=1}^{n}\left(\hat{y}_i-y_i\right)^2}{\sum_{i=1}^{n}\left(\overline{y}_i-y_i\right)^2} \tag{3.2.13}$$

式中，y_i 为训练样本值；$\hat{y}_i$ 为支持向量回归模型预测值；$\overline{y}$ 为训练样本的平

均值。

建立的模型均方误差 MSE 越小、决定系数 R^2 越接近于 1，则表明模型的预测精度越好。在检查所有网格点后，优化出泛化误差最小时对应的支持向量回归参数组合（C,γ），即为网格搜索法所得支持向量回归的最佳参数组合。

3) 求解回归因子

选定核函数 $k(x)$ 并对支持向量回归参数 C 和 γ 进行赋值后，就可根据训练样本 x，求解式(3.2.10)所示支持向量回归模型中的回归因子 $\boldsymbol{w}$ 和 b 的值，其具体求解过程是[9]：

(1) 根据支持向量回归模型超平面间隔最大化原则，构建带不等式约束条件的优化问题，即

$$\begin{cases} \min \ \dfrac{1}{2}\|\boldsymbol{w}\|^2 + C\sum_{i=1}^{l}\left(\xi_i + \xi_i^*\right) \\ \text{s. t.} \ \begin{cases} g_{\text{svr}}\left(x_i\right) - y_i \leqslant \varepsilon + \xi_i^* \\ y_i - g_{\text{svr}}\left(x_i\right) \leqslant \varepsilon + \xi_i \\ \xi_i \geqslant 0, \quad \xi_i^* \geqslant 0 \end{cases} \end{cases} \tag{3.2.14}$$

式中，(x_i, y_i) 为训练样本点；C 为惩罚系数；ξ_i 和 ξ_i^* 为松弛变量；ε 为不敏感损失参数。

(2) 对于式(3.2.14)引入拉格朗日函数，并将其转化为式(3.2.15)所示对偶优化问题。

$$\begin{cases} \max\limits_{\alpha\geqslant 0,\alpha^*\geqslant 0} \ \sum_{i=1}^{l} y_i\left(\alpha_i^* - \alpha_i\right) - \varepsilon\left(\alpha_i^* + \alpha_i\right) - \dfrac{1}{2}\sum_{i=1}^{l}\sum_{j=1}^{l}\left(\alpha_i^* - \alpha_i\right)\left(\alpha_j^* - \alpha_j\right)k\left(x_i, x_j\right) \\ \text{s. t.} \ \begin{cases} \sum_{i=1}^{l}\left(\alpha_i^* - \alpha_i\right) = 0 \\ 0 \leqslant \alpha_i^*, \quad \alpha_i \leqslant C \end{cases} \end{cases} \tag{3.2.15}$$

式中，α_i^* 和 α_i 为拉格朗日乘子。

(3) 采用序列最小优化算法，对式(3.2.15)进行求解，解得拉格朗日乘子 α_i^* 和 α_i 的值，将其代入式(3.2.16)和式(3.2.17)，从而解得回归因子 w_i 和 b 。

$$w_i = \alpha_i - \alpha_i^* \tag{3.2.16}$$

$$b=\begin{cases} y_i-\varepsilon-\sum_{i=1}^{l}\left(\alpha_i-\alpha_i^*\right)k\left(x_i,x_j\right), & \alpha_i\in(0,C) \\ y_i+\varepsilon-\sum_{i=1}^{l}\left(\alpha_i-\alpha_i^*\right)k\left(x_i,x_j\right), & \alpha_i^*\in(0,C) \end{cases} \tag{3.2.17}$$

求解得到回归因子 w_i 和 b 后，将其与训练样本 $\boldsymbol{X}_i$、核函数 $k(x)$ 共同代入式(3.2.10)，即可得到支持向量回归模型表达式为

$$g_{\text{svr}}(x)=\sum_{i=1}^{n}\left(\alpha_i-\alpha_i^*\right)\exp\left(-\gamma\left\|\boldsymbol{X}-\boldsymbol{X}_i\right\|^2\right)+b \tag{3.2.18}$$

3. 支持向量回归参数的改进粒子群优化

在上述支持向量回归建模过程中，在给定样本数据下，对支持向量回归参数 C 和 γ 赋予合适的值，是决定支持向量回归建模精度的关键。如图 3.2.5 所示，以目标函数 $y=x^2+20\sin x$ 为例，当支持向量回归参数 C 和 γ 的值过小时，支持向量回归所得模型将过于平缓，使模型难以准确反映实际函数的局部特征，造成模型预测误差较大，这种现象称为欠拟合(见图 3.2.5(a))；当支持向量回归参数 C 和 γ 的值过大时，支持向量回归所得模型只在训练样本点处与实际函数值较吻合，在非训练样本点的区域，模型预测误差较大，这种现象称为过拟合(见图 3.2.5(b))。只有在给支持向量回归参数 C 和 γ 赋予了合适的值时，才能确保支持向量回归模型的精度(见图 3.2.5(c))。

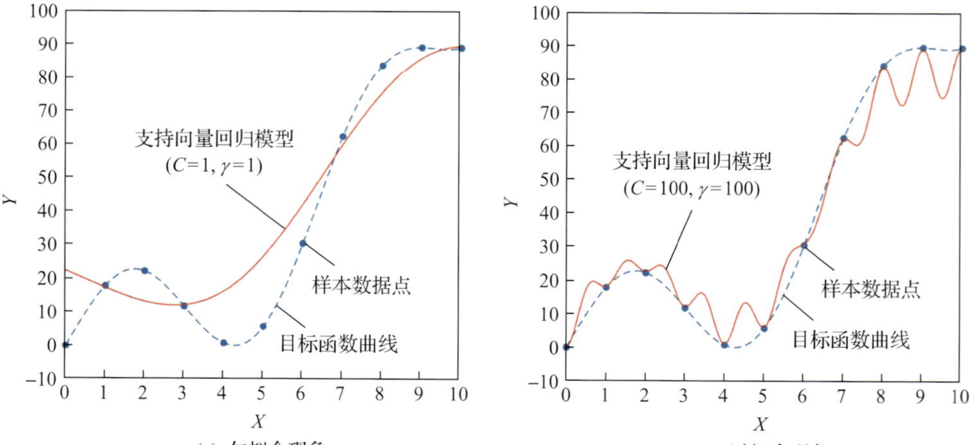

(a) 欠拟合现象　　(b) 过拟合现象

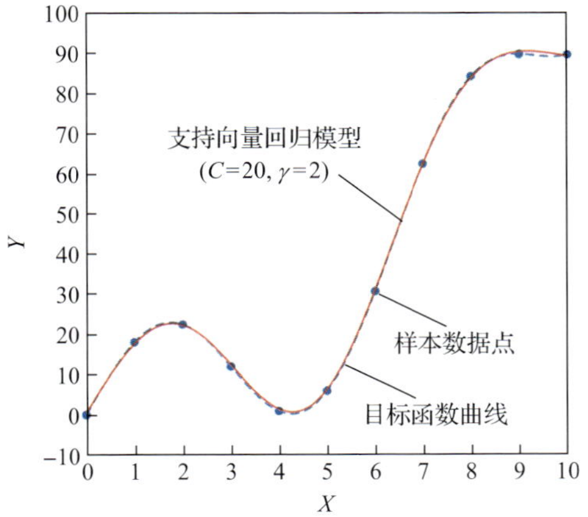

(c) 合适的回归模型

图 3.2.5　回归参数取值对支持向量回归建模精度的影响

前述由网格搜索确定最佳的支持向量回归参数组合 C 和 γ 的方法，其本质上是一种穷举法，随着网格密度的增加，网格搜索法的计算量将急剧增加，因而其存在计算效率过低的问题。考虑到支持向量回归参数的选取，实际上可视为一个以模型泛化误差最小为目标的最优化问题，而近年来兴起的粒子群算法是解决最优化问题的有力手段，因此，下面采用粒子群算法代替常规的网格搜索法对支持向量回归参数 C 和 γ 的赋值进行优化，以期提高支持向量回归的建模精度和计算效率。

1) 粒子群优化算法

粒子群优化算法[11]是模拟自然界鸟类觅食行为而提出的一种解决最优化问题的算法，其基本原理为：由 n 个粒子组成的种群在可行解空间中运动，每个粒子所在位置均代表最优化问题的一个可行解，解的好坏由指定的一个适应度函数来确定。在粒子飞行过程中，将达到自身最佳适应度时的位置记为 $Xpbest$，将种群达到最佳适应度时的位置记为 $Xgbest$，每个粒子通过追随 $Xpbest$ 与 $Xgbest$ 这两个目标点，根据式(3.2.19)和式(3.2.20)对自身的速度和位置矢量进行更新，从而调整自身的飞行轨迹，不断向最优点靠拢。

$$V_{i,d}^{t+1} = wV_{i,d}^{t} + c_1 r_1 \left(Xpbest_{i,d}^{t} - X_{i,d}^{t} \right) + c_2 r_2 \left(Xgbest_{d}^{t} - X_{i,d}^{t} \right) \tag{3.2.19}$$

$$X_{i,d}^{t+1} = X_{i,d}^{t} + V_{i,d}^{t+1} \tag{3.2.20}$$

式中，c_1 和 c_2 为加速常数；d 为可行解空间的维度；i=1,2,⋯,n 为种群规模；r_1 和 r_2 为分布在(0, 1)的随机数；t 为当前迭代次数；w 为惯性权重。

当种群达到最大进化次数或满足精度要求时，计算停止，此时种群最佳适应度对应位置 *Xgbest* 即为最终寻优结果。粒子群优化示意图如图 3.2.6 所示。

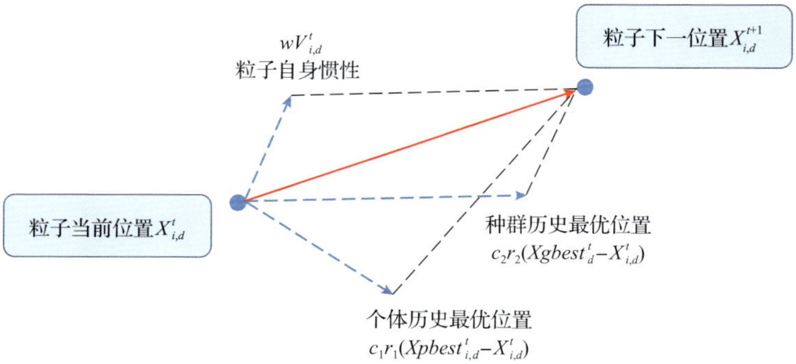

图 3.2.6　粒子群优化示意图

2) 改进的惯性权重策略

在上述粒子群算法中，惯性权重 w 的取值起到平衡算法全局搜索与局部搜索能力的作用，对于算法的计算精度和收敛速度具有重要影响。常规粒子群算法采用的线性递减惯性权重公式为[12]。

$$w = w_{\max} - \left(w_{\max} - w_{\min}\right)\frac{t}{t_{\max}} \tag{3.2.21}$$

式中，t 为当前迭代次数；$t_{\max}$ 为指定的最大迭代次数；$w_{\max}$ 和 $w_{\min}$ 分别为指定的惯性权重最大、最小值。

线性递减惯性权重公式使得粒子的惯性权重随着迭代次数的增加而逐渐减小，但其不足之处在于：在迭代初期，种群中所有粒子的惯性权重均较大，粒子群的局部搜索能力较弱，使得粒子即便就在全局最优点的附近也可能会将其错过；而在迭代后期，种群中所有粒子的惯性权重均较小，粒子群的全局搜索能力较弱，种群容易陷入局部最优。即迭代过程中，对种群中各粒子惯性权重的赋值缺乏多样性。线性递减惯性权重策略迭代如图 3.2.7 所示。

受社会学中“橄榄型”社会结构的启发，本节提出一种改进的惯性权重策略，其基本原理为[9]：将粒子群中的各个粒子按其当前适应度值进行排序，并根据排序值，单独赋予每个粒子对应的惯性权重，从而使得种群总是同时存在较小、适中和较大三个等级的惯性权重的粒子，并在粒子数量分布上形成两头少、中间多的“橄榄型”稳定分布结构，满足种群具有较好的局部搜索能力和全局搜索能力，从而达到加快种群收敛速度同时提高算法稳定性的目的。“橄榄型”改进惯性权重迭代如图 3.2.8 所示。

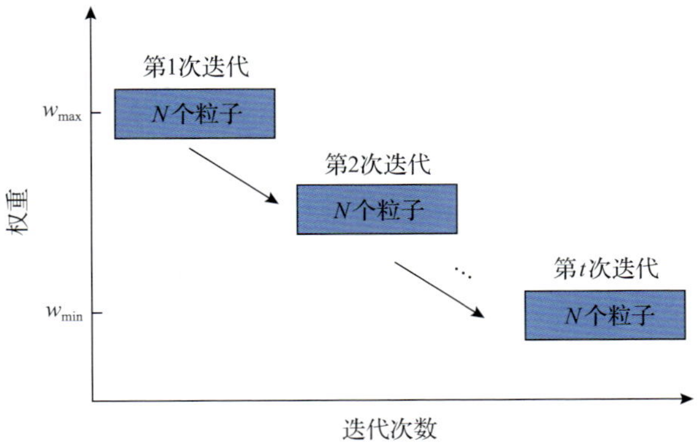

图 3.2.7　线性递减惯性权重策略迭代

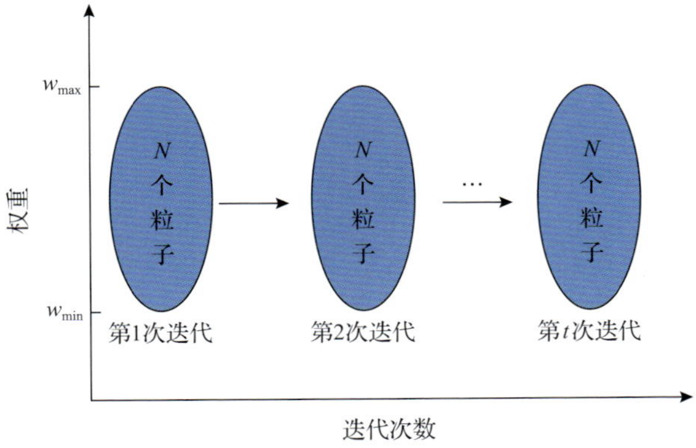

图 3.2.8　“橄榄型”改进惯性权重迭代

“橄榄型”改进惯性权重的更新公式为

$$w(i)=\begin{cases} w_{\min}, & \dfrac{rank(fitness(i))}{m}\leqslant\dfrac{1}{4} \\ \dfrac{w_{\min}+w_{\max}}{2}, & \dfrac{1}{4}<\dfrac{rank(fitness(i))}{m}\leqslant\dfrac{3}{4} \\ w_{\max}, & \dfrac{rank(fitness(i))}{m}>\dfrac{3}{4} \end{cases} \tag{3.2.22}$$

式中，$fitness(i)$ 为第 i 个粒子的当前适应度值；m 为粒子总数；$rank(fitness(i))$ 为第 i 个粒子当前适应度值在种群中的排序；$w(i)$ 为种群中第 i 个粒子的惯性权重；$w_{\max}$ 和 $w_{\min}$ 分别为指定的惯性权重的最大值和最小值。

为验证上述改进粒子群算法的有效性，分别采用常规粒子群算法和“橄榄型”惯性权重策略的改进粒子群优化算法对经典测试函数 Ackley 的最小值进行计算。

式(3.2.23)为经典测试函数 Ackley 的表达式，其三维曲面如图 3.2.9 所示。该函数是一个具有无数局部极小值的复杂多峰函数，已知其全局最小值在坐标原点处取得，数值为 0。

$$f(x)=-20\exp\left(-0.2\sqrt{\frac{1}{2}\sum_{i=1}^{2}x_i^2}\right)-\exp\left[\frac{1}{2}\sum_{i=1}^{2}\cos\left(2\pi x_i\right)\right]+20+\mathrm{e} \tag{3.2.23}$$

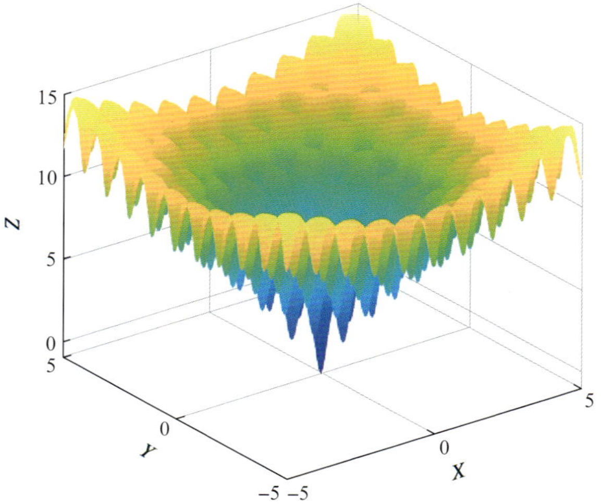

图 3.2.9　经典测试函数 Ackley 的三维曲面图

两种粒子群优化算法采用相同的初始种群，其具体的参数取值如表 3.2.1 所示。

表 3.2.1　初始种群参数取值

粒子总数	最大迭代次数	惯性权重范围		加速常数	
		w_{max}	w_{min}	c_1	c_2
30	100	0.9	0.4	1.5	1.5

图 3.2.10 为常规粒子群算法和改进粒子群优化算法计算对比。可以看出，采用本节提出的“橄榄型”改进惯性权重的粒子群算法，其计算收敛速度明显快于采用线性递减惯性权重的常规粒子群优化算法，尤其是在迭代后期，经过 100 次迭代计算后，改进后的粒子群算法寻优所得 Ackley 函数的最小值达到了 10^{-15} 数量级，而常规粒子群算法寻优所得 Ackley 函数的最小值为 10^{-7} 数量级，表明改进后的粒子群算法具有更强的寻优能力。

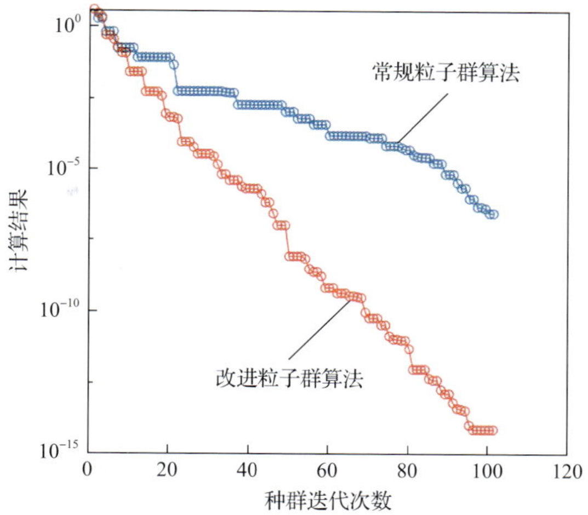

图 3.2.10　常规粒子群算法和改进粒子群优化算法计算对比

3) 支持向量回归参数的粒子群优化过程

将上述改进后的粒子群算法用于确定支持向量回归参数 C 和 γ 最优取值，其具体过程如下[9]：

(1) 选取初始种群参数。包括种群规模 m、种群最大迭代步数 n，最大、最小惯性权重 $w_{\max}$ 和 $w_{\min}$ 以及加速常数 c_1 和 c_2。其中，$w_{\max}$ 和 $w_{\min}$ 通常取为 0.4 和 0.9，c_1 和 c_2 均取为 1.5，m 取值可在 30～50。

(2) 生成初始种群。在给定的取值范围 $[C_{\min}, C_{\max}]$ 和 $[\gamma_{\min}, \gamma_{\max}]$ 内，随机生成支持向量回归参数 C 、γ 的 m 个组合，作为粒子群的初始位置，同时随机生成粒子初始速度，各维度的速度大小分别限制在 $[-k\Delta\gamma, k\Delta\gamma]$ 和 $[-k\Delta C, k\Delta C]$ 内，其中 k 可取为 0.2，$\Delta\gamma = \gamma_{\max} - \gamma_{\min}$ ，$\Delta C = C_{\max} - C_{\min}$ 。

(3) 计算各粒子适应度值。根据样本数据，以各粒子的位置坐标作为支持向量回归参数 C 、γ ，分别建立对应的支持向量回归模型，然后根据式 (3.2.12) 或式 (3.2.13)，计算不同回归参数 C 、γ 下支持向量回归模型的泛化误差，并将泛化误差作为该粒子在当前位置的适应度值。

(4) 根据各粒子适应度值，由式 (3.2.22) 更新各粒子的惯性权重。

(5) 确定粒子最佳适应度值对应位置 *Xpbest*，比较每个粒子的当前适应度值和其自身历史最佳适应度，如果当前值更优，则把粒子当前位置设为 *Xpbest*。

(6) 确定种群最佳适应度值对应位置与 *Xgbest*，比较每个粒子的当前适应度值和种群历史最佳适应度值，如果当前值更优，则把粒子当前位置设为 *Xgbest*。

(7) 根据式 (3.2.19) 和式 (3.2.20) 更新粒子的速度和位置。

(8) 重复步骤 (3) ~ (7)，直到达到收敛条件，此时 $Xgbest$ 对应的粒子位置坐标即为支持向量回归的最优建模参数组合 C_{opt}、γ_{opt}。

通过上述改进粒子群优化算法得到支持向量回归最优建模参数组合后，就可根据支持向量回归方法建立功能函数的显式模型。

3.2.3　支持向量回归显式模型的验证分析

为验证上述与改进粒子群算法相结合的支持向量回归方法在建立深部洞室结构隐式功能函数显式表达式上的有效性，接下来以地下实验室埋深–560m处的圆形巷道为例，针对 3.2.1 节构建的深部洞室隐式功能函数，以弹性模量、泊松比、黏聚力、内摩擦角为基本随机变量，分别由改进粒子群支持向量回归方法和二次多项式响应面方法建立隐式功能函数对应的显式模型，并通过一组测试样本对二者的预测精度进行对比分析。

1. 隐式功能函数样本数据

采用 $FLAC^{3D}$ 建立地下实验室圆形洞室数值计算模型，如图 3.2.11 所示。

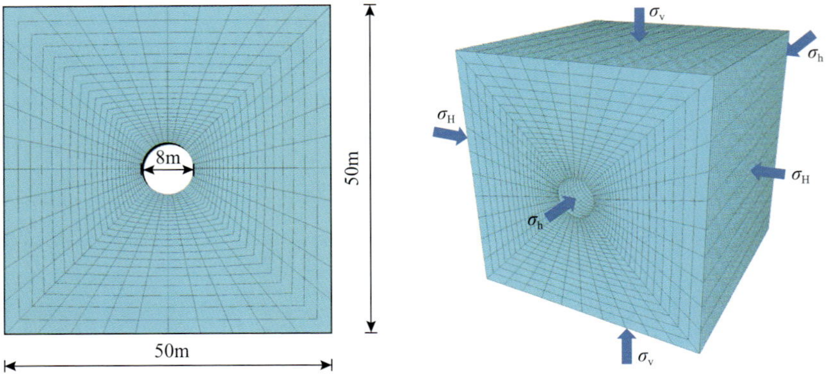

图 3.2.11　地下实验室圆形洞室数值计算模型

图 3.2.11 所示洞室数值计算模型共剖分了 50000 个六面体单元，力学模型采用莫尔-库仑强度准则，计算边界条件为：模型底部和四个侧面分别施加法向约束，顶面施加法向面力模拟上覆岩体重量，并根据反演的地应力计算洞区初始地应力[8]。

采用 3.2.2 节所述的拉丁超立方试验设计方法，选取由基本随机变量 E、μ、c、φ 组成的 30 个设计样本点。然后将各设计样本点对应的力学参数取值依次代入图 3.2.11 所示数值计算模型，并进行洞室开挖计算，得到各设计样本点条件下洞室围岩各单元应力 σ_1、σ_2、σ_3。再将设计样本点 E、μ、c、φ 以及对

应的 σ_1、σ_2、σ_3 代入式(3.2.8)所示隐式功能函数，从而得到各设计样本点条件下各单元对应的压剪破坏隐式功能函数值 Z_τ 和张拉破坏隐式功能函数值 $Z_{\varepsilon t}$。根据文献[13]，式(3.2.8)中地下实验室深部围岩极限拉应变值$[\varepsilon_t]$取为 5×10^{-4}。

以图 3.2.12 所示数值计算模型中 1 号单元为例，计算所得隐式功能函数的样本数据如表 3.2.2 所示。

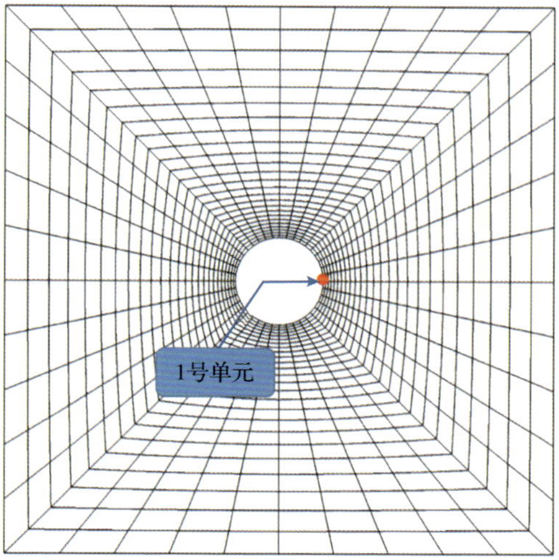

图 3.2.12　数值计算模型中 1 号单元位置示意

表 3.2.2　计算所得隐式功能函数的样本数据(以 1 号单元为例)

样本编号	基本随机变量设计样本				隐式功能函数值	
	弹性模量 (X_1)	泊松比 (X_2)	黏聚力 (X_3)	内摩擦角 (X_4)	Z_τ /MPa	$Z_{\varepsilon t}$ /10^{-4}
1	39.25	0.191	15.54	46.86	8.02	3.46
2	44.21	0.178	12.51	45.90	5.96	3.76
3	45.94	0.135	7.52	42.96	2.43	4.13
4	56.24	0.174	19.87	47.06	10.95	4.03
5	55.76	0.159	17.18	50.51	8.81	4.14
6	46.69	0.153	20.61	40.71	12.09	4.00
7	43.49	0.227	16.05	45.57	8.44	3.31
8	58.45	0.181	21.71	40.99	13.04	4.04
9	53.88	0.133	16.88	46.67	8.95	4.25
10	52.74	0.176	25.82	46.20	15.16	3.95
11	59.26	0.224	23.83	49.33	13.26	3.82

续表

样本编号	基本随机变量设计样本				隐式功能函数值	
	弹性模量 (X_1)	泊松比 (X_2)	黏聚力 (X_3)	内摩擦角 (X_4)	Z_τ /MPa	$Z_{\varepsilon t}$ /10^{-4}
12	48.25	0.151	14.79	42.18	7.66	4.05
13	54.94	0.239	21.06	47.23	11.74	3.61
14	46.40	0.168	14.11	45.78	7.07	3.89
15	56.63	0.172	22.81	50.23	12.44	4.05
16	44.65	0.153	9.46	47.84	3.88	3.95
17	53.38	0.218	26.55	44.56	15.98	3.70
18	59.61	0.140	9.22	44.31	3.62	4.30
19	49.03	0.243	6.69	42.59	1.68	3.40
20	45.62	0.148	20.33	51.30	10.70	4.02
21	39.07	0.164	23.25	43.42	13.78	3.67
22	40.54	0.202	24.74	41.65	15.10	3.46
23	37.16	0.145	9.73	44.85	4.00	3.80
24	43.27	0.193	21.34	48.70	11.73	3.57
25	41.39	0.209	15.13	48.17	7.66	3.38
26	42.36	0.243	13.10	48.00	6.36	3.18
27	55.33	0.211	22.15	40.42	13.29	3.80
28	49.59	0.213	25.91	45.01	15.44	3.62
29	48.58	0.183	7.09	50.95	2.47	3.86
30	54.23	0.161	19.19	43.77	10.80	4.07

2. 构建隐式功能函数的显式表达

得到单元隐式功能函数的样本数据后，即可根据 3.2.2 节提出的改进粒子群支持向量回归方法构建隐式功能函数的显式表达式。选用高斯径向基核函数，此时表 3.2.2 中四个基本随机变量表示的支持向量回归模型为

$$Z_{\mathrm{svr}}(x)=\sum_{i=1}^{30} w_i \exp\left\{-\gamma\left[\left(X_1-X_{1i}\right)^2+\left(X_2-X_{2i}\right)^2+\left(X_3-X_{3i}\right)^2+\left(X_4-X_{4i}\right)^2\right]\right\}+b \tag{3.2.24}$$

以表 3.2.2 中压剪破坏隐式功能函数 Z_τ 的训练样本为例，先由 3.2.2 节所提改进粒子群算法对支持向量回归模型中支持向量回归参数 C 和 γ 赋值进行优

化。图 3.2.13 为支持向量回归参数寻优的迭代曲线。

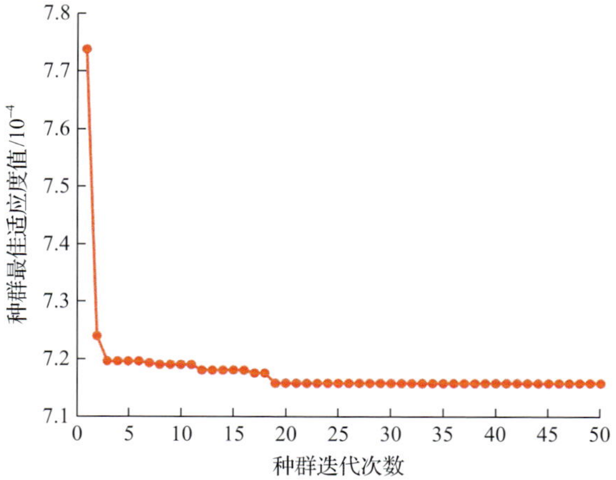

图 3.2.13　支持向量回归参数寻优的迭代曲线

由图 3.2.13 可以看出，经过 20 次迭代寻优后，种群最佳适应度值已趋于稳定，最终由改进粒子群算法确定出回归参数最佳取值为：$C = 93.56$，$\gamma = 0.01$。根据该回归参数取值，可计算得到支持向量回归模型中回归因子 $b = -0.299$，回归因子 w_i 的值如表 3.2.3 所示。

表 3.2.3　支持向量回归因子 w_i 取值

i	w_i	i	w_i
1	4.67	16	–11.59
2	59.91	17	51.12
3	82.55	18	–89.44
4	0.00	19	–76.96
5	–4.68	20	1.75
6	–93.56	21	93.56
7	–12.73	22	72.03
8	93.56	23	–93.56
9	93.56	24	–93.56
10	2.77	25	–93.56
11	24.23	26	93.56
12	–93.56	27	–10.49
13	0.00	28	–93.56
14	84.26	29	69.07
15	–75.76	30	16.39

将表 3.2.2 中基本随机变量 X_1、X_2、X_3、X_4 的 30 个设计样本，以及回归参数 γ 、回归因子 w_i、b 的值代入式(3.2.24)，即得到基于支持向量机回归的隐式功能函数的显式表达式。需要指出的是，上述计算过程是在对表 3.2.2 中样本数据进行归一化之后开展的，后续开展模型预测时，需进行对应的反归一化处理。

为对比不同方法的差异，再采用二次多项式，根据表 3.2.2 中样本数据建立对应的显式表达式为

$$\begin{aligned} Z_{\text{RSM}} = & 3.10 + 0.024X_1 + 41.09X_2 + 0.68X_3 - 0.35X_4 \\ & - 0.0003{X_1}^2 - 106.99{X_2}^2 + 0.0003{X_3}^2 + 0.0028{X_4}^2 \end{aligned} \tag{3.2.25}$$

式中，X_1、X_2、X_3、X_4 分别代表弹性模量、泊松比、黏聚力、内摩擦角的样本数据。

3. 模型预测精度验证

为验证上述两种方法建立的隐式功能函数显式表达式的精度，首先生成由基本随机变量 E、μ 、c、φ 组成的 20 个测试样本，进行数值模拟计算，得到对应的隐式功能函数的计算值。再将测试样本代入由支持向量回归方法构建的功能函数显式表达式(3.2.24)和由二次多项式响应面方法构建的功能函数显式表达式(3.2.25)，得到对应的功能函数预测值。以预测值与数值模拟计算值的相对误差作为预测精度的评价指标，其具体结果如表 3.2.4 和表 3.2.5 所示。

表 3.2.4　支持向量回归方法构建的功能函数显式表达式的预测结果

样本编号	基本随机变量样本取值				功能函数值		相对误差/%
	X_1	X_2	X_3	X_4	数值模拟	模型预测	
1	37.37	0.195	8.38	47.60	3.14	3.17	1.00
2	51.56	0.156	11.88	43.21	5.51	5.51	0.01
3	42.54	0.235	8.74	41.43	3.14	3.19	1.71
4	41.48	0.200	23.65	45.26	13.80	13.81	0.08
5	51.08	0.231	26.92	49.72	15.19	15.21	0.16
6	57.27	0.226	18.28	51.62	9.38	9.43	0.47
7	37.80	0.186	18.98	50.35	9.98	9.97	0.09
8	52.14	0.166	25.01	40.92	15.41	15.38	0.17
9	58.25	0.204	18.61	44.19	10.35	10.32	0.26
10	38.43	0.249	16.46	42.45	8.90	8.90	0.04
11	40.23	0.221	11.48	43.68	5.23	5.24	0.26
12	47.27	0.232	17.65	51.79	9.12	9.05	0.83

续表

样本编号	基本随机变量样本取值				功能函数值		相对误差/%
	X_1	X_2	X_3	X_4	数值模拟	模型预测	
13	57.83	0.206	10.74	46.36	4.73	4.66	1.38
14	47.97	0.198	12.62	49.12	6.02	5.96	1.08
15	39.92	0.216	10.94	49.94	4.85	4.88	0.55
16	50.03	0.187	13.49	41.89	6.70	6.71	0.18
17	50.65	0.236	14.51	50.96	7.09	7.12	0.49
18	44.83	0.137	24.25	41.37	14.77	14.67	0.70
19	36.33	0.247	7.94	48.91	2.90	2.98	2.94
20	52.54	0.143	10.28	48.48	4.46	4.43	0.58

表 3.2.5　二次多项式响应面方法构建的功能函数显式表达式的预测结果

样本编号	基本随机变量样本取值				功能函数值		相对误差/%
	X_1	X_2	X_3	X_4	数值模拟	模型预测	
1	37.37	0.195	8.38	47.60	3.14	3.11	0.94
2	51.56	0.156	11.88	43.21	5.51	5.76	4.47
3	42.54	0.235	8.74	41.43	3.14	3.76	19.78
4	41.48	0.200	23.65	45.26	13.80	13.85	0.33
5	51.08	0.231	26.92	49.72	15.19	15.60	2.71
6	57.27	0.226	18.28	51.62	9.38	9.48	1.01
7	37.80	0.186	18.98	50.35	9.98	10.22	2.44
8	52.14	0.166	25.01	40.92	15.41	15.15	1.64
9	58.25	0.204	18.61	44.19	10.35	10.37	0.24
10	38.43	0.249	16.46	42.45	8.90	8.80	1.08
11	40.23	0.221	11.48	43.68	5.23	5.51	5.30
12	47.27	0.232	17.65	51.79	9.12	9.05	0.80
13	57.83	0.206	10.74	46.36	4.73	4.74	0.37
14	47.97	0.198	12.62	49.12	6.02	5.91	1.96
15	39.92	0.216	10.94	49.94	4.85	4.65	4.17
16	50.03	0.187	13.49	41.89	6.70	7.15	6.75
17	50.65	0.236	14.51	50.96	7.09	6.88	3.01
18	44.83	0.137	24.25	41.37	14.77	14.34	2.89
19	36.33	0.247	7.94	48.91	2.90	2.39	17.39
20	52.54	0.143	10.28	48.48	4.46	4.07	8.69

根据表 3.2.4 和表 3.2.5，可绘制支持向量回归方法与二次多项式响应面方法预测误差对比曲线，如图 3.2.14 所示。

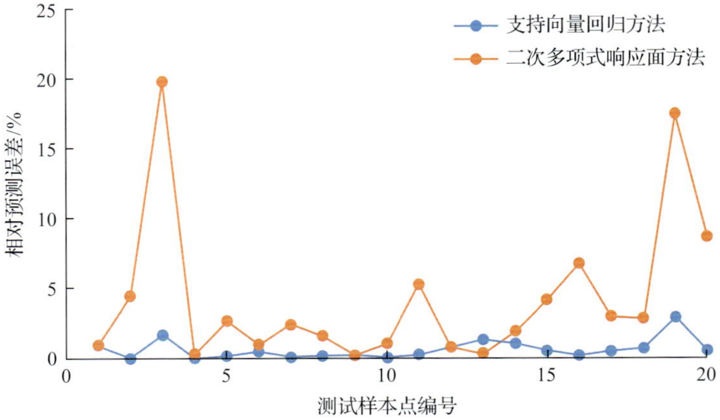

图 3.2.14　支持向量回归模型与二次多项式模型预测误差对比曲线

由图 3.2.14 可以看出，支持向量回归方法构建的功能函数显式表达式对测试样本预测值的最大相对误差仅为 2.94%，而相同测试样本数据下，二次多项式响应面方法构建的功能函数显式表达式对测试样本预测值的最大相对误差达到 19.78%，说明支持向量回归方法构建的功能函数显式表达式的精度远高于二次多项式响应面方法构建的功能函数显式表达式的精度。

以上是以图 3.2.12 所示右侧洞壁处 1 号单元为例，分别由改进粒子群支持向量回归方法和二次多项式响应面方法建立其隐式功能函数的显式表达式，并对二者的建模精度进行对比分析。取图 3.2.15 所示离洞壁距离逐渐增加的洞周 25 个单元，再分别由上述两种方法建立功能函数显式表达式，并根据测试样本对两种方法的预测误差进行对比分析，如表 3.2.6 和图 3.2.16 所示。

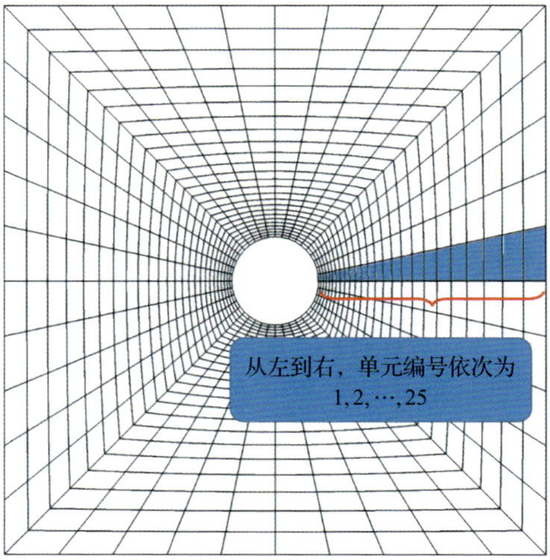

图 3.2.15　洞周 25 个单元的位置示意

表 3.2.6　洞周 25 个单元功能函数显式表达的预测误差

单元编号	离洞壁距离/m	测试样本预测误差/%	
		二次多项式响应面方法	支持向量回归方法
1	0	19.78	2.94
2	0.214	13.33	1.78
3	0.448	10.49	1.66
4	0.707	8.59	1.53
5	0.991	7.26	1.47
6	1.304	6.31	1.32
7	1.648	5.59	1.03
8	2.026	5.03	1.00
9	2.442	4.59	0.94
10	2.9	4.25	0.82
11	3.403	4.22	0.82
12	3.957	4.05	0.81
13	4.566	3.97	0.80
14	5.236	3.90	0.79
15	5.973	3.84	0.78
16	6.784	3.81	0.73
17	7.676	3.78	0.72
18	8.657	3.76	0.70
19	9.737	3.74	0.70
20	10.924	3.74	0.70
21	12.23	3.72	0.65
22	13.666	3.72	0.59
23	15.247	3.71	0.51
24	18.897	3.71	0.42
25	21	3.71	0.39

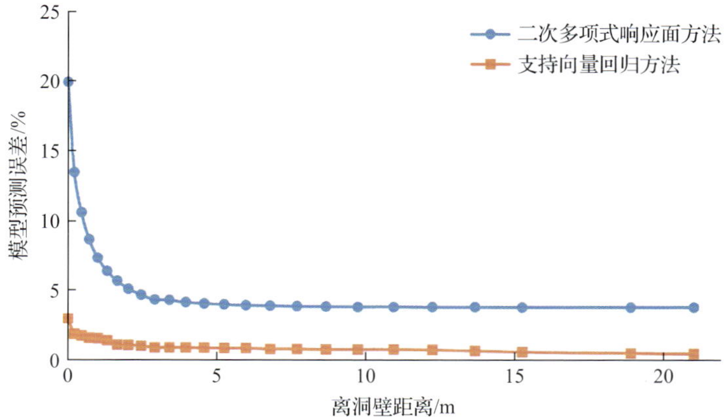

图 3.2.16　洞周 25 个单元功能函数显式表达预测误差曲线

由表 3.2.6 和图 3.2.16 可以看出：

(1) 二次多项式建立的隐式功能函数显式表达式的预测误差在洞壁处最大，达到 19.78%，随着距离洞壁距离的增加，其模型预测误差逐渐减小，在距离 5m 后逐渐稳定在 4%左右。其原因在于：洞壁处单元受到的开挖扰动最为显著，导致其功能函数的非线性程度高，随着离洞壁距离的增加，单元受到的开挖扰动逐渐减小，其功能函数的非线性程度也逐渐减弱。这说明二次多项式功能函数显式表达式只在功能函数非线性程度较低时具有较好的计算精度，对于深部洞室洞壁处非线性程度较高的功能函数，二次多项式功能函数显式表达式预测误差过大，无法适应。

(2) 由改进粒子群支持向量回归方法建立的隐式功能函数显式表达式，其预测误差也在洞壁处最大，随着距洞壁距离的增加而逐渐减小并趋于稳定，但其在洞壁处的最大预测误差仅为 2.94%，远小于常规的多项式功能函数显式表达式的预测误差。支持向量回归方法建立的隐式功能函数显式表达式，在深部洞室结构各部位均具有较好的预测精度。

3.3 基于自适应重要抽样的深部洞室可靠度指标计算方法

3.2 节将支持向量回归、改进粒子群算法以及拉丁超立方试验设计相结合，建立了深部洞室结构隐式功能函数的显式方法，为后续开展结构可靠度指标计算奠定了基础。然而，深部洞室结构的功能函数具有较高的非线性，常用的可靠度指标计算方法在计算精度和计算效率上尚存在一些不足。例如，一次二阶矩法需在验算点处对功能函数线性化展开，然而面对强非线性功能函数，其计算结果误差较大。蒙特卡罗法通过抽样统计得到结构的失效概率与可靠度指标，理论上其计算精度与功能函数非线性程度无关，但在失效概率较小时，其达到较高精度所需的抽样次数将过于巨大，计算效率极低，难以在实际工程中运用。

重要抽样法是在蒙特卡罗法基础上改进而来的一种可靠度计算方法，理论上在具有较高计算精度的同时，可有效克服蒙特卡罗法计算效率过低的问题。但其应用的关键在于构建一个合适的重要抽样密度函数。常规的重要抽样法中，通常是采用以验算点为中心的多元正态分布函数作为重要抽样密度函数，但该方法只适用于功能函数具有单个验算点的情况。对此，Au 等[14]提出了先通过马尔可夫链模拟得到基本随机变量在功能函数失效域内的分布样本，然后据此由核密度估计构建重要抽样密度函数的自适应重要抽样法，其有效提高了重要抽样法在功能函数非线性程度较高、具有多验算点时的适应性。但上述自适应重要抽样法的不足之处在于：当功能函数的失效域存在不连续区间时，由马尔可夫链模拟所得分布样本难以全面覆盖到所有失效域，因此，构建的重要抽样密度函数与理论最优模型差异较大，最终导致可靠度指标计算结果存在较大误差。

对此，本章首先根据理论最优重要抽样密度函数在标准正态空间中的形态特征，提出了一种 n 维环状均匀分布函数作为马尔可夫链模拟过程中的提议分布函数，形成一种改进的自适应重要抽样法，可有效提高在功能函数存在不连续失效域时的可靠度指标计算精度。然后，由映射变换与正交线性变换，将支持向量回归方法构建的显式功能函数转换到独立标准正态分布空间，从而与上述改进自适应重要抽样法建立联系，形成一套完整的针对深部洞室结构的可靠度指标计算方法。

3.3.1　重要抽样法计算可靠度指标的基本原理

结构的可靠度指标 β 与失效概率 P_{f} 具有如下的对应关系：

$$\beta = \Phi^{-1}\left(1 - P_{\mathrm{f}}\right) \tag{3.3.1}$$

结构可靠度指标 β 的计算可转化为对失效概率 P_{f} 的计算。

对于显式功能函数 $Z = g(x)$，其失效概率 P_{f} 可由式(3.3.2)进行计算：

$$P_{\mathrm{f}} = \int_{Z<0} f(x)\mathrm{d}x \tag{3.3.2}$$

式中，$f(x)$ 为功能函数中基本随机变量的联合概率密度函数。

积分域 $Z < 0$ 表示功能函数小于零的区域，即结构的失效域，该区域通常不规则且难以直接确定，导致直接对式(3.3.2)进行积分十分困难。对此，在式(3.3.2)中引入示性函数 $I(g(x))$，即

$$I(g(x)) = \begin{cases} 1, & g(x) < 0 \\ 0, & g(x) \geqslant 0 \end{cases} \tag{3.3.3}$$

$I(g(x))$ 在功能函数小于 0 时取值为 1，反之取值为 0，从而可将式(3.3.2)转换为 $(-\infty,+\infty)$ 域上的积分计算：

$$P_{\mathrm{f}} = \int_{-\infty}^{+\infty} I(g(x)) f(x)\mathrm{d}x \tag{3.3.4}$$

根据统计学原理，对于式(3.3.4)进行积分计算，可根据概率密度函数 $f(\boldsymbol{x})$ 随机生成基本随机变量的 N 个样本 x_i 后，按式(3.3.5)对失效概率 P_{f} 进行估计：

$$P_{\mathrm{f}} \approx \frac{1}{N}\sum_{i=1}^{N} I\left(g\left(x_i\right)\right) \tag{3.3.5}$$

由式(3.3.5)进行失效概率计算的方法即称为蒙特卡罗法。显然，其计算结果是由 N 个随机样本中落入功能函数失效域 $g(x)<0$ 的数量决定。但实际工程中，结构的失效概率 P_{f} 较小时，由 $f(x)$ 生成的随机样本点绝大部分将落入 $g(x) \geqslant 0$ 的区域，如图 3.3.1 所示。

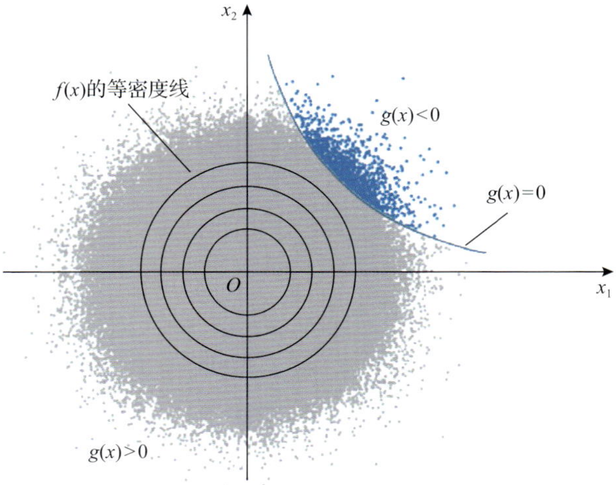

图 3.3.1　蒙特卡罗法计算失效概率

因此，为达到较高的计算精度，直接由式(3.3.5)计算结构可靠度指标所需的抽样次数将十分巨大，其计算效率极低。对此，在式(3.3.4)中引入一个新的概率密度函数 $h(x)$，称之为重要抽样密度函数，$h(x)$ 需满足如下条件：

$$\begin{cases} \int_{\Omega} h(x)\mathrm{d}x = 1 \\ h(x) > 0, \quad x \in \Omega \end{cases} \tag{3.3.6}$$

引入 $h(x)$ 后，可将式(3.3.4)变换为

$$P_{\mathrm{f}} = \int_{-\infty}^{+\infty} \frac{I(g(x))f(x)}{h(x)} h(x)\mathrm{d}x \tag{3.3.7}$$

根据统计学原理，若根据 $h(x)$ 进行随机抽样，得到 N 个样本点 x_i 后，式(3.3.7)

中的失效概率 P_{f} 可按式(3.3.8)进行估计：

$$P_{\mathrm{f}} \approx \frac{1}{N}\sum_{i=1}^{N}\frac{I\left(g\left(x_i\right)\right)f\left(x_i\right)}{h\left(x_i\right)} \tag{3.3.8}$$

采用 $h(x)$ 进行随机抽样，可以改变原有的抽样“重心”（见图 3.3.2），若构造的重要抽样密度函数 $h(x)$ 可以使随机样本点更多的落入对失效概率影响更大的“重要区域”，则可有效提高蒙特卡罗法的计算效率。

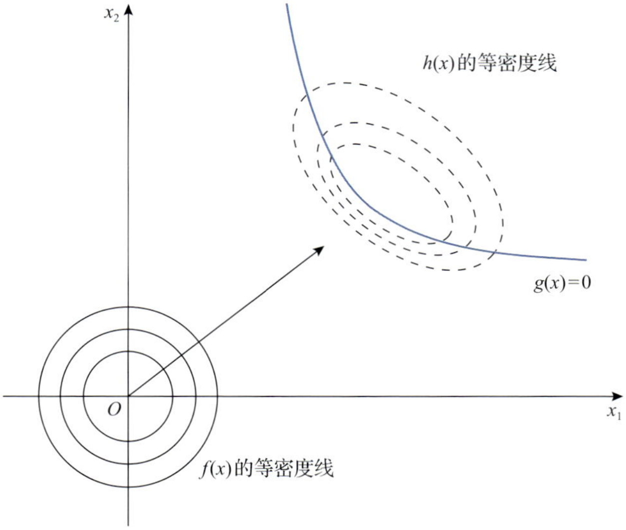

图 3.3.2　重要抽样法原理示意

由式(3.3.8)得到结构失效概率 P_{f} 后，将其代入式(3.3.1)，即可得到对应的可靠度指标。以上即为重要抽样法计算可靠度指标的基本原理。

3.3.2　最优重要抽样密度函数的自适应构造方法

上述由重要抽样法计算可靠度指标的过程中，构造一个合适的重要抽样密度函数，是确保重要抽样法计算可靠度指标时具有较高计算效率与精度的关键。常规重要抽样法中，考虑到验算点 x_{mpp} 是基本随机变量的联合分布概率密度函数 $f(x)$ 在失效域内的峰值点，因此通常是在确定出验算点 x_{mpp} 后，直接采用以验算点为中心的 n 维正态分布作为重要抽样密度函数 $h(x)$，其表达式为

$$h(x) = \frac{1}{\sqrt{(2\pi)^n}}\exp\left[-\frac{1}{2}\left(\boldsymbol{X}-\boldsymbol{X}_{\mathrm{mpp}}\right)^{\mathrm{T}}\left(\boldsymbol{X}-\boldsymbol{X}_{\mathrm{mpp}}\right)\right] \tag{3.3.9}$$

然而，式(3.3.9)所示是一个形状固定的单峰函数，因此，该方法只有在功

能函数仅具有单个验算点时才具有较好的计算结果。当功能函数非线性程度较高、存在多个验算点时，常规的重要抽样密度函数构造方法难以适应。

对此，本节先对理论最优的重要抽样密度函数形态特性进行分析，在此基础上，提出一种基于改进马尔可夫链模拟与核密度估计的重要抽样密度函数自适应构造方法。

1. 最优重要抽样密度函数形态特征分析

重要抽样法计算结构失效概率 P_f 时，其计算结果的精度可采用失效概率 P_f 的变异系数 $\mathrm{cov}(P_f)$ 作为评价指标，$\mathrm{cov}(P_f)$ 值越小，表明重要抽样法的计算结果精度越高。$\mathrm{cov}(P_f)$ 的计算公式为[15]

$$\mathrm{cov}(P_f) = \frac{\sqrt{\mathrm{var}(P_f)}}{E(P_f)} \tag{3.3.10}$$

式中，$E(P_f)$ 为重要抽样法计算所得失效概率 P_f 的期望；$\mathrm{var}(P_f)$ 为重要抽样法计算所得失效概率 P_f 的方差。

$E(P_f)$ 和 $\mathrm{var}(P_f)$ 的计算公式为

$$E(P_f) = \frac{1}{N}\sum_{i=1}^{N}\frac{I(g(x_i))f(x_i)}{h(x_i)} \tag{3.3.11}$$

$$\mathrm{var}(P_f) = \frac{1}{N-1}\left\{\frac{1}{N}\sum_{i=1}^{N}\left[I(x_i)\frac{f(x_i)}{h(x_i)}\right]^2 - {p_f}^2\right\} \tag{3.3.12}$$

将式(3.3.11)和式(3.3.12)代入式(3.3.10)，可得

$$\mathrm{cov}(P_f) = \frac{\sqrt{\dfrac{1}{N-1}\left\{\dfrac{1}{N}\displaystyle\sum_{i=1}^{N}\left[I(x_i)\dfrac{f(x_i)}{h(x_i)}\right]^2 - {p_f}^2\right\}}}{\dfrac{1}{N}\displaystyle\sum_{i=1}^{N}\dfrac{I(g(x_i))f(x_i)}{h(x_i)}} \tag{3.3.13}$$

令式(3.3.13)中 $\mathrm{cov}(P_f)=0$，可得

$$h(x)_{\mathrm{opt}} = \frac{I(g(x))f(x)}{P_f} \tag{3.3.14}$$

式中，$h(x)_{\mathrm{opt}}$ 为理论最优的重要抽样密度函数。

采用式(3.3.14)所示概率密度函数进行重要抽样计算，仅需1次抽样即可得到失效概率P_f的精确值。然而，要直接得到式(3.3.14)所示理论最优的重要抽样密度函数$h(x)_{opt}$是不现实的，因为式(3.3.14)中的失效概率P_f正是待求解的量，是一个未知的常数。但根据式(3.3.14)，可对理论最优重要抽样密度函数$h(x)_{opt}$的形态特征进行分析，从而为构建合适的重要抽样密度函数指明方向。

式(3.3.14)中，$I[g(x)]$仅在$g(x)\leqslant 0$即失效域中取1，反之取0，因此，式(3.3.14)可转换为

$$h(x)_{opt}=\frac{1}{P_f}f(x),\quad \{x\mid g(x)\leqslant 0\} \tag{3.3.15}$$

由式(3.3.15)可以看出，最优重要抽样密度函数$h(x)_{opt}$与功能函数中基本随机变量的联合分布概率密度函数$f(x)$在失效域中的部分具有相似的形态，二者仅在数值上相差$1/P_f$倍。这表明：$h(x)_{opt}$与$f(x)$在失效域中的部分具有相同的分布样本。因此，若能得到$f(x)$在失效域中一定数量的分布样本，则可据此构建逼近于$h(x)_{opt}$的重要抽样密度函数。

2. 失效域分布样本的改进马尔可夫链模拟

1) 马尔可夫链模拟过程

为得到$f(x)$在失效域中的分布样本，最直接的方法就是根据式(3.3.14)中的$f(x)$生成大量随机样本，然后从中筛选出$g(x)\leqslant 0$的点。然而，实际工程结构的失效概率较小，直接由$f(x)$生成的随机样本绝大部分将落入可靠域，成为无效样本。为得到足够多的失效域中的分布样本，所需的总抽样次数将十分巨大。

对此，Au 等[14]提出采用马尔可夫链蒙特卡罗模拟(Markov chain Monte Carlo，MCMC)对失效域分布样本进行采样，避免产生位于失效域之外的无效样本。其通过构建一条以式(3.3.14)所示概率密度函数为平稳分布的马尔可夫链，然后在马尔可夫链上不断游走，从而得到服从式(3.3.14)所示概率密度函数的样本。其具体过程如下：

(1) 定义式(3.3.14)所示$h(x)_{opt}$为马尔可夫链的平稳分布$q_X(x)$，即

$$q_X(x)=\frac{I(g(x))f(x)}{P_f} \tag{3.3.16}$$

(2) 选取一个具有对称性的概率密度函数作为马尔可夫链模拟过程中的提

议分布函数 $f_{X'}$。

(3) 选取功能函数失效域内任意一点作为马尔可夫链初始状态 x_0。

(4) 基于马尔可夫链的第 j–1 个状态 x_{j-1}，由提议分布函数产生马尔可夫链的备选状态 ε。

(5) 分别计算马尔可夫链第 j–1 个状态以及备选状态 ε 的平稳分布函数值 $q_X\left(x_{j-1}\right)$、$q_X(\varepsilon)$，并计算二者的比值，即

$$r=\frac{q_X(\varepsilon)}{q_X\left(x_{j-1}\right)} \tag{3.3.17}$$

(6) 依据 Metropolis-Hastings 准则[16]，分别以 $\min(1,r)$ 和 $1-\min(1,r)$ 的概率接受备选状态 ε 和当前状态 x_{j-1} 作为马尔可夫链的第 j 个状态 x_j，即

$$x_j=\begin{cases}\varepsilon, & \min(1,r)>\text{random}[0,1]\\ x_{j-1}, & 1-\min(1,r)\leqslant\text{random}[0,1]\end{cases} \tag{3.3.18}$$

式中，random[0, 1]为[0, 1]区间均匀分布的随机数。

(7) 重复步骤(3)～(5)M 次，从而得到 M 个失效域内的分布样本点 $\{x_1,x_2,\cdots,x_M\}$。

2) 改进的提议分布函数

上述马尔可夫链蒙特卡罗模拟过程中，提议分布函数 f_X 的选取控制着马尔可夫链从当前状态向另一个状态的转移，是影响最终采样结果的关键。常规马尔可夫链模拟通常采用多维均匀分布的密度函数作为其提议分布函数[14]：

$$f_{X'}=\begin{cases}\dfrac{1}{\prod\limits_{i=1}^{n} l_i}, & |\varepsilon_i-x_i|\leqslant\dfrac{l_i}{2}\\ 0, & \text{其他}\end{cases} \tag{3.3.19}$$

式中，x_i 为马尔可夫链当前时刻状态点；ε_i 为马尔可夫链下一时刻状态的备选点；l_i 可视为 n 维多面体在坐标轴方向上的边长，其决定了马尔可夫链模拟生成的下一个样本点到当前样本的最大允许距离。

二维条件下，式(3.3.19)所示常规马尔可夫链模拟的提议分布函数如图 3.3.3 所示。

然而，采用上述 n 维均匀分布函数作为提议分布函数的不足之处在于：当功能函数失效域存在不连续区间时，l_i 取值过小，会使采样过程的跳跃性不足，导致采得的样本难以覆盖到所有的功能函数失效域；随着 l_i 的增加，样本可以

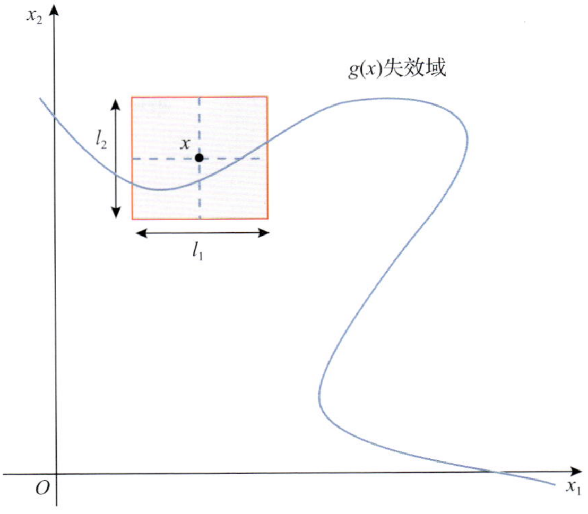

图 3.3.3　常规马尔可夫链模拟的提议分布函数

覆盖的区域也越大，但是过大的 l_i 又会导致重复样本产生的概率增加。以上两种情况均会使得马尔可夫链模拟所得样本不能全面反映功能函数失效域样本的实际分布特征。

考虑到当功能函数位于独立标准正态空间之中时，其基本随机变量的联合分布是多维标准正态分布，其概率密度函数 $f(x)$ 的表达式为

$$f(x)=\frac{1}{(2\pi)^{n/2}}\exp\left(-\frac{1}{2}\sum_{i=1}^{n}x_i^2\right) \tag{3.3.20}$$

式(3.3.20)所示概率密度函数的特点在于：其等值线是以坐标原点为中心的多维球面(二维情况下为圆环)，因此，在马尔可夫链模拟过程中，若构建的提议分布函数能够使得以原点为中心的球面或圆环上的各点被选为备选状态的机会相同，则可有效避免在有失效域不连续区间，马尔可夫链模拟所得样本无法全面覆盖到所有的失效域的情况发生。

因此，本节提出一种 n 维环形均匀分布函数作为马尔可夫链模拟过程中的改进提议分布函数[9]。改进马尔可夫链模拟的提议分布函数如图 3.3.4 所示。

n 维环形均匀分布函数作为提议分布函数产生备选状态的具体方法如下：

(1)随机生成一个 n 维独立标准正态分布样本 ξ，并计算其二范数值 $\|\xi\|$。

(2)根据式(3.3.21)所示单位正则化公式，得到单位 n 维球面上服从均匀分布的一个方向向量 $\boldsymbol{a}$。

$$\boldsymbol{a}=\frac{\xi}{\|\xi\|} \tag{3.3.21}$$

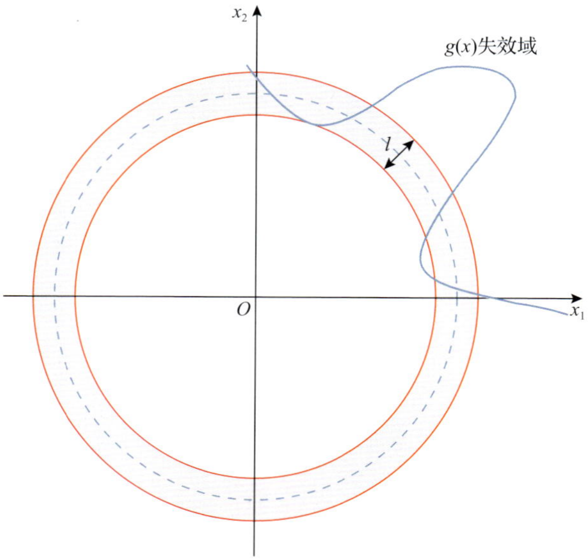

图 3.3.4 改进马尔可夫链模拟的提议分布函数

(3) 选择环形宽度 l，通常可取为 1，根据马尔可夫链模拟过程中第 $j-1$个状态，在$\left[\|\boldsymbol{x}_{j-1}\|-\frac{l}{2},\ \|\boldsymbol{x}_{j-1}\|+\frac{l}{2}\right]$范围内生成一个服从均匀分布的随机数 b。

(4) 由 $\boldsymbol{\varepsilon}=b\boldsymbol{a}$，即可确定出马尔可夫链模拟的备选状态 $\boldsymbol{\varepsilon}$。

为验证上述改进的马尔可夫链模拟方法的有效性，下面以文献[14]中的功能函数为例，分别采用不同方法对其失效域分布样本进行采集，功能函数的表达式为

$$\begin{cases} g_1=2-x_2+\exp\left(-0.1x_1^{\ 2}\right)+\left(0.2x_1\right)^4 \\ g_2=4.5-x_1x_2 \\ g=\min\left(g_1,g_2\right) \end{cases} \tag{3.3.22}$$

式(3.2.22)中的基本随机变量 x_1、x_2 均服从独立标准正态分布，基本随机变量的联合概率密度函数为

$$f(x)=\frac{1}{2\pi}\exp\left[-\frac{1}{2}\left(x_1^2+x_2^2\right)\right] \tag{3.3.23}$$

绘制出式(3.3.22)所示功能函数的极限状态曲线与失效域，如图 3.3.5 所示。可以看出，该功能函数较为复杂，具有三个验算点，且具有两个不连续的失效域。

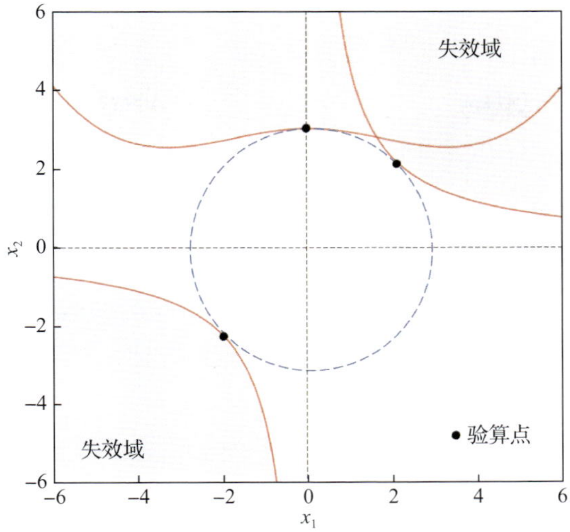

图 3.3.5　功能函数的极限状态曲线与失效域

根据式(3.3.22)和式(3.3.23)，可绘制出基本随机变量的联合概率密度函数在失效域中的形态分布，如图 3.3.6 所示。可以看出，式(3.3.22)所示功能函数下的理论最优重要抽样密度函数 $h(x)_{opt}$ 形态具有三个“山峰”，对应着功能函数的三个验算点，表现出明显的多峰性。

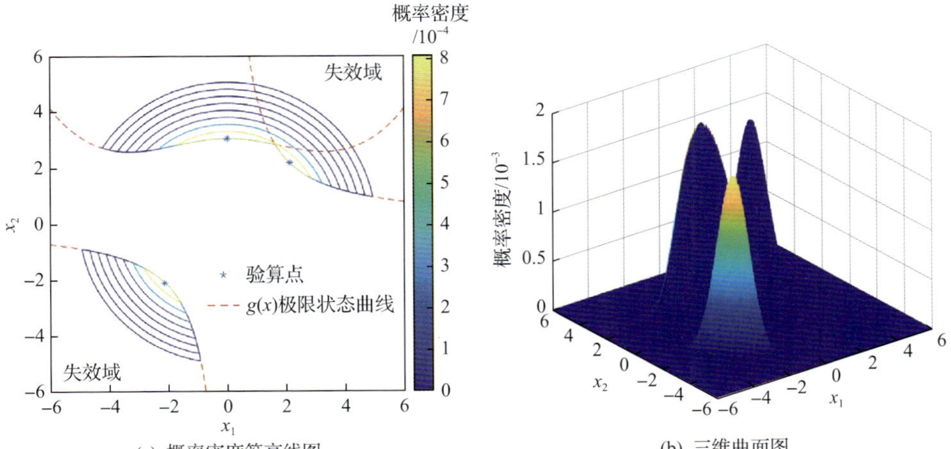

(a) 概率密度等高线图　　(b) 三维曲面图

图 3.3.6　基本随机变量的联合概率密度函数在失效域中的形态分布

分别采用直接蒙特卡罗法、常规马尔可夫链模拟法以及本节提出的改进马尔可夫链模拟法对其失效域分布样本进行采样，其中，直接蒙特卡罗法采样次数为 100000 次，另两种方法的采样次数均为 1000 次。三种采样方法所得结果如图 3.3.7 所示。

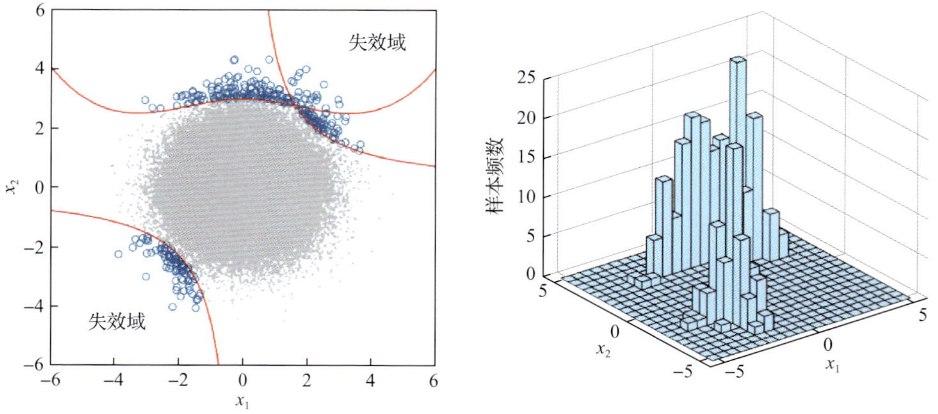

(a) 直接蒙特卡罗法所得失效域分布样本

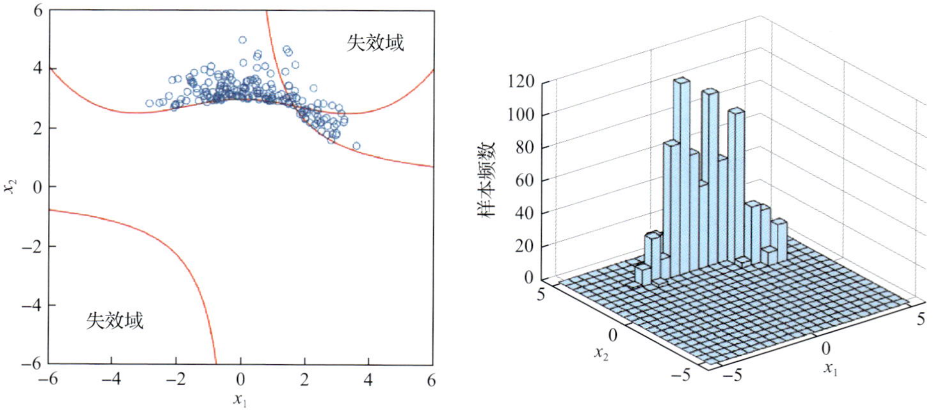

(b) 常规马尔可夫链模拟所得失效域分布样本

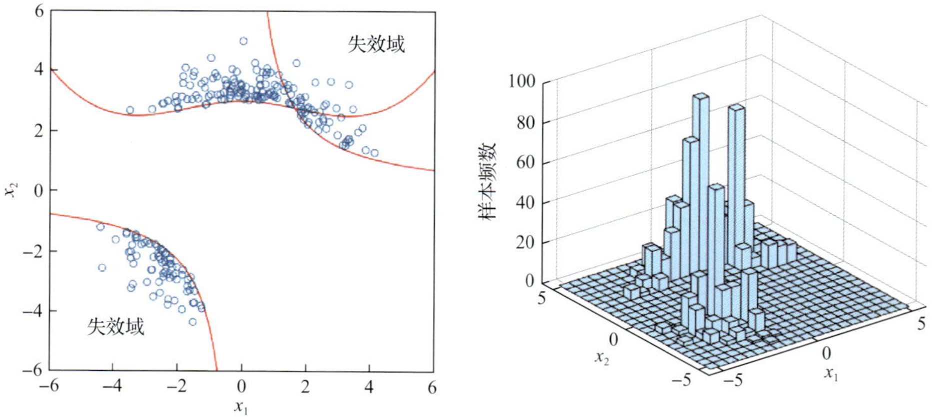

(c) 改进马尔可夫链模拟所得失效域分布样本

图 3.3.7　三种方法采样结果对比

○落入失效域的样本点；●落入可靠域的样本点；— 可靠域与失效域的分界线

图 3.3.7(a)中，直接蒙特卡罗法生成的 100000 个样本中有 341 个落入功能函数失效域，仅占总体抽样次数的 0.341%，剩余的 99.659%的样本均落入可靠域，成为无效样本，可见由直接蒙特卡罗法对功能函数失效域分布样本进行采样效率极低，但依据 100000 次直接蒙特卡罗法采样结果，可对另外两种采样方法的正确性进行验证。

将图 3.3.7(b)、(c)与(a)进行对比，可以看出，常规马尔可夫链模拟与改进的马尔可夫链模拟的 1000 次采样结果均全部位于失效域，未产生无效样本点。但改进的马尔可夫链模拟的采样结果，有效地覆盖到了两个不相连的失效域，并集中分布在失效域内的三处验算点附近，这与直接蒙特卡罗法采样结果一致；而常规马尔可夫链模拟的最终采样结果只分布在初始状态点所在的那部分失效域中，未能全面地反映出功能函数实际的失效域样本分布特征。

由此可见，采用本节提出的以 n 维环状均匀分布函数的改进马尔可夫链模拟方法，可有效得到复杂功能函数失效域内的分布样本。

3. 最优重要抽样密度函数的核密度估计

建立功能函数失效域分布样本的目的是构建逼近于理论最优模型的重要抽样密度函数，从而提高重要抽样法的计算精度与效率。考虑到多验算点条件下，最优重要抽样密度函数可能具有多峰性，本节采用核密度估计构建马尔可夫链模拟所得失效域样本的概率密度函数。

1)核密度估计

核密度估计是一种直接根据样本信息对未知分布建立概率密度函数的非参数估计方法，其基本原理是对在窗口中的样本点利用核函数进行加权平均的方法建立对应的概率密度分布函数[17]。核密度估计建立概率密度函数的过程如图 3.3.8 所示。

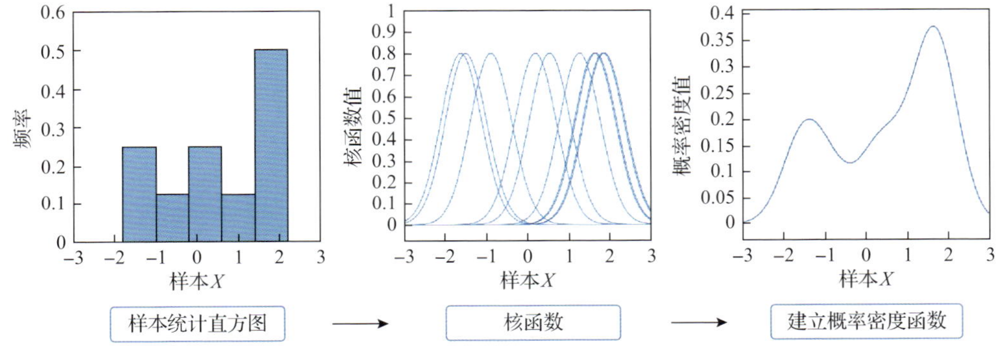

图 3.3.8　核密度估计建立概率密度函数的过程

核密度估计构建的概率密度函数 $f_{\mathrm{kde}}(x)$ 为

$$f_{\mathrm{kde}}(x)=\frac{1}{M}\sum_{i=1}^{M}\frac{1}{w^{n}}K\left(\frac{x-x_i^*}{w}\right) \tag{3.3.24}$$

式中，$K(\cdot)$ 为核密度函数；n 为样本的维数；x_i^* 为随机变量的 M 个样本数据；w 为窗宽参数。

常用的核密度函数类型包括：均匀核、三角核、高斯核等，核函数类型的选取对于核密度估计的影响较小，为便于应用，本节采用的高斯核函数为

$$K(x)=\frac{1}{\sqrt{(2\pi)}}\exp\left(-\frac{1}{2}x^2\right) \tag{3.3.25}$$

2) 标准正态空间局部窗宽因子

在选定核函数类型后，选取合适的窗宽 w 是核密度估计的关键。当窗宽 w 取值过小时，将引起核密度估计模型震荡严重，导致局部区域与真实概率密度函数的差值较大；当窗宽 w 取值过大时，又使得核密度估计建立的模型过于平滑，不能反映出真实概率密度函数的细节特征。为选择合适的窗宽 w 值，Sheather[18]以平均积分均方误差最小为目标，推导出最优窗宽 w 计算公式为

$$w_i=\sigma_i\left[\frac{4}{(d+2)n}\right]^{\frac{1}{d+4}},\quad i=1,2,\cdots,d \tag{3.3.26}$$

式中，σ_i 为第 i 维样本的标准差；d 为样本的维度；n 为不同样本的个数。

式(3.3.26)是基于样本母体服从正态分布的假设而推导得到的，因此只有在样本实际分布形态接近于正态分布时，由式(3.3.26)选取窗宽而建立的核密度估计模型才具有较好的效果。

然而，当功能函数非线性程度较强、具有多个验算点时，式(3.3.14)所示理论最优模型 $h(x)_{\mathrm{opt}}$ 是一个多峰函数，其与单峰形态的正态分布之间相差较大，因此，直接由式(3.3.26)选取窗宽 w 的核密度估计效果将会不理想。对此，本节根据式(3.3.14)所示的理论最优重要抽样密度函数 $h(x)_{\mathrm{opt}}$，引入一个局部窗宽因子 λ_j，对各样本点处的窗宽取值 w 进行自适应的调整，使得在概率密度较大处，采用较小的窗宽，而在概率密度较小处，则采用较大的窗宽。

引入局部窗宽因子 λ_j 后的核密度估计函数表达式 $f_{\mathrm{kde}}(x)$ 为

$$f_{\mathrm{kde}}(x)=\frac{1}{M}\sum_{j=1}^{M}\frac{1}{\left(w\lambda_j\right)^n}K\left(\frac{x-x_j^*}{w\lambda_j}\right) \tag{3.3.27}$$

局部窗宽因子 λ_j 为

$$\lambda_j=\left\{\frac{\left[\prod_{k=1}^{M}h\left(x_k\right)_{\mathrm{opt}}\right]^{\frac{1}{M}}}{h\left(x_j\right)_{\mathrm{opt}}}\right\}^{\alpha} \tag{3.3.28}$$

式中，α 为灵敏因子，通常可取为 0.5。

将式(3.3.14)所示理论最优重要抽样密度函数 $h(x)_{\mathrm{opt}}$ 代入式(3.3.28)，$h(x)_{\mathrm{opt}}$ 中的未知常数 P_{f} 和示性函数 $I(g(x))$ 均被消除，因而式(3.3.28)可转换为

$$\lambda_j=\left\{\frac{\left[\prod_{k=1}^{M}f\left(x_k\right)\right]^{\frac{1}{M}}}{f\left(x_j\right)}\right\}^{\alpha} \tag{3.3.29}$$

考虑到当功能函数位于独立标准正态空间之中时，$f(x)$ 是多维正态分布的联合概率密度函数，其表达式为

$$f(x)=\frac{1}{\sqrt{(2\pi)^n}}\exp\left(-\frac{1}{2}\boldsymbol{X}^{\mathrm{T}}\boldsymbol{X}\right) \tag{3.3.30}$$

将式(3.3.30)代入式(3.3.29)，从而推导出在独立标准正态分布空间中，局部窗宽因子 λ_j 的计算表达式为

$$\lambda_j=\left\{\frac{\left[\prod_{k=1}^{M}\frac{1}{\sqrt{(2\pi)^n}}\exp\left(-\frac{1}{2\pi}\boldsymbol{X}_k^{\mathrm{T}}\boldsymbol{X}_k\right)\right]^{\frac{1}{M}}}{\frac{1}{\sqrt{(2\pi)^n}}\exp\left(-\frac{1}{2\pi}\boldsymbol{X}_j^{\mathrm{T}}\boldsymbol{X}_j\right)}\right\}^{\alpha} \tag{3.3.31}$$

综上所述，当功能函数位于独立标准正态空间，并已得到功能函数失效域分布样本后，由核密度估计建立对应概率分布函数的过程如下：

(1) 根据失效域分布样本 x^*，由式(3.3.26)计算得到样本对应的窗宽取值 w。

(2) 根据失效域分布样本 x^*，由式(3.3.31)计算得到各样本的局部窗宽因子 λ_j。

(3) 将失效域样本 x^*、窗宽 w、局部窗宽因子 λ_j 均代入式(3.3.27)，从而建立对应的概率密度函数 $f_{\mathrm{kde}}(x)$。

3) 算例分析

下面以式(3.3.22)所示功能函数为例，根据前述改进马尔可夫链模拟所得失效域样本，由核密度估计建立对应的概率密度函数 $f_{\mathrm{kde}}(x)$，核密度估计建立的重要抽样密度函数的形态特征如图 3.3.9 所示。

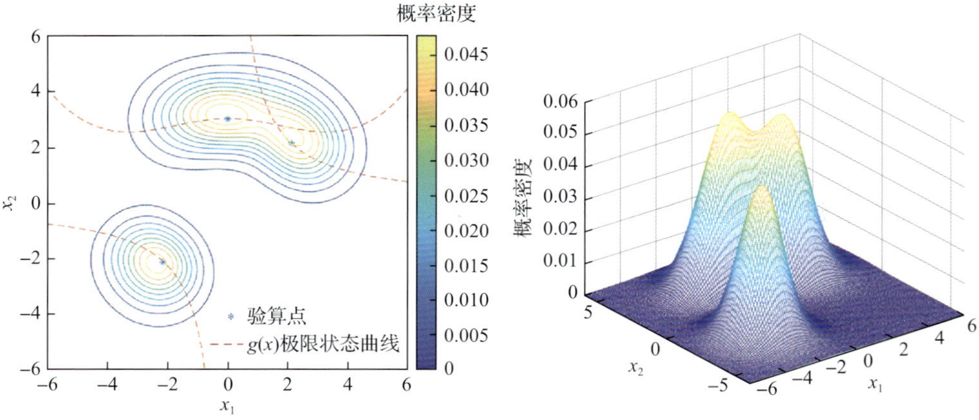

(a) 概率密度等高线　　(b) 概率密度函数曲面

图 3.3.9　核密度估计建立的重要抽样密度函数的形态特征

将图 3.3.9 与图 3.3.6 进行对比可以看出，根据改进马尔可夫链模拟所得失效域分布样本，由核密度估计构建的概率密度函数 $f_{\mathrm{kde}}(x)$ 与理论最优模型在失效域中的函数形态较为一致，均在功能函数的三个验算点处取得峰值，表明 $f_{\mathrm{kde}}(x)$ 是对理论最优重要抽样密度函数 $h(x)_{\mathrm{opt}}$ 的有效近似。

至此，完成了对最优重要抽样密度函数的自适应构建，将其代入式(3.3.8)，可由重要抽样法高效地开展失效概率和可靠度指标计算。

表 3.3.1 为采用直接蒙特卡罗法、验算点法、常规重要抽样法以及改进自适应重要抽样法对式(3.3.22)所示功能函数的失效概率与可靠度指标进行计算的具体结果对比。

由表 3.3.1 可以看出，基于一次二阶矩的验算点法计算所得失效概率的相对误差达到 61.6%，对应可靠度指标的相对误差达到 11.3%，表明基于一次二阶矩的验算点法面对强非线性功能函数时，其计算误差过大。

表 3.3.1 四种方法所得可靠度计算结果对比

计算方法	抽样次数	失效概率 P_f	可靠度指标 β	相对误差/%	
				P_f	β
直接蒙特卡罗法	10^6	0.00352	2.695	—	—
验算点法	—	0.00135	3.000	61.6	11.3
常规重要抽样法	5000	0.00215	2.855	38.9	5.93
改进自适应重要抽样法	100	0.00277	2.774	21.3	2.93
	200	0.00410	2.643	16.5	1.93
	500	0.00383	2.666	8.81	1.1
	1000	0.00362	2.685	2.84	0.37
	2000	0.00346	2.700	1.7	0.19

常规重要抽样法通过 5000 次抽样计算所得失效概率的相对误差为 38.9%，对应可靠度指标的相对误差为 5.93%，虽然相对于改进一次二阶矩法，常规重要抽样法计算精度有所提升，但对于一些重要结构的可靠度分析，这一计算精度依然不足。

而本节建立的基于改进马尔可夫链蒙特卡罗采样与核密度估计的改进重要抽样法，仅通过 100 次抽样计算，其计算精度就已超过常规重要抽样法 5000 次抽样的计算结果。随着抽样次数的增加，其计算误差逐渐减小，当抽样次数达到 2000 次时，其计算所得失效概率的相对误差仅为 1.7%，对应的可靠度指标相对误差仅为 0.19%，远高于常规重要抽样法 5000 次抽样计算结果。

由此可见，本节提出的基于改进马尔可夫链模拟与核密度估计而建立的自适应重要抽样法，可通过较少数的抽样计算，可得到强非线性功能函数下的高精度可靠度指标计算结果。

3.3.3 深部洞室结构可靠度指标计算方法与程序开发

1. 深部洞室结构可靠度指标计算方法

本节提出的改进自适应重要抽样法，可有效应用于对强非线性功能函数的可靠度指标计算，但前提条件为：功能函数为显式且位于独立标准正态空间。

在 3.2 节中，虽已通过改进粒子群支持向量回归方法得到了深部洞室结构功能函数的显式表达式，但其是在基本随机变量原始空间中建立。由 2.4 节可知，深部洞室围岩力学参数并不一定服从正态分布，且变量之间还可能具有相关性。因此，若要将改进自适应重要抽样法应用于深部洞室结构的可靠度指标计算，则需先根据深部围岩力学参数的概率分布模型，将支持向量回归方法建立的深部洞室结构的显式功能函数转换到独立标准正态空间。对此，可通过对基本随机变量依次进行映射变换和正交线性变换予以实现，其具体过程如下[9]：

(1) 根据各基本随机变量的概率分布函数，采用式(3.3.32)所示映射变换公式，将基本随机变量 $\boldsymbol{X}$ 用标准正态空间中的随机变量 $\boldsymbol{X}_C$ 进行表示。

$$\boldsymbol{X}=F_{Z_i}^{-1}\left[\varPhi\left(\boldsymbol{X}_C\right)\right] \tag{3.3.32}$$

式中，F_{Z_i} 为第 i 个基本随机变量的概率分布函数；$\varPhi$ 为标准正态累积分布函数。

(2) 根据基本随机变量之间的相关系数，将式(3.3.32)中标准正态空间随机变量 $\boldsymbol{X}_C$ 用独立标准正态分布空间随机变量 $\boldsymbol{X}_U$ 进行表示。

$$\boldsymbol{X}_C=\boldsymbol{A}\cdot\left(\boldsymbol{X}_U\cdot\boldsymbol{D}\right) \tag{3.3.33}$$

式中，矩阵 $\boldsymbol{A}$ 的各列由基本随机变量协方差矩阵的 n 个线性无关且正交的特征值 $A_1,A_2,\cdots,A_n$ 所组成；向量 $\boldsymbol{D}$ 由基本随机变量协方差矩阵的 n 个特征值 $D_1,D_2,\cdots,D_n$ 所组成。

(3) 将式(3.3.32)和式(3.3.33)代入支持向量回归方法构建的功能函数显式表达式，即得到位于独立标准正态分布空间中的显式功能函数。

完成上述对功能函数中基本随机变量的空间变换后，由此形成了一套完整的、针对深部洞室结构可靠度指标的计算方法，其主要计算步骤如下[9]：

(1) 建立洞室结构数值计算模型，确定隐式功能函数，并由拉丁超立方试验设计结合数值模拟，得到隐式功能函数高质量的训练样本数据。

(2) 由改进粒子群支持向量回归方法，构建隐式功能函数的显式表达式。

(3) 根据基本随机变量概率分布模型，由映射变换与正交线性变换，将支持向量回归方法建立的显式功能函数转换到独立标准正态空间。

(4) 根据独立标准正态空间中的显式功能函数，由改进马尔可夫链模拟得到失效域样本。

(5) 根据功能函数失效域样本，由核密度估计构建对应的重要概率密度函数，从而由重要抽样法计算得到结构的失效概率与可靠度指标。

2. 深部洞室结构可靠度指标计算程序开发

为将本章提出的深部洞室结构可靠度分析方法加以工程应用，本节依托 FLAC^{3D} 和 Matlab 软件，开发编制了深部洞室结构可靠度指标计算分析程序。其中，FLAC^{3D} 主要用于建立洞室结构数值计算模型，并在输入基本随机变量样本后，计算得到洞室结构对应的隐式功能函数值。Matlab 则主要用于根据 FLAC^{3D} 数值模拟所得隐式功能函数样本数据，由自编程序实现隐式功能函数的显式化以及根据显式功能函数实现可靠度指标计算。图 3.3.10 为深部洞室结构可靠度指标计算程序流程图[9]。

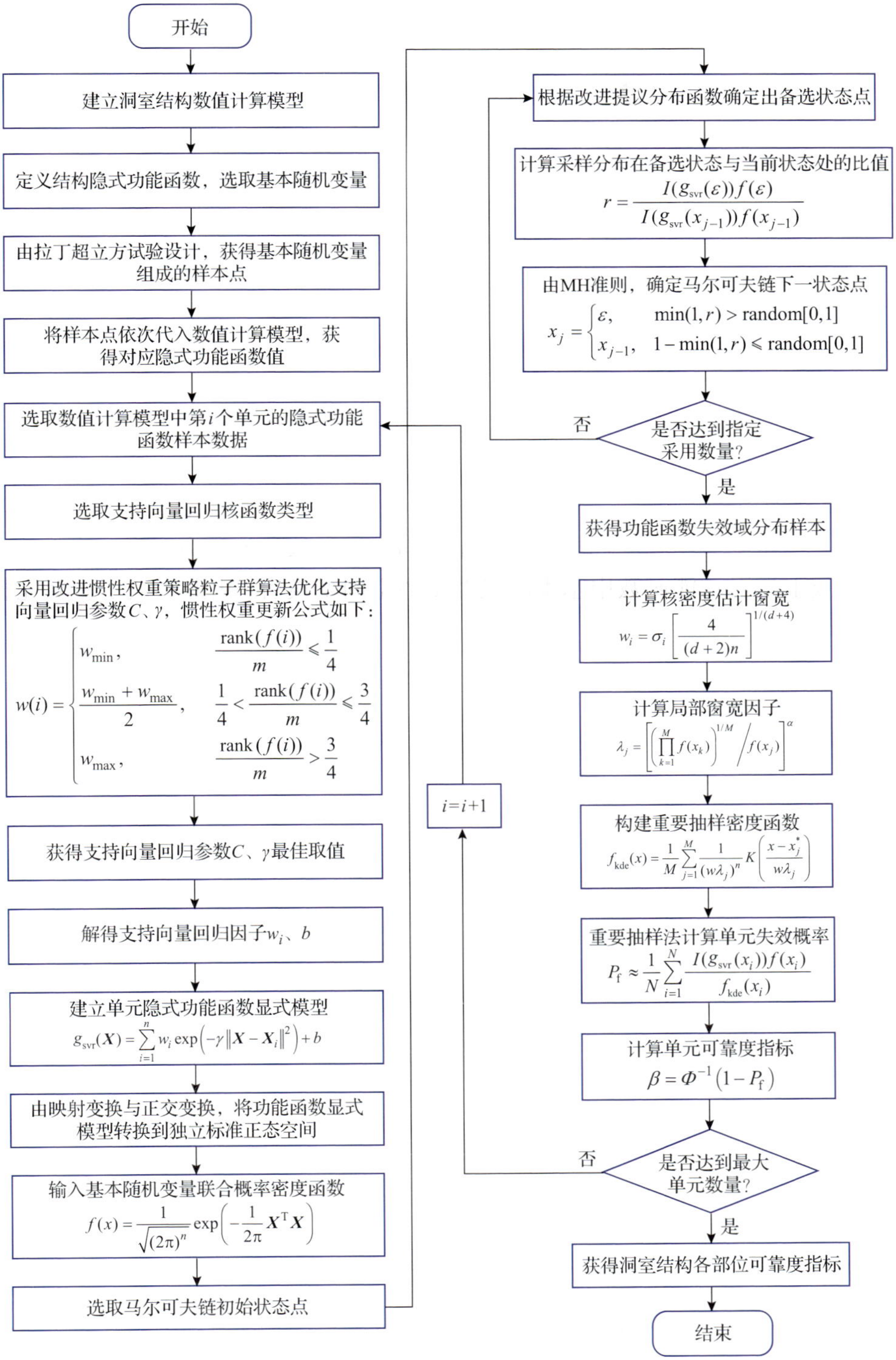

图 3.3.10　深部洞室结构可靠度指标计算程序流程图[9]

基于Matlab的自编程序包括两个自定义子模块：PSO_for_SVR和MCMC_KDE_IS，其中，PSO_for_SVR模块的功能为：由改进惯性权重策略的粒子群算法，对支持向量回归中回归参数的赋值进行优化。对于常规的支持向量回归算法，可通过调用LIBSVM工具包予以实现[19]。MCMC_KDE_IS模块的功能为：由改进的马尔可夫链模拟方法得到功能函数失效域分布样本，并据此由核密度估计构建对应的重要抽样密度函数，最后由重要抽样法计算得到对应的失效概率与可靠度指标。

3.4 工程应用

前面建立了针对深部洞室结构的可靠度计算分析方法，并开发了相应的计算程序。本节以位于甘肃北山的北山地下实验室为研究工程背景，利用开发的计算程序对北山地下实验室–560m最大埋深处的三个关键洞群结构进行了可靠度计算分析，揭示施工开挖过程中洞室结构可靠度指标的空间分布规律。将可靠度计算结果与模型试验结果进行对比，可以有效验证可靠度计算结果的可靠性，为北山地下实验室总体建设方案的设计优化提供科学指导。

3.4.1 工程概况

经过前期近30年的选址工作，北山地下实验室工程确定在甘肃北山地区修建[8]。如图3.4.1所示，北山地区位于戈壁荒漠地带，地势平坦，干旱少雨，地应力水平适中，地震活动弱，深部地层岩体以完整花岗岩为主，区域内部

图3.4.1　北山地下实验室工程建造场址

没有大的活动断层带，是用于开展高放废物深地质处置的绝佳场所。

北山地下实验室主体结构如图 3.4.2 所示[8]，其主要由竖井、螺旋斜坡道以及位于最大埋深–560m 处的水平洞室群组成。

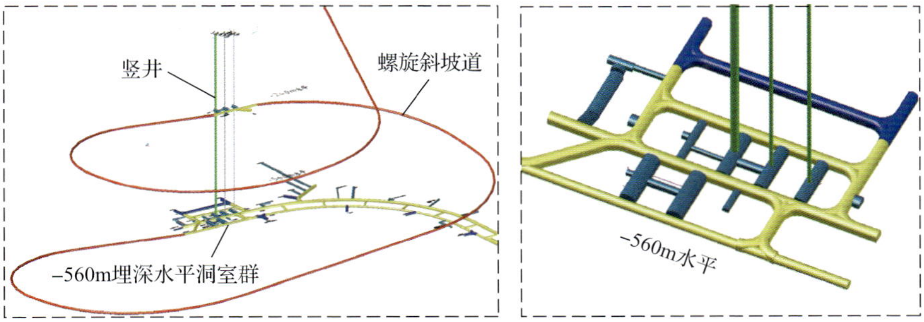

图 3.4.2　北山地下实验室主体结构[8]

其中，竖井和螺旋斜坡道主要用于人员提升、通排风以及设备运输，其结构形式较为简单。而位于最底部的水平洞室群，则是北山地下实验室主要的研究场所，其洞室结构复杂，主要由圆形主巷道、城门形主巷道、停车场洞室、人员提升通道、联系巷道等多个洞室组成。北山地下实验室主要洞室断面尺寸如图 3.4.3 所示。

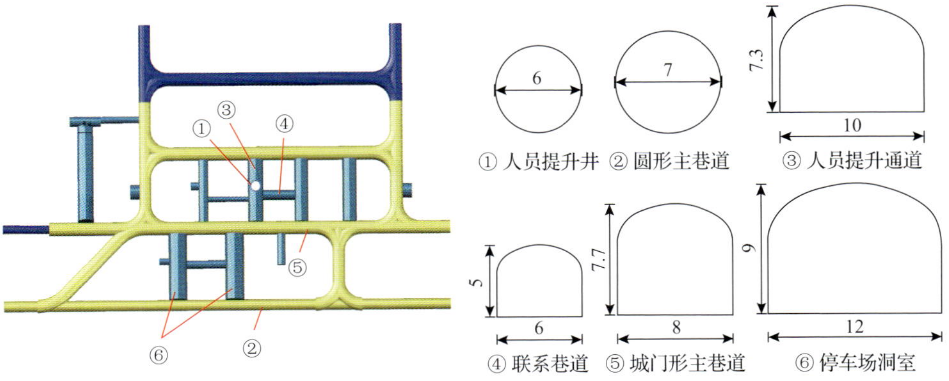

图 3.4.3　北山地下实验室主要洞室断面尺寸(单位：m)

针对北山地下实验室–560m 埋深处的水平洞群结构，考虑计算容量的限制，本节选取其中三处关键洞室结构分别开展施工开挖可靠度指标计算分析。北山地下实验室最大埋深处的关键洞室群结构如图 3.4.4 所示。

选取上述三处关键洞室群结构的原因是：洞室结构 A 由三个水平巷道(城门形主巷道、人员提升通道、联系巷道)和一个人员提升竖井组成，该洞室群结构同时具有竖井和多个水平巷道，且纵横交错，是北山地下实验室洞室结构

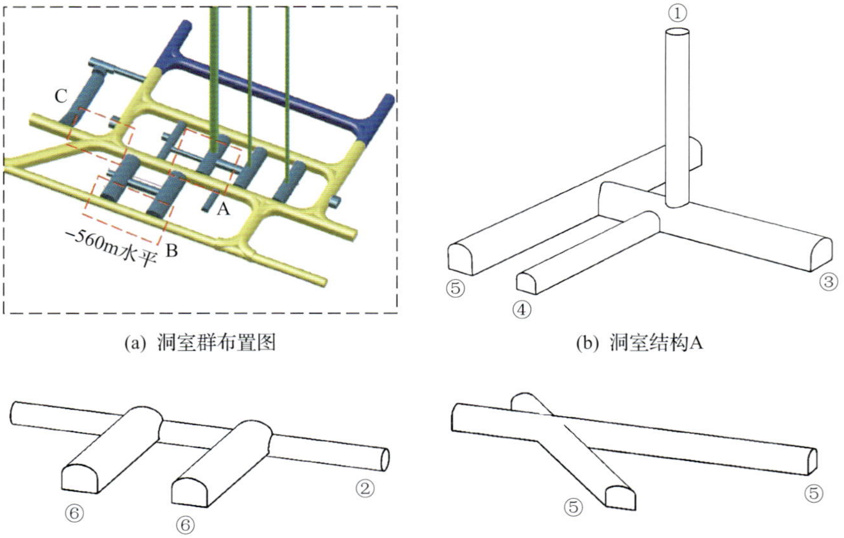

(a) 洞室群布置图　(b) 洞室结构A

(c) 洞室结构B　(d) 洞室结构C

图 3.4.4　北山地下实验室最大埋深处的关键洞室群结构

①人员提升井；②圆形主巷道；③人员提升通道；④联系巷道；⑤城门形主巷道；⑥停车场洞室

最复杂的区域；洞室结构 B 由一个圆形主巷道和两个平行布置的停车场洞室组成，其中，圆形主巷道与两个停车场洞室垂直相交，两个相邻的停车场洞室是北山地下实验室洞室群结构中断面尺寸最大的洞室；洞室结构 C 由两条断面尺寸相同的城门形主巷道组成，其中，两条主巷道呈 50°夹角斜向相交，对其进行结构可靠度分析，可揭示斜向交叉洞室对结构整体稳定性的影响。

3.4.2　北山地下实验室施工开挖可靠度指标计算

1. 洞群结构数值计算模型

为开展洞室群结构的可靠度指标计算，本节建立了北山地下实验室关键洞室群结构数值计算模型，如图 3.4.5 所示。各数值模型均采用六面体单元划分，其中洞室群结构 A、洞室群结构 B、洞室群结构 C 包含的单元总数分别为 539007、272812、442205 个。本构模型采用基于莫尔-库仑强度准则的弹塑性模型。

数值模型边界条件为：模型底部和四个侧面分别施加法向位移约束，顶面施加法向面力模拟上覆岩体重量。北山地下实验室洞区初始地应力反演公式为[8]

$$\begin{cases}\sigma_{\mathrm{H}} = 0.0305H \\ \sigma_{\mathrm{h}} = 0.0208H \\ \sigma_{\mathrm{v}} = 0.0268H\end{cases} \tag{3.4.1}$$

式中，H 为洞室埋深；σ_H、σ_h 和 σ_v 分别为洞室最大水平地应力、最小水平地应力、岩体自重应力，MPa。

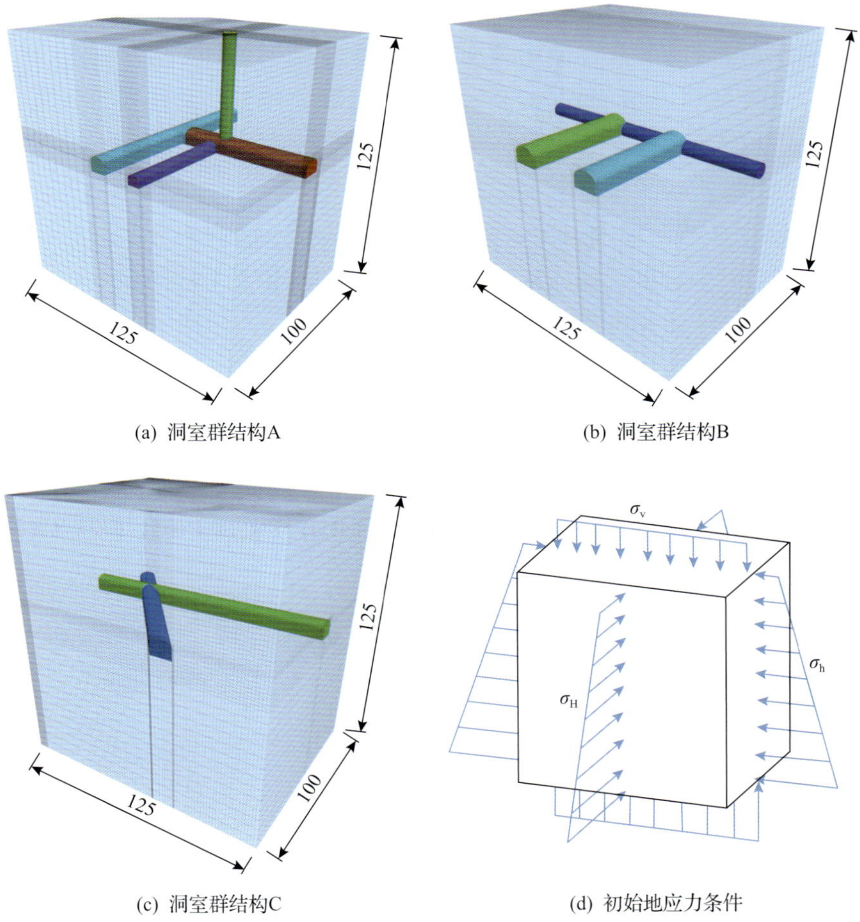

图 3.4.5　北山地下实验室关键洞室群结构数值计算模型(单位：m)

在模型体内形成初始地应力场后，再依次对各洞室进行开挖，根据工程实际开挖方案，洞室群结构 A 中的人员提升通道和洞室群结构 C 中的停车场洞室采用上、下台阶法开挖，其他各洞室均采用全断面开挖。

2. 洞群结构可靠度指标主要计算过程

建立数值模型后，采用 3.3 节开发编制的程序进行深部洞室结构可靠度指标计算，主要计算过程如下：

(1) 采用式(3.2.8)作为深部洞室结构隐式功能函数，选取弹性模量、泊松比、黏聚力、内摩擦角作为隐式功能函数的基本随机变量。

(2) 由拉丁超立方试验设计选取基本随机变量 E、μ、c、φ 的 30 个组合样本，依次进行力学参数赋值并开展洞室开挖数值计算，得到各组合样本条件下洞室围岩单元对应的隐式功能函数值。

(3) 以基本随机变量 E、μ、c、φ 的 30 个组合样本以及各组合样本条件下各单元隐式功能函数值作为训练样本，根据 3.2 节改进粒子群支持向量回归方法得到各单元隐式功能函数的显式表达式。

(4) 根据 2.4 节深部围岩力学参数 E、μ、c、φ 的概率分布模型，将支持向量回归方法建立的显式功能函数转换到独立标准正态分布空间，然后通过改进自适应重要抽样计算得到洞室结构的可靠度指标。

(5) 最终计算得到北山地下实验室关键洞室群结构可靠度指标分布，如图 3.4.6 所示。

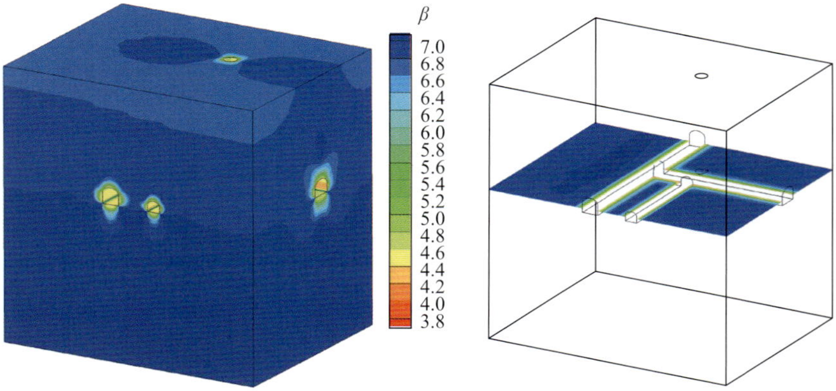

(a) 洞室群结构A可靠度指标分布云图

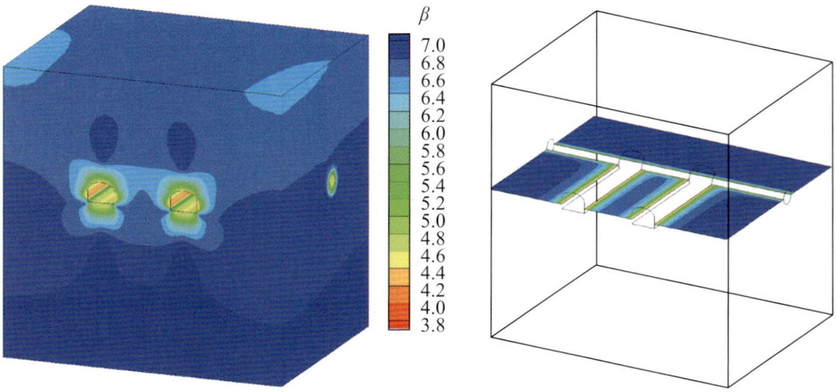

(b) 洞室群结构B可靠度指标分布云图

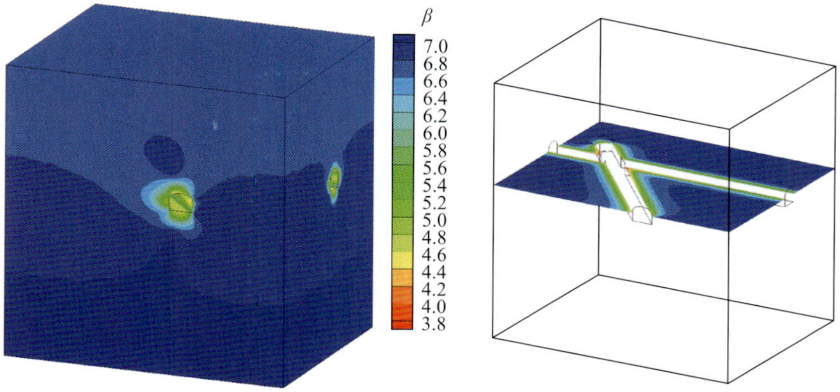

(c) 洞室群结构C可靠度指标分布云图

图 3.4.6 北山地下实验室关键洞室群结构可靠度指标分布

3.4.3 北山地下实验室施工开挖可靠度指标计算结果分析

为明确北山地下实验室洞室结构的安全稳定性，下面分别对洞室结构可靠度指标计算结果进行分析。

1. 北山地下实验室洞室群结构 A 可靠度指标分布规律

图 3.4.7 为开挖后洞室群结构 A 可靠度指标分布云图。图 3.4.8 为开挖后洞室群结构 A 可靠度指标随离洞壁距离变化曲线。由图 3.4.7 和图 3.4.8 可以看出，洞周可靠度指标均在洞壁处取得最小值，随着离洞壁距离的增加，可靠度指标逐渐增加并趋于稳定。出现这种分布规律的原因在于：洞壁处围岩受开挖卸荷作用影响最为显著，随离洞壁距离的增加，围岩受到洞室开挖卸荷作用的影响逐渐减弱。

图 3.4.9 为洞室边墙洞周可靠度指标随离洞壁距离变化曲线。可以看出，联系巷道、城门形主巷道、人员提升通道分别在距离洞壁约 3m、5m、8m 后可靠度指标趋于稳定，洞室尺寸越大，洞室开挖扰动影响范围越大。

表 3.4.1 为洞室群结构 A 开挖后洞周最小可靠度指标。表 3.4.2 为工程结构可靠度指标设计参考值[20]。考虑到北山地下实验室修建于硬脆性坚硬花岗岩地层，洞室围岩破坏类型属于脆性破坏，且因北山地下实验室用途特殊，其安全等级应属于一级。因此，根据表 3.4.2 的规定，其可靠度指标应大于 4.2。由表 3.4.1 可知，洞室结构最小可靠度指标均在 4.2 以上，表明开挖后洞室结构 A 满足可靠度指标等级要求，是安全稳定的，各洞室的可靠度指标从小到大排序为：人员提升巷道的可靠度指标（β=4.37）<城门形主巷道的可靠度指标（β=4.43）<联

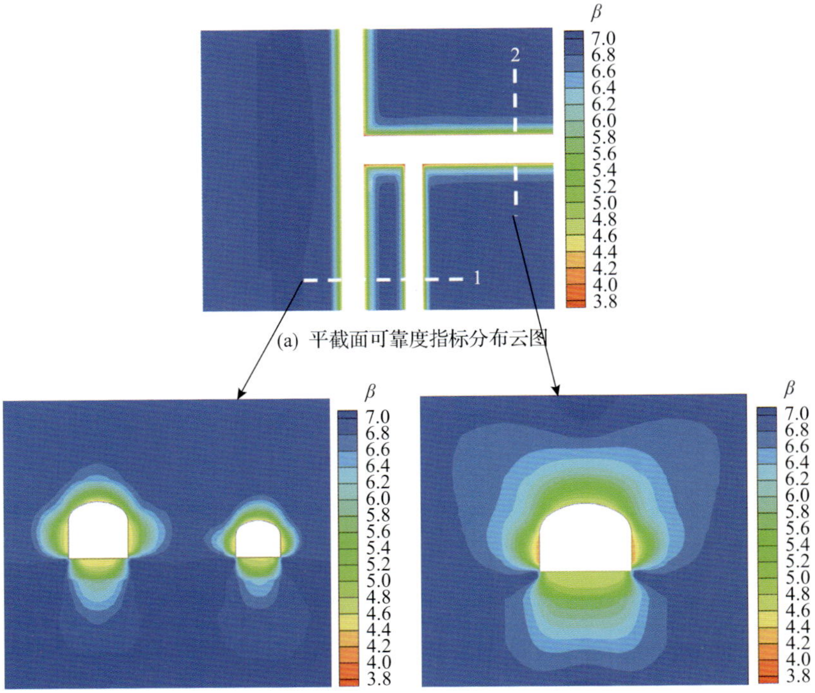

(a) 平截面可靠度指标分布云图

(b) 横截面1可靠度指标分布云图

(c) 横截面2可靠度指标分布云图

图 3.4.7　开挖后洞室群结构 A 可靠度指标分布云图

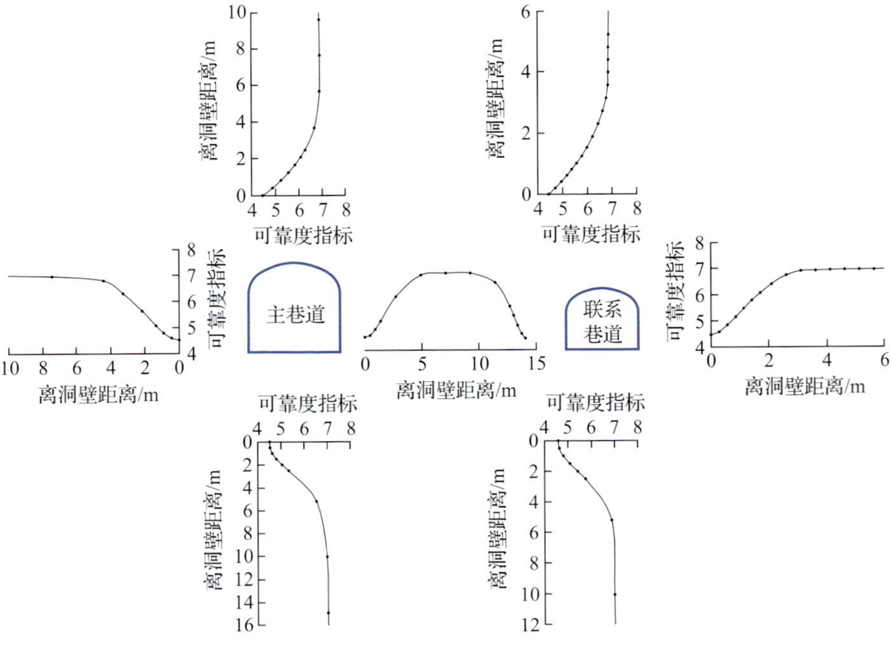

(a) 城门形主巷道与联系巷道洞周可靠度指标变化

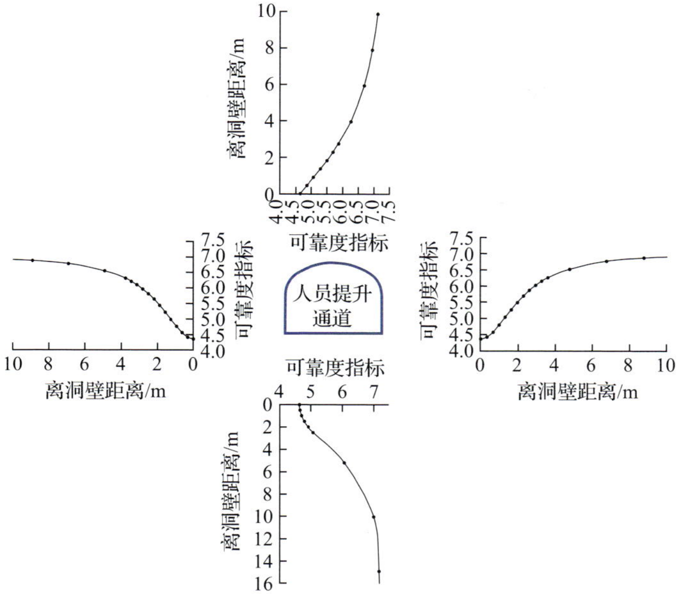

(b) 人员提升通道洞周可靠度指标变化

图 3.4.8　开挖后洞室群结构 A 可靠度指标随离洞壁距离变化曲线

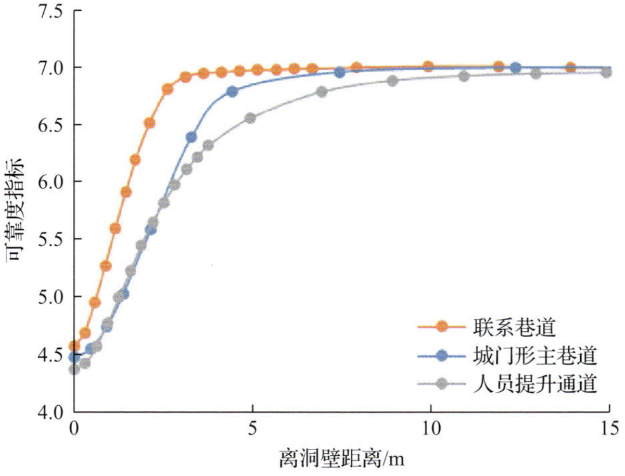

图 3.4.9　洞室边墙洞周可靠度指标随离洞壁距离变化曲线

表 3.4.1　洞室群结构 A 开挖后洞周最小可靠度指标

洞室群	洞室	洞室尺寸 （宽×高）	洞周最小 可靠度指标	所在位置
A	联系巷道	6m×5m	4.45	顶板
	城门形主巷道	8m×7.7m	4.43	顶板
	人员提升巷道	10m×7.3m	4.37	边墙

表 3.4.2　工程结构可靠度指标设计参考值[20]

破坏类型	不同安全等级对应可靠度指标 β 要求		
	一级	二级	三级
延性破坏	$\beta\geqslant3.7$	$\beta\geqslant3.2$	$\beta\geqslant2.7$
脆性破坏	$\beta\geqslant4.2$	$\beta\geqslant3.7$	$\beta\geqslant3.2$

系巷道的可靠度指标(β=4.45)。

图 3.4.10 为开挖后洞室群结构 A 中交叉部位可靠度指标分布云图。表 3.4.3 为开挖后洞室结构 A 中洞室交叉部位最小可靠度指标。由图 3.4.10 和表 3.4.3 可以看出，开挖后，在洞室交叉部位的边墙拐角处，其可靠度指标相比于其他部位有显著下降，表明洞室交叉部位处的稳定性明显弱于洞室其他部位。出现这一现象的原因在于：洞室开挖后，洞室非交叉部位只在垂直洞壁的单一方向卸荷，而洞室交叉部位则处于双向卸荷状态，同时还存在应力集中现象，因此其稳定性较洞室非交叉部位弱。

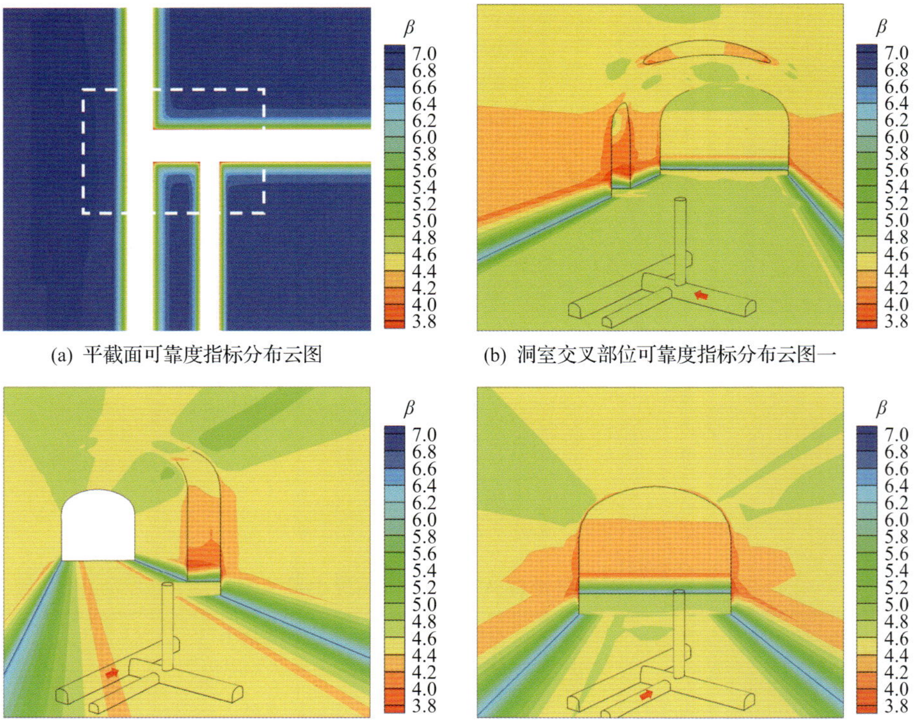

(a) 平截面可靠度指标分布云图　　(b) 洞室交叉部位可靠度指标分布云图一

(c) 洞室交叉部位可靠度指标分布云图二　　(d) 洞室交叉部位可靠度指标分布云图三

图 3.4.10　开挖后洞室群结构 A 中交叉部位可靠度指标分布云图

表 3.4.3　开挖后洞室群结构 A 中洞室交叉部位最小可靠度指标

洞室群	相交洞室	相交部位	最小可靠度指标
A	人员提升通道、联系巷道	边墙拐角	4.13
	人员提升通道、主巷道	边墙拐角	4.03
	人员提升通道、竖井	竖井底部拐角	4.11

为弄清洞室交叉部位可靠度指标下降对洞室群整体稳定性的影响，将洞室交叉部位可靠度指标小于 4.2 的区域提取出，如图 3.4.11 所示。可以看出，在洞室交叉部位，其可靠度指标小于 4.2 的区域非常小，仅出现在两洞室边墙交界的直角处，对洞室整体稳定性影响不大。对此，建议洞室交叉部位应避免出现直角，而应采用倒圆角过渡，并对洞室交叉部位加强监控量测与支护。

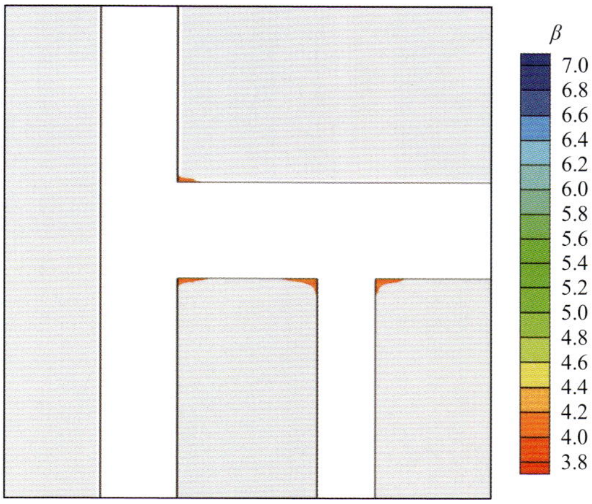

图 3.4.11　开挖后洞室群结构 A 可靠度指标小于 4.2 的区域

2. 北山地下实验室洞室群结构 B 可靠度指标分布规律

图 3.4.12 为开挖后洞室群结构 B 可靠度指标分布云图。图 3.4.13 为开挖后洞室群 B 可靠度指标随离洞壁距离变化曲线。由图 3.4.12 和图 3.4.13 可以看出，洞室群结构 B 可靠度指标分布规律与洞室群结构 A 相似，也是在开挖卸载作用的影响下，在洞壁处可靠度指标最小，随着离洞壁距离的增加，可靠度指标逐渐增加，并在距离洞壁一倍洞跨后逐渐趋于稳定。

表 3.4.4 为开挖后洞室群结构 B 最小可靠度指标。可以看出，洞室群结构 B 的两个停车场巷道的最小可靠度指标为 4.30，相比于洞室群结构 A 停车场洞室的可靠度指标有所下降，这是由于停车场巷道的断面尺寸更大所致，但根据表 3.4.2 的规定，仍满足可靠度等级要求，洞室群结构 B 施工是安全稳定的。

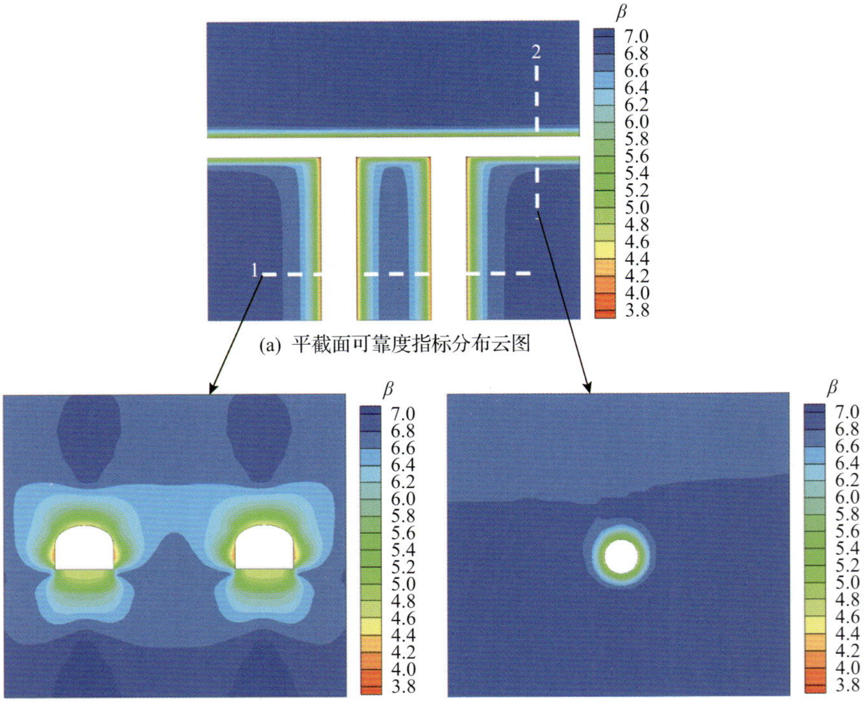

(a) 平截面可靠度指标分布云图

(b) 横截面1可靠度指标分布云图

(c) 横截面2可靠度指标分布云图

图 3.4.12　开挖后洞室群结构 B 可靠度指标分布云图

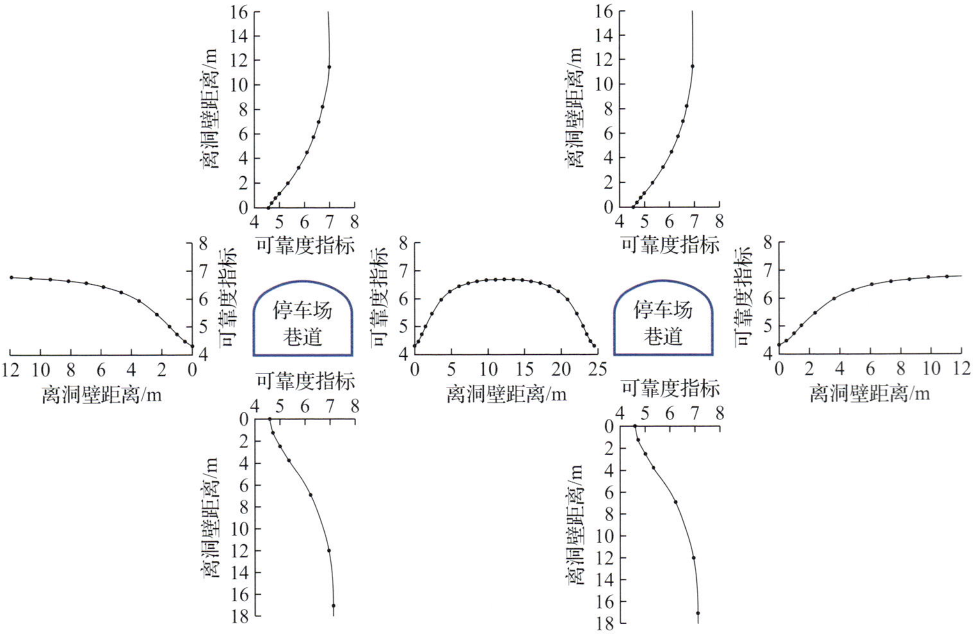

(a) 两条停车场巷道洞周可靠度指标变化

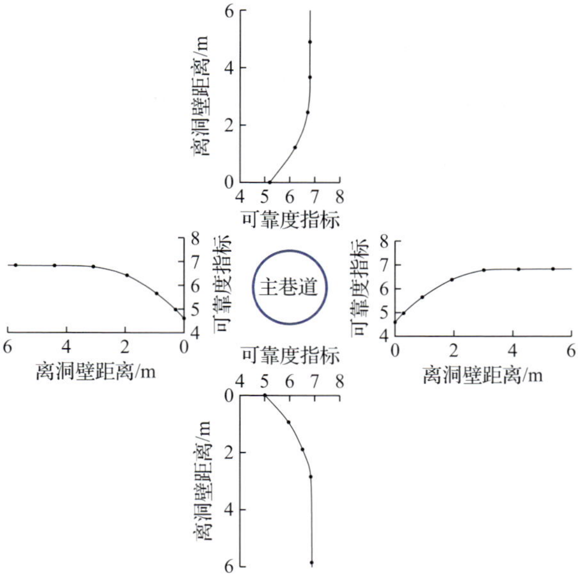

(b) 圆形主巷道洞周可靠度指标变化

图 3.4.13　开挖后洞室群 B 可靠度指标随离洞壁距离的变化曲线

表 3.4.4　开挖后洞室群结构 B 最小可靠度指标

洞室群	洞室	洞室尺寸（直径）（宽×高）	洞周最小可靠度指标	所在位置
B	圆形主巷道	7m	4.59	顶板
	停车场巷道(左)	12m×9m	4.30	边墙
	停车场巷道(右)	12m×9m	4.30	边墙

洞室群结构 B 的圆形主巷道最小可靠度指标为 4.59，高于洞室群结构 A 中城门形主巷道，表明相同条件下圆形洞室的稳定性要高于城门形洞室。

图 3.4.14 为开挖后洞室群结构 B 中洞室交叉部位可靠度指标分布云图。表 3.4.5 为开挖后洞室群结构 B 中洞室交叉部位最小可靠度指标。由图 3.4.14 和表 3.4.5 可以看出，开挖后洞室群结构 B 在两洞室交叉部位边墙拐角处的可靠度指标显著下降，其最小可靠度指标为 3.96。将表 3.4.5 与表 3.4.3 中计算结果对比可知，洞室群结构 B 中洞室交叉部位最小可靠度指标低于洞室群结构 A 中洞室交叉部位的最小可靠度指标，表明洞室交叉部位的断面尺寸越大，其稳定性越差。

为明确洞室交叉对洞室群整体稳定性的影响，将洞室群结构 B 中洞室交叉部位可靠度指标小于 4.2 的区域提取出，如图 3.4.15 所示。可以看出，开挖后

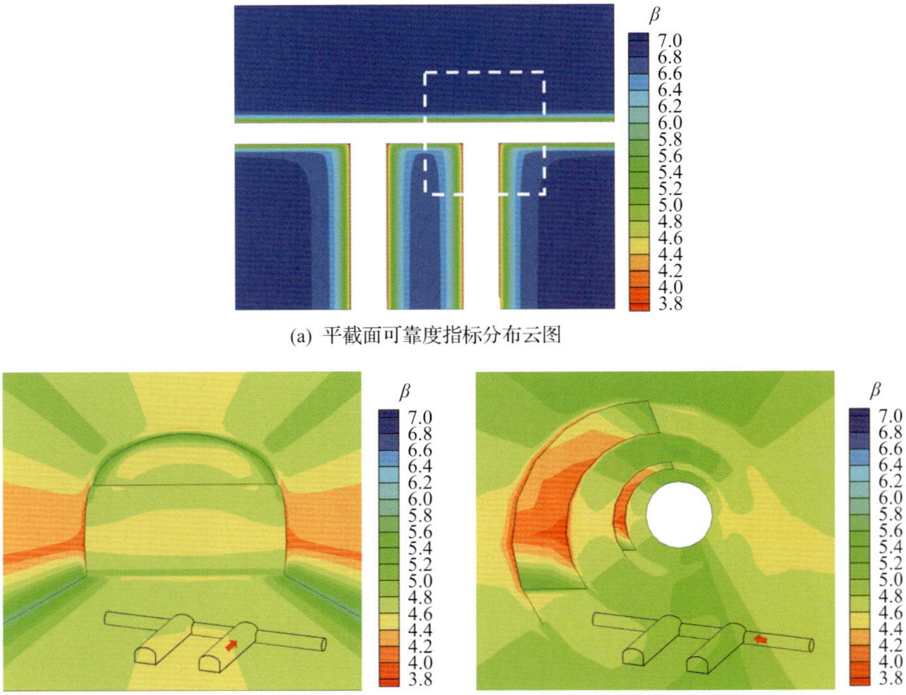

(a) 平截面可靠度指标分布云图

(b) 洞室交叉部位可靠度指标分布云图一　(c) 洞室交叉部位可靠度指标分布云图二

图 3.4.14　开挖后洞室群结构 B 中洞室交叉部位可靠度指标分布云图

表 3.4.5　开挖后洞室群结构 B 中洞室交叉部位最小可靠度指标

洞室群	相交洞室	相交部位	最小可靠度指标
B	圆形主巷道、停车场巷道	边墙拐角	3.96

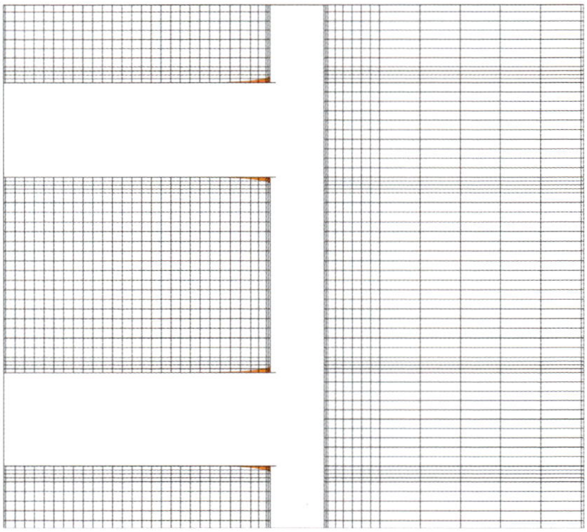

图 3.4.15　开挖后洞室群结构 B 可靠度指标小于 4.2 的区域

洞室群结构 B 可靠度指标小于 4.2 的区域非常小，仅出现在两洞室边墙交界的直角处，对洞室整体稳定性影响不大，洞室群结构 B 开挖后整体是安全稳定的。

3. 北山地下实验室洞室群结构 C 可靠度指标分布规律

图 3.4.16 为开挖后洞室群结构 C 可靠度指标。图 3.4.17 为开挖后洞室群结构 C 可靠度指标变化曲线。由图 3.4.16 和图 3.4.17 可以看出，洞室轴线方向的改变，对于洞室顶部与底部处的可靠度指标影响不大，但对洞室两侧边墙处的可靠度指标有显著影响。当洞室轴线与最大水平地应力方向斜交时，洞室两侧边墙处的可靠度指标不再对称，与洞室轴线垂直于最大水平地应力方向的洞室相比，其左右两侧边墙的扰动范围均显著增加。因此，建议对该洞室具体走向进行合理的调整。

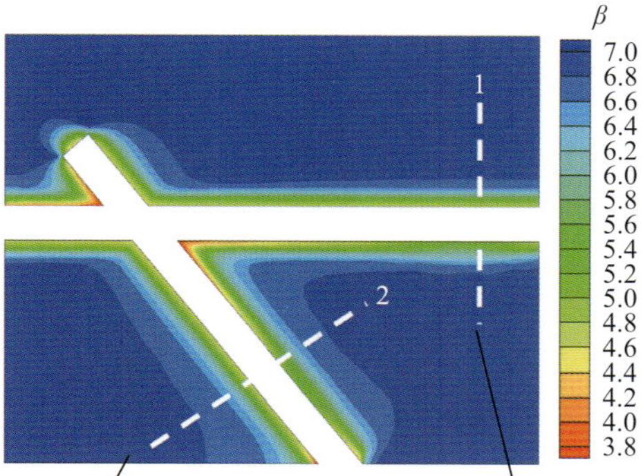

(a) 平截面可靠度指标分布云图

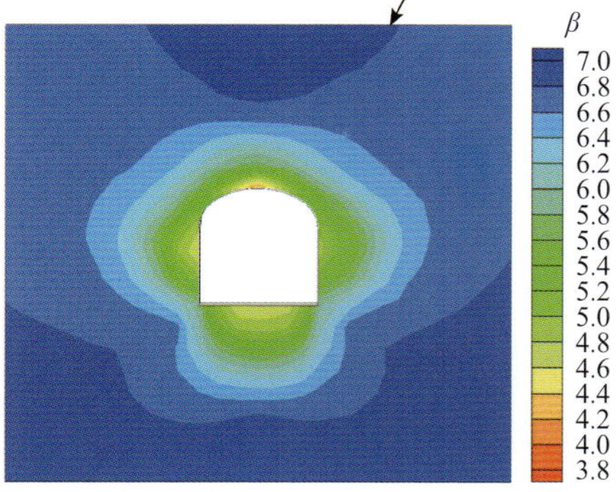

(b) 横截面1可靠度指标分布云图

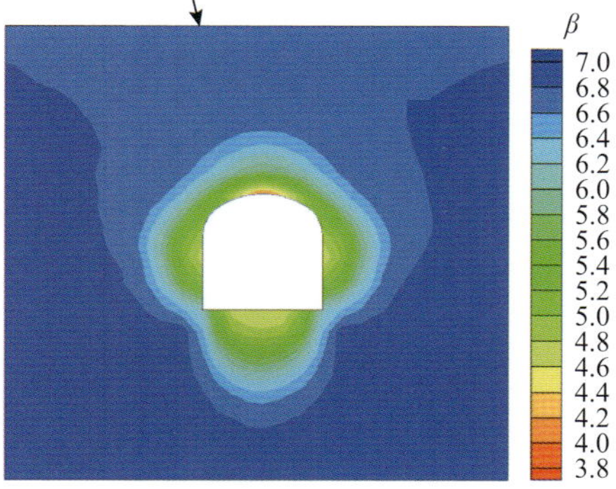

(c) 横截面2可靠度指标分布云图

图 3.4.16　开挖后洞室群结构 C 可靠度指标

图 3.4.18 为开挖后洞室群结构 C 可靠度指标分布云图。表 3.4.6 为开挖后洞室群结构 C 最小可靠度指标值及分布位置。由图 3.4.18 和表 3.4.6 可以看出，开挖后洞室群结构 C 在两洞室锐角交叉部位的最小可靠度指标仅为 3.81，要显

著小于洞室群结构 C 中其他部位处的可靠度指标，同时也小于表 3.4.3 和表 3.4.5 所示洞室群结构 A、B 中洞室直角相交部位处的可靠度指标，是三个洞室结构中最危险的部位。其原因在于：当洞室边墙交界处所成夹角越小时，开挖卸荷后产生的应力集中作用越强。因此，实际工程中应尽量避免洞室间小角度相交的情况出现。

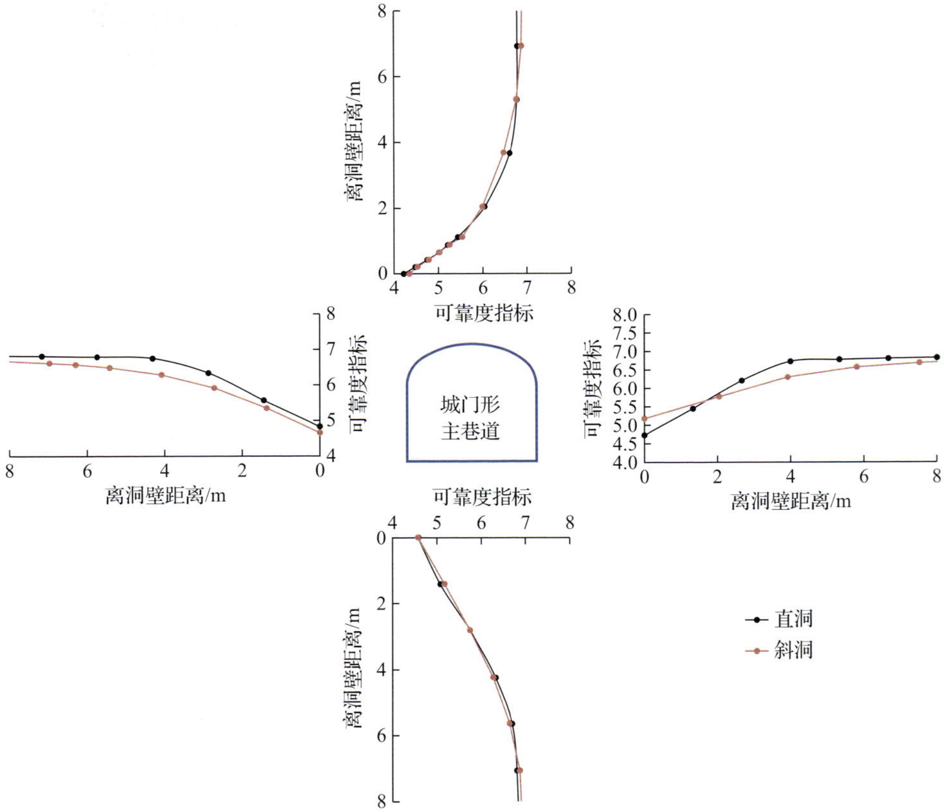

图 3.4.17　开挖后洞室群结构 C 可靠度指标变化曲线

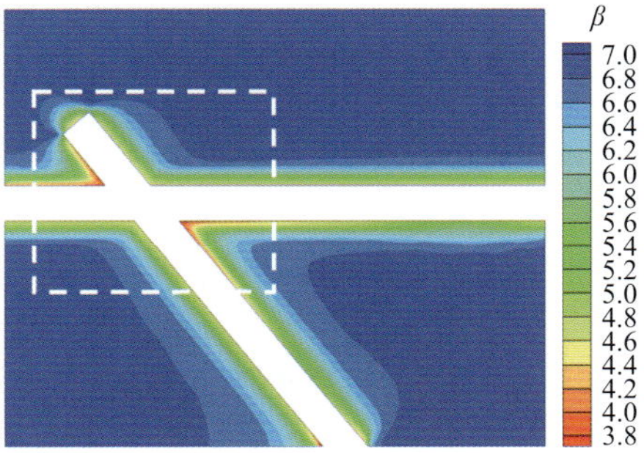

(a) 平截面可靠度指标分布云图

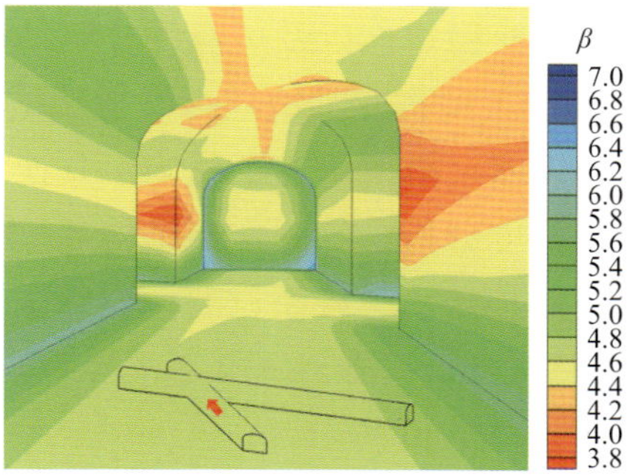

(b) 洞室交叉部位可靠度指标分布云图一

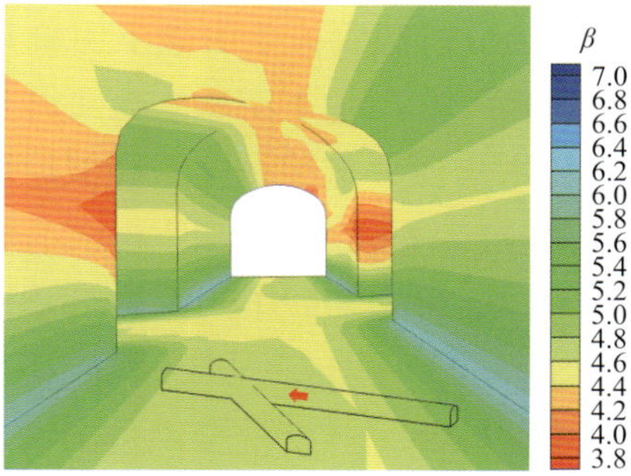

(c) 洞室交叉部位可靠度指标分布云图二

图 3.4.18　开挖后洞室群结构 C 可靠度指标分布云图

表 3.4.6　开挖后洞室群结构 C 最小可靠度指标值及分布位置

洞室群	相交洞室	相交部位	最小可靠度指标
C	主巷道(直)、主巷道(斜)	边墙拐角(钝角)	4.68
		边墙拐角(锐角)	3.81

为了解洞室交叉对洞室群结构 C 整体稳定性的影响，将洞室群结构 C 中洞室交叉部位可靠度指标小于 4.2 的区域提取出，如图 3.4.19 所示。可以看出，在洞室交叉部位，其可靠度指标小于 4.2 的区域较小，仅出现在两洞室边墙交界的锐角顶部，对洞室整体稳定性影响不大，建议在洞室施工开挖过程中，洞室交叉部位应避免采用小角度相交。

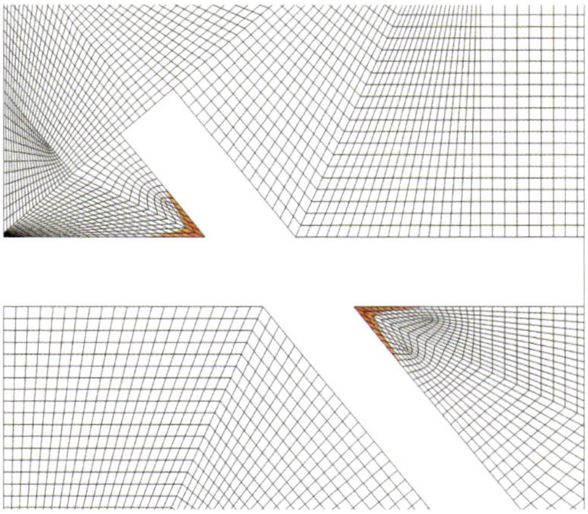

图 3.4.19　开挖后洞室群结构 C 可靠度指标小于 4.2 的区域

3.4.4　北山地下实验室施工开挖可靠度计算结果的模型试验验证

可靠度计算分析表明，北山地下实验室洞室结构施工开挖后整体上是安全稳定的。为分析和验证北山地下实验室施工开挖稳定性以及可靠度计算结果的可靠性，针对北山地下实验室施工开挖开展了大型真三维地质力学模型试验。

地质力学模型试验是根据相似原理，采用缩尺模型研究工程施工开挖和变形破坏过程的一种物理模拟方法。本节以可靠度分析中的洞室群结构 A、B、C 为研究对象，分别开展了洞群施工开挖真三维地质力学模型试验。模型试验几何相似比尺取为 1∶50，地质模型体尺寸为长 2.5m×宽 2.5m×厚 2m，对应的北山地下实验室施工开挖模型试验洞室布局如图 3.4.20 所示。

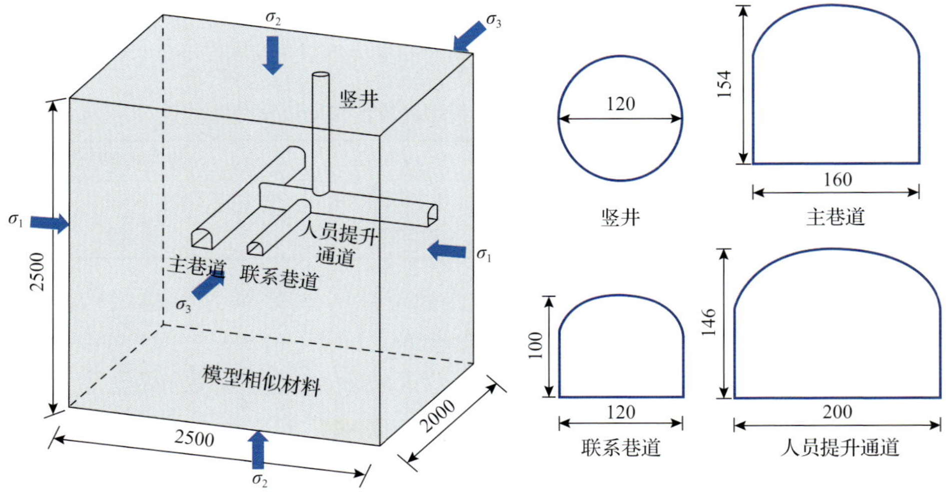

(a) 洞室群结构A模型布局

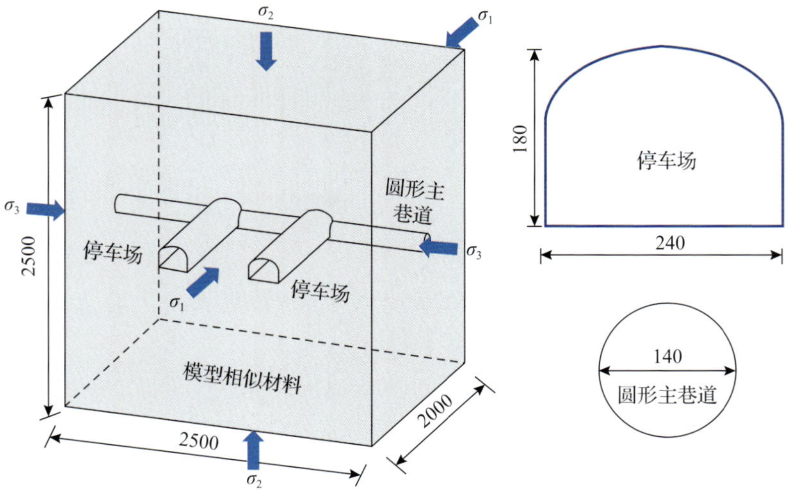

(b) 洞室群结构B模型布局

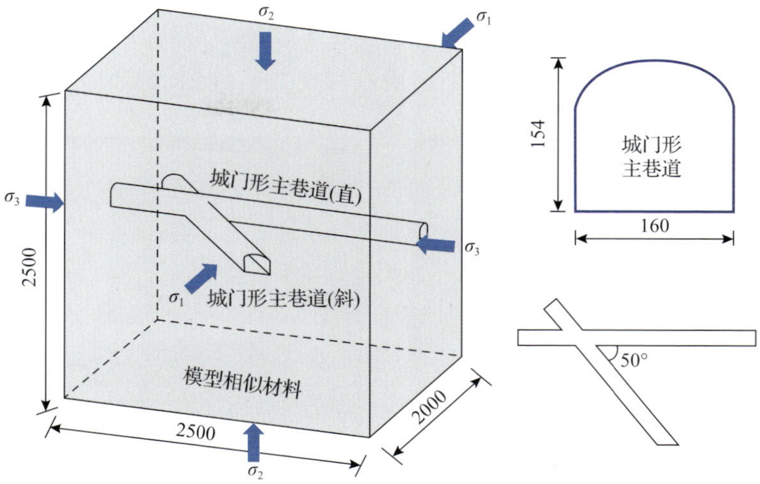

(c) 洞室群结构C模型布局

图 3.4.20　北山地下实验室施工开挖模型试验洞室布局(单位：mm)

模型体采用自主研发的铁-晶-砂胶结模型相似材料制作，该材料采用铁粉、重晶石粉、石英砂以及松香酒精溶液均匀拌合而成，通过调整各组成材料的配比即可有效模拟原岩物理力学性质。图 3.4.21 为试验模型体制作的主要过程。

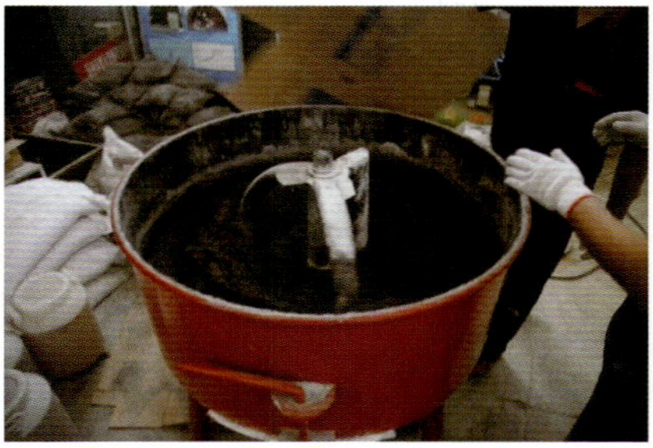

(a) 材料配制

(b) 均匀铺摊

(c) 分层压实

(d) 风干成型

图 3.4.21　试验模型体制作的主要过程

在模型体制作过程中，在模型体内埋设了微型多点位移计，通过位移数据采集系统自动测试开挖过程中模型洞周位移变化，如图 3.4.22 所示。

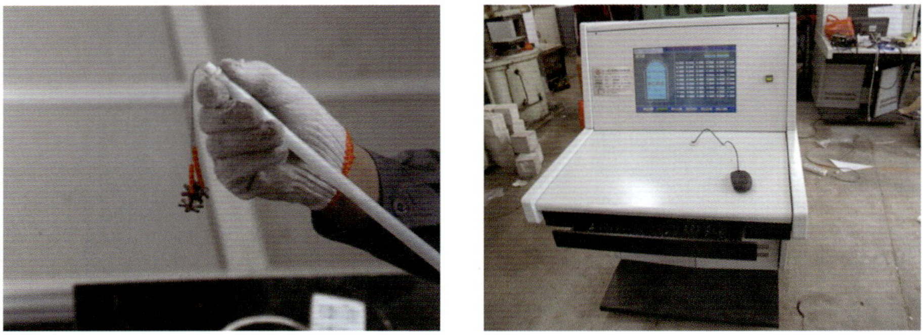

(a) 微型多点位移计　　(b) 位移数据自动采集系统

图 3.4.22　模型试验位移数据自动采集系统

模型体制作完成后，采用自主研制发明的智能数控超高压真三维非均匀加载与稳压模型试验系统[21]和模型试验微型自动开挖装置[22]进行模型试验初始地应力加载与模型洞室自动开挖，如图 3.4.23 所示。

(a) 模型初始地应力加载　　(b) 模型洞室自动开挖

图 3.4.23　模型试验初始地应力加载与模型洞室自动开挖

模型试验的总体过程是：首先，通过大型真三维地质力学模型试验系统在模型边界进行真三维初始地应力加载；然后，采用模型试验 TBM 开挖装置进行模型试验洞室的施工开挖，施工开挖过程中通过位移数据自动采集系统和高清摄像系统，实时观测记录洞室施工开挖与超载变形破坏规律。图 3.4.24 为北山地下实验室大型真三维地质力学模型试验照片。

对于北山地下实验室地质力学模型试验的详细过程可参考文献[23]和[24]。

(a) 正面照　　(b) 侧面照

图 3.4.24　北山地下实验室大型真三维地质力学模型试验照片

下面对地质力学模型试验结果进行分析。图 3.4.25 为模型洞室群结构 A、B、C 开挖完成后洞内照片。可以看出，洞室开挖完成后，洞壁各处规则，洞室结构完整，围岩未出现任何裂缝或破坏现象，洞室结构整体稳定。

图 3.4.26 为开挖后洞周位移变化曲线。表 3.4.7 为洞群开挖后洞周最大位移值。为真实反映原型状况，图 3.4.26 与表 3.4.7 中位移数据已根据相似准则由模型值换算成了原型值。由图 3.4.26 和表 3.4.7 可以看出，洞室开挖完成后，洞周围岩位移量值较小，洞壁部位最大位移量值仅 4mm，洞周位移随距洞壁距离的增加而逐渐减小，并趋于稳定。

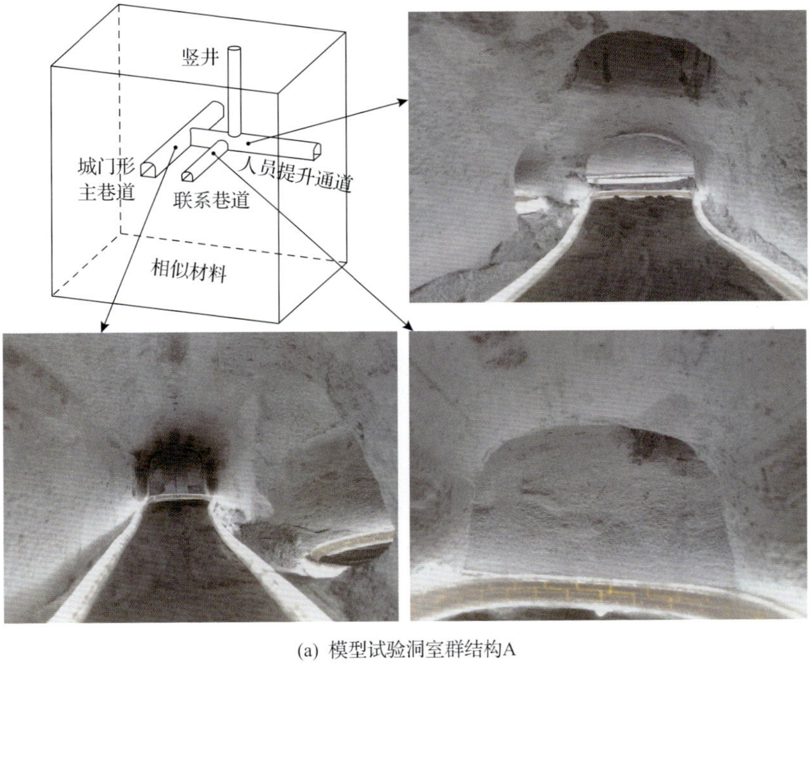

(a) 模型试验洞室群结构A

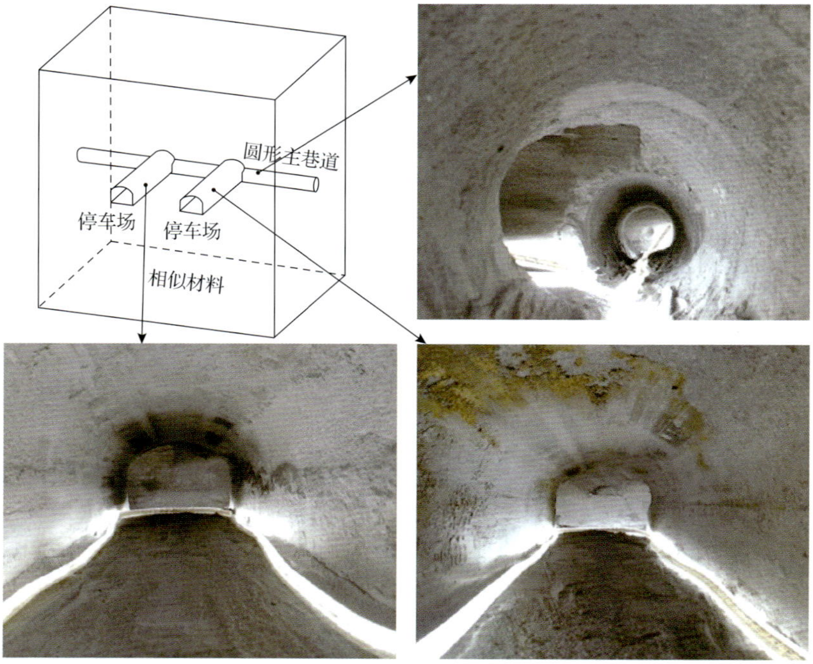

(b) 模型试验洞室群结构B

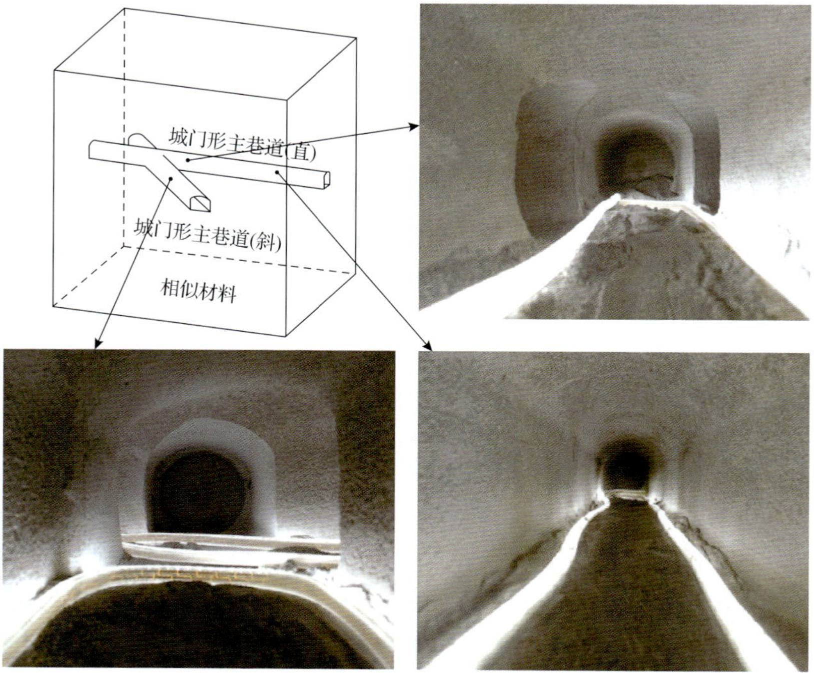

(c) 模型试验洞室群结构C

图 3.4.25　模型洞室群结构 A、B、C 开挖完成后洞内照片

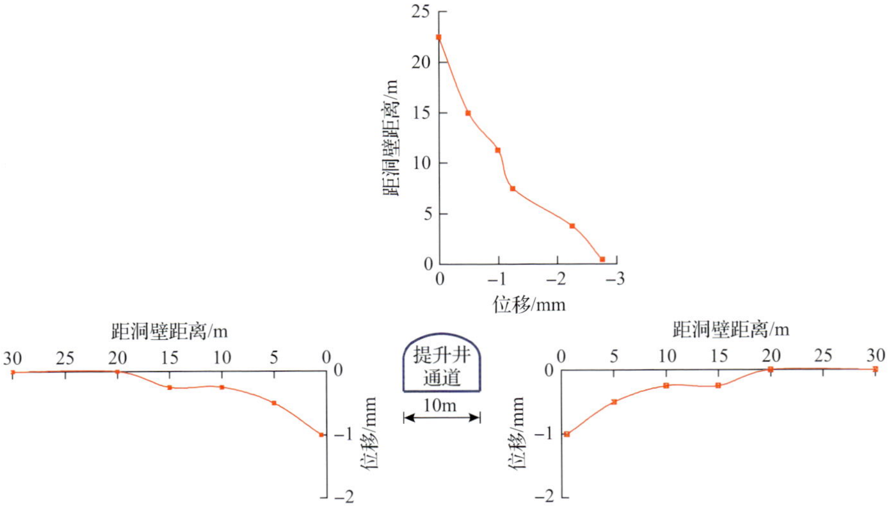

(a) 洞室群结构A提升井通道

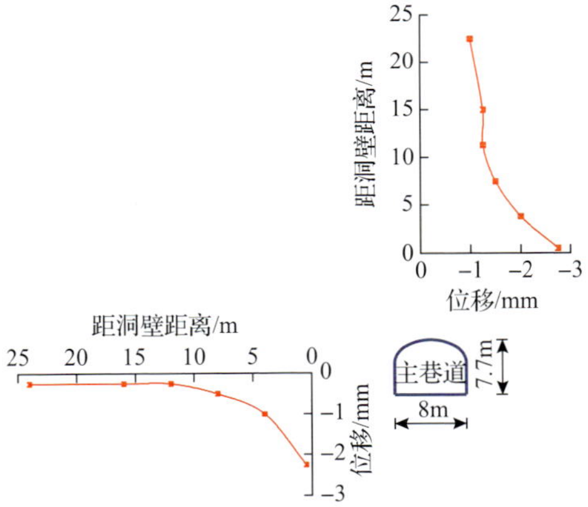

(b) 洞室群结构A主巷道

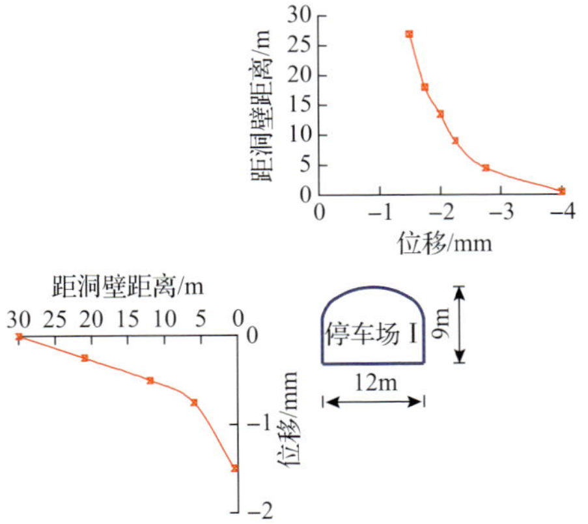

(c) 洞室群结构B停车场Ⅰ

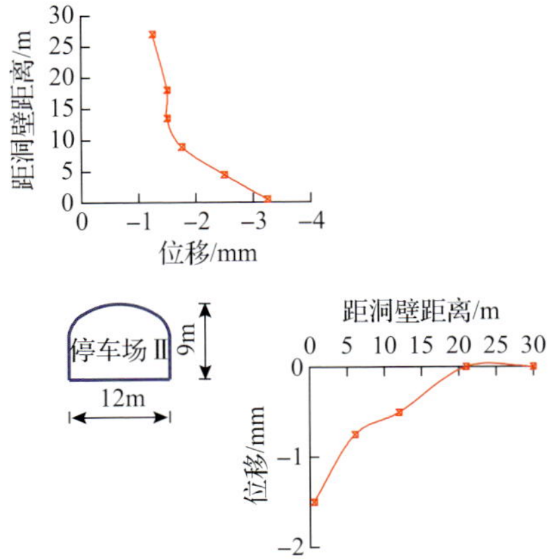

(d) 洞室群结构B停车场Ⅱ

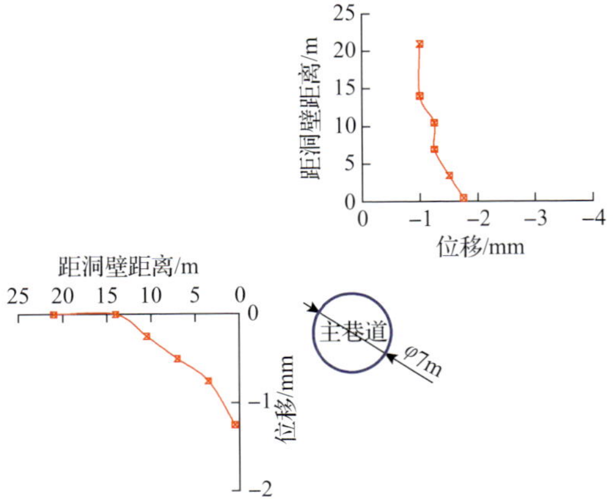

(e) 洞室群结构B主巷道

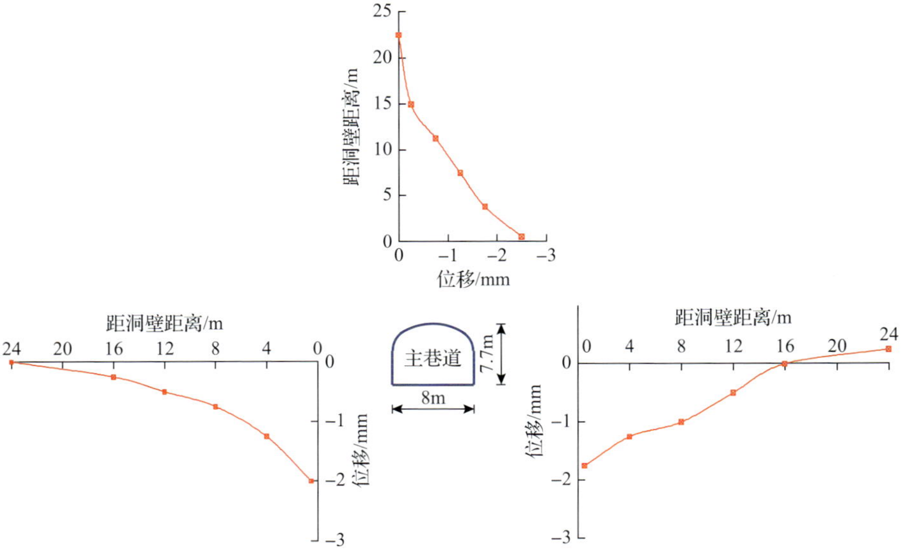

(f) 洞室群结构C主巷道

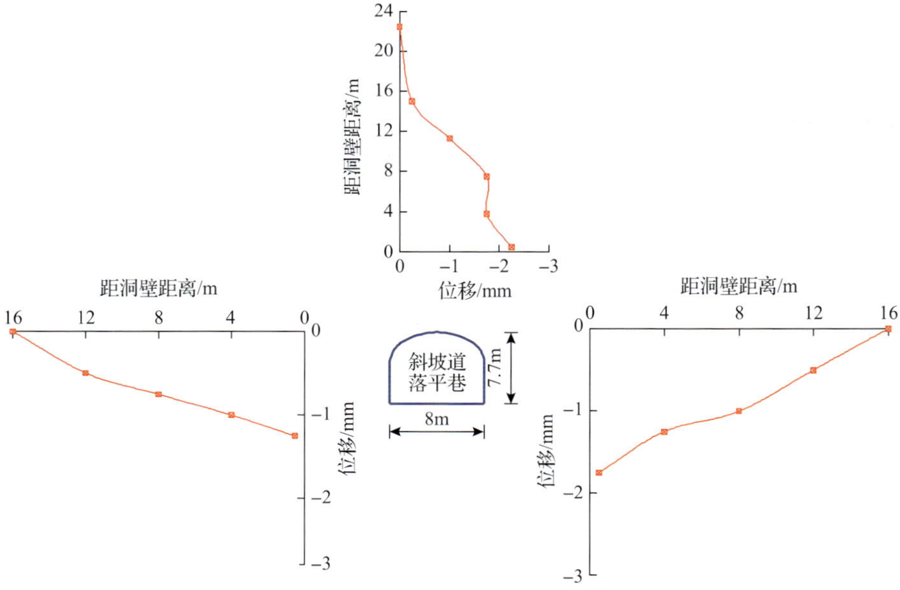

(g) 洞室群结构C斜坡道落平巷

图 3.4.26　开挖后洞周位移变化曲线

表 3.4.7　洞群开挖后洞周最大位移值

洞室结构	洞室	洞周最大位移值/mm
A	城门形主巷道	2.75
	人员提升通道	2.75

续表

洞室结构	洞室	洞周最大位移值/mm
B	停车场巷道	4.00
	圆形主巷道	1.75
C	城门形直主巷道	2.25
	城门形斜主巷道	2.50

通过三维地质力学模型试验开挖后洞内摄像可以看出，洞群开挖后，地下实验室洞壁没有任何裂缝和开裂现象出现，洞群结构整体安全稳定，该结论与前面可靠度计算分析结论一致，这也有效验证了可靠度计算方法与计算结果的可靠性。

3.5　本 章 小 结

本章以北山地下实验室为研究工程背景，建立了深部洞室结构可靠度分析方法，得到了北山地下实验室施工开挖过程中深部洞室结构可靠度指标的空间分布规律，据此提出了工程指导建议。本章得到以下结论：

(1) 建立了深部围岩力学参数的概率分布模型。研究表明：北山地下实验室深部围岩弹性模量服从极值 I 型分布，泊松比服从正态分布，黏聚力和内摩擦角则均服从对数正态分布，且围岩弹性模量与泊松比的相关系数为 0.24，围岩黏聚力与内摩擦角的负相关系数为–0.92。

(2) 提出了基于支持向量回归的深部洞室结构隐式功能函数显式化分析方法。构建了依据莫尔-库仑强度准则和极限拉应变准则的围岩隐式功能函数，通过拉丁超立方试验设计结合数值模拟，得到深部洞室隐式功能函数的高质量训练样本，通过支持向量回归构建了隐式功能函数的显式分析模型。在此过程中，为确保支持向量回归的建模精度与效率，提出了改进惯性权重的粒子群算法对支持向量回归中的回归参数赋值进行优化，最终实现对深部洞室结构隐式功能函数的快速显式分析。

(3) 提出了基于改进自适应重要抽样的深部洞室结构可靠度指标计算方法。首先，根据围岩力学参数概率分布模型，将支持向量回归方法构建的显式功能函数转换到独立标准正态空间；然后，采用马尔可夫链模拟方法得到功能函数失效域内的分布样本，在此过程中，提出了一种 n 维环状均匀分布函数作为改进的提议分布函数，有效改善了马尔可夫链模拟在功能函数失效域存在不连续区间时的适应性；最后，根据功能函数失效域内分布样本，通过核密度估计构建起逼近于理论最优模型的重要抽样密度函数，提高了重要抽样法的精度，从而有效计算得到深部洞室结构的可靠度指标。

(4) 根据建立的可靠度分析方法，开发编制了深部洞室结构可靠度指标计算程序，开展了工程应用，得到了北山地下实验室洞室施工开挖可靠度指标的空间分布规律。计算结果表明：①北山地下实验室施工开挖完成后，绝大部分区域的可靠度指标满足工程结构可靠性设计等级要求，北山地下实验室洞室结构整体安全稳定；②在北山地下实验室洞室交叉部位，特别是大断面洞室交叉部位以及洞室间呈小角度交叉部位，其可靠度指标较洞室非交叉部位显著下降，建议洞室交叉部位应避免出现锐角，并对洞室交叉部位进行系统喷锚网支护。

(5) 通过大型三维地质力学模型试验，有效验证了可靠度计算方法和计算结果的可靠性，为北山地下实验室总体建设方案的优化提供了指导。

参 考 文 献

[1] Deng D, Zhang L, Dong M, et al. Radioactive waste: A review. Water Environment Research, 2020, 92(10): 1818-1825.

[2] 张蕴. 双碳目标下我国核电发展趋势分析. 核科学与工程, 2021, 41(6): 1347-1351.

[3] 谢荣荣, 李峰, 朱杰, 等. 我国核电运行与退役产生放射性废物回顾与发展. 核安全, 2024, 23(3): 45-50.

[4] Wang J. On area-specific underground research laboratory for geological disposal of high-level radioactive waste in China. Journal of Rock Mechanics and Geotechnical Engineering, 2014, 6(2): 99-104.

[5] 王驹. 高水平放射性废物地质处置: 关键科学问题和相关进展. 科技导报, 2016, 34(15): 51-55.

[6] 王驹. 中国高放废物地质处置 21 世纪进展. 原子能科学技术, 2019, 53(10): 2072.

[7] Darda S A, Gabbar H A, Damideh V, et al. A comprehensive review on radioactive waste cycle from generation to disposal. Journal of Radioanalytical and Nuclear Chemistry, 2021, 329(1): 15-31.

[8] Wang J, Chen L, Su R, et al. The Beishan underground research laboratory for geological disposal of high-level radioactive waste in China: Planning, site selection, site characterization and in situ tests. Journal of Rock Mechanics and Geotechnical Engineering, 2018, 10(3): 411-435.

[9] 张岳. 深部地下实验室洞室结构可靠度分析方法与工程应用研究[博士学位论文]. 济南: 山东大学, 2022.

[10] 丁世飞, 齐丙娟, 谭红艳. 支持向量机理论与算法研究综述. 电子科技大学学报, 2011, 40(1): 2-10.

[11] 杨维, 李歧强. 粒子群优化算法综述. 中国工程科学, 2004, (5): 87-94.

[12] 李爱国, 覃征, 鲍复民, 等. 粒子群优化算法. 计算机工程与应用, 2002, (21): 1-3, 17.

[13] Liu J, Chen L, Wang C, et al. Characterizing the mechanical tensile behavior of Beishan granite with different experimental methods. International Journal of Rock Mechanics and Mining Sciences, 2014, 69: 50-58.

[14] Au S K, Beck J L. A new adaptive importance sampling scheme for reliability calculations. Structural Safety, 1999, 21(2): 135-158.

[15] 吕震宙, 冯元生. 重要抽样法误差的计算分析. 机械强度, 1995, (1): 25-28, 35.

[16] 曹艳梅, 李东伟, 张玉玉, 等. 基于贝叶斯理论及 MCMC-MH 算法推演地基土材料阻尼比的概率分布模型. 振动与冲击, 2021, 40(8): 216-222,277.

[17] 屈文建, 熊国经. 非参数密度估计法比较分析及应用. 沈阳农业大学学报, 2008, (4): 468-472.

[18] Sheather S J. An improved data-based algorithm for choosing the window width when estimating the density at a point. Computational Statistics & Data Analysis, 1986, 4(1): 61-65.

[19] Chang C C, Lin C J. LIBSVM: A library for support vector machines. ACM Transactions on Intelligent Systems and Technology, 2007, 2(27): 1-27.

[20] 中华人民共和国住房和城乡建设部, 中华人民共和国国家质量监督检验检疫总局. 工程结构可靠性设计统一标准(GB 50153—2008). 北京: 中国建筑工业出版社, 2008.

[21] 张强勇, 李术才, 刘传成, 等. 智能数控超高压真三维非均匀加载与稳压模型试验系统: 中国, 201780002869.1, 2018.

[22] 张强勇, 张振杰, 刘传成, 等. 物理模型试验不同洞型微小洞室的精确自动开挖装置: 中国, 201711173491.X, 2019.

[23] Zhang Q, Liu C, Duan K, et al. True three-dimensional geomechanical model tests for stability analysis of surrounding rock during the excavation of a deep underground laboratory. Rock Mechanics and Rock Engineering, 2020, 53(2): 517-537.

[24] Zhang Q Y, Zhang Y, Duan K, et al. Large-scale geo-mechanical model tests for the stability assessment of deep underground complex under true-triaxial stress. Tunnelling and Underground Space Technology, 2019, 83: 577-591.

第 4 章　多场耦合作用下大埋深隧洞围岩稳定性分析研究

4.1　引　言

在水利水电、交通运输和矿山工程等领域，越来越多的地下工程开始向深部发展，达到千米甚至数千米的深度。例如，我国的引大济湟工程隧洞埋深达 1028m，蓝家岩隧洞最大埋深达 1780m，引汉济渭秦岭隧洞的埋深达 2012m。大埋深地下隧洞时常受到高地应力和高渗压等复杂地质力学影响[1,2]，导致围岩具有特殊的非线性力学特性、渗透特性和破坏特征。

高渗透外水压力作为引水隧洞不可忽略的外在因素，时刻影响着深部隧洞施工安全和运行稳定。随着埋深的不断增加，大埋深隧洞的外水压力会高达十兆帕甚至几十兆帕。例如，歇马隧洞外水压力高达 20MPa，滇中引水工程香炉山隧洞面临 13.4MPa 的高外水压力，锦屏二级水电站引水隧洞存在 10.22MPa 的高外水压力。外水压力对隧洞的开挖、支护和运行安全有着非常不利的影响，其诱发的隧洞突水、突泥灾害和坍塌冒顶事故常常造成大量人员伤亡和经济损失[3-9]。因此，开展复杂环境多场耦合作用下深部隧洞围岩稳定性研究十分重要。

本章在第 3 章研究的基础上，针对滇中引水工程香炉山隧洞，开展了高地应力与高渗透外水压力耦合作用下大埋深隧洞围岩稳定性分析研究，研究成果为工程设计和施工方案优化提供了指导。

4.2　不同围压与渗压耦合作用下深部围岩渗流力学试验

深部隧洞所处的高地应力环境会改变围岩的渗透系数，从而影响围岩渗压分布，同时，渗压变化又会改变围岩应力场的分布状态，这是一个相互影响相互作用的过程。在低围压条件下，隧洞围岩满足线性莫尔-库仑强度准则，在高围压条件下，隧洞围岩不再满足线性莫尔-库仑强度准则，更加符合非线性的 Hoek-Brown 强度准则。对于围岩的渗流场，在低渗压条件下，隧洞围岩内的流体流动服从达西定律；在高渗压条件下，流体已经不服从线性渗流规律，而呈现出典型的非线性渗流特征，显然，高地应力和高渗压条件下深部隧洞围岩的稳定性分析方法与浅埋隧洞明显不同。

本节采用滇中引水工程香炉山隧洞深部围岩制作的标准试样，开展了不同围压和渗压耦合作用下的岩石渗流力学试验，阐明了在不同围压和渗压耦合作用下深部围岩的变形特征、渗透特性和强度破坏模式，揭示了深部围岩的非线性变形与强度破坏规律，建立了考虑渗压影响的非线性强度模型和围岩渗透系数变化的经验方程，为开展高渗压作用下深部隧洞围岩稳定性分析奠定了基础。

4.2.1　渗流力学试验过程

为研究不同围压和渗压耦合作用下深部围岩的渗流力学特性，作者课题组赴云南滇中引水工程现场进行了现场取样，获取了滇中引水工程香炉山隧洞的深部试样，如图 4.2.1 所示。香炉山隧洞围岩岩性以灰岩为主，试样中存在微裂纹和微裂隙。

图 4.2.1　深部试样

首先，将现场取回的试样加工成规格为 ϕ50mm×100mm 的标准圆柱体岩石试样。为了避免试样内部微裂隙或微裂纹对试验结果的影响，对试样进行了超声波波速测试，并选择波速值位于 4500～4650m/s 的岩石试样开展试验。

开展不同围压和渗压耦合作用下的岩石三轴压缩试验，首先需要设计试验方案。通过现场实测初始地应力反演获知原岩区域的最大水平主应力为 σ_H = 31.68MPa，最小水平主应力为 σ_h =19.54MPa，地下水头最高为 1000m。因此，对于制备好的岩石试样，设置了四种围压，分别是 11MPa、18MPa、25MPa 和 32MPa；三种渗压，分别是 2MPa、6MPa 和 10MPa，如表 4.2.1 所示。

图 4.2.2 为不同围压和渗压耦合作用下的岩石三轴压缩试验，岩石渗流力学试验在 MTS815 岩石力学试验机上进行，具体试验过程如下：

(1)采用透明热缩管包装试样，并安装轴向和环向引伸计，上、下端部采用不锈钢丝箍紧，防止试验中液压油浸入试样内部而影响试验结果。

(2)将包好的试样放入压力缸内，试样下端连接进水管，上端连接出水管。

(3)调节围压达到设定值并稳定一段时间，在试样进水端施加恒定渗压 P_w(保证试验过程中渗压始终小于围压)且稳定一段时间。

(4)渗压 P_w 稳定后，对试样施加轴向荷载直至试样破坏。

(5)实时记录各级轴力下试样的轴向和环向变形、渗压等试验数据，数据采集间隔为 1s。其中，试验中的轴压施加速率为 0.0005mm/s，围压施加速率为 0.5MPa/s，渗压采用位移控制，施加速率为 0.2mm/s。

(6)改变围压值和渗压值，重复步骤(1)～(5)，直至所有试样测试完成。

表 4.2.1　渗流力学试验方案

围压/MPa	渗压/MPa		
	P_{w1}	P_{w2}	P_{w3}
11	2	6	10
18	2	6	10
25	2	6	10
32	2	6	10

(a) 固定岩石试样　(b) 安装传感器　(c) 连接试验机　(d) 试验加载

图 4.2.2　不同围压和渗压耦合作用下的岩石三轴压缩试验

P_w.渗压；σ_1.轴压；σ_2.围压

4.2.2　渗流力学试验结果分析

1. 应力-应变曲线分析

图 4.2.3 为不同围压和渗压耦合作用下灰岩的应力-应变曲线。由图 4.2.3

分析可以看出：

(1) 不同围压和渗压耦合作用下灰岩应力-应变曲线可以分为五个阶段：初裂纹压密段、弹性变形段、非线性变形段、峰后软化段和残余稳定段。

(2) 围压和渗压对于岩石试样变形和强度的作用效果是不同的。曲线峰前段斜率受围压和渗压的影响比较显著，渗压越大该曲线斜率越小，说明渗压的增加可以增加变形能力，而围压的作用效果则相反。

(3) 应力-应变曲线具有明显的峰后软化段和残余段，围压和渗压显著影响围岩的变形能力，随着围压增加或渗压减小，岩石逐渐由脆性破坏向延性破坏转化。

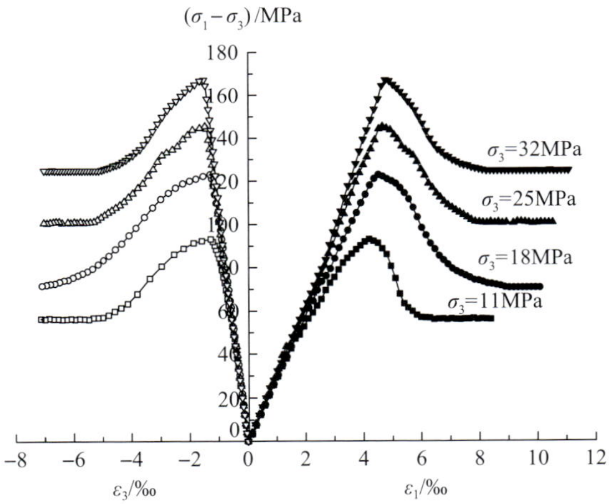

(a) 渗压 $P_w=2\text{MPa}$

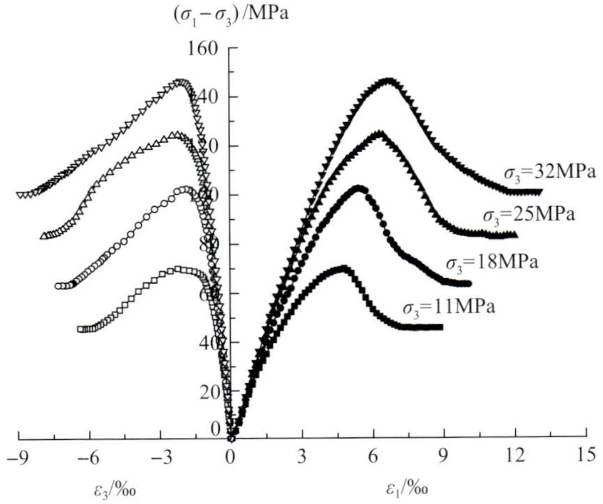

(b) 渗压 $P_w=6\text{MPa}$

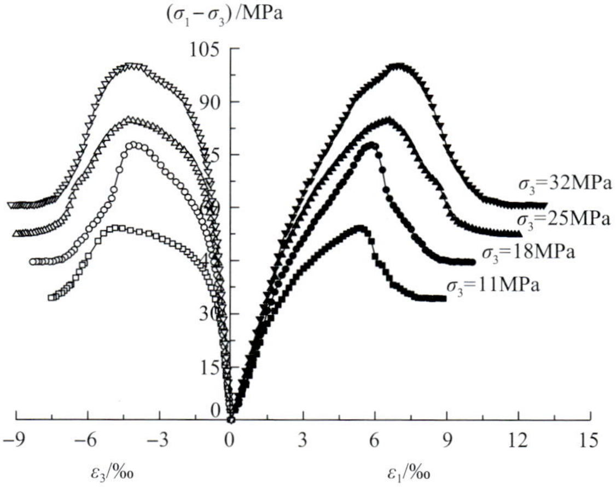

(c) 渗压 $P_w=10$MPa

图 4.2.3　不同围压和渗压耦合作用下灰岩应力-应变曲线

2. 围岩变形特征分析

三轴压缩试验中围岩的弹性模量和泊松比计算公式为

$$\begin{cases} E_e = \dfrac{\sigma_1 - 2\nu'\sigma_3}{\varepsilon_1} \\ \mu = \dfrac{\varepsilon_3}{\varepsilon_1} \\ \nu' = \dfrac{\mu\sigma_1 - \sigma_3}{(2\mu-1)\sigma_3 - \sigma_1} \end{cases} \tag{4.2.1}$$

式中，E_e 为弹性模量；σ_1 为轴向应力；σ_3 为围压；ε_1 为轴向应变；ε_3 为侧向应变；μ 为泊松比；ν' 为侧膨胀系数。

渗流压缩试验中围岩受到围压和渗压的耦合作用，因此将式(4.2.1)进行修正，计算有效应力条件下的弹性模量 E_e 和泊松比 μ，由此可以求得不同围压和渗压耦合作用下围岩的变形参数为

$$\begin{cases} E_e = \dfrac{(\sigma_1 - P_w) - 2\nu'(\sigma_3 - P_w)}{\varepsilon_1} \\ \mu = \dfrac{\varepsilon_3}{\varepsilon_1} \\ \nu' = \dfrac{\mu(\sigma_1 - P_w) - (\sigma_3 - P_w)}{(2\mu-1)(\sigma_1 - P_w) - (\sigma_3 - P_w)} \end{cases} \tag{4.2.2}$$

式中，P_w 为渗压。

表 4.2.2 为围岩的变形参数。由表 4.2.2 可以看出：

(1) 不同围压和渗压耦合作用下围岩的变形模量总是小于弹性模量。随着围压的增加，围岩的弹性模量和变形模量呈现出非线性增加的趋势；而随着渗压的增加，围岩的弹性模量和变形模量呈现出非线性减小趋势。

(2) 泊松比随着围压升高而略微减小，随着渗压的增加而略微增加。由此可知，围压和渗压对围岩的变形作用效果不同。

表 4.2.2　围岩的变形参数

渗压/MPa	围压/MPa	弹性模量/GPa	变形模量/GPa	泊松比
2	11	33.8	19.2	0.27
	18	38.4	27.1	0.27
	25	40.7	31.1	0.26
	32	42.3	35.0	0.26
6	11	28.7	14.5	0.28
	18	35.1	21.9	0.27
	25	38.5	27.7	0.27
	32	40.8	32.6	0.26
10	11	21.7	10.0	0.30
	18	30.5	18.3	0.29
	25	36.3	23.8	0.28
	32	38.9	29.2	0.28

图 4.2.4 为不同渗压下围压对围岩弹性模量和变形模量的影响曲线。

拟合得到：

(1) 渗压为 2MPa 时围岩弹性模量 E_e 与变形模量 E_d 的经验公式为

$$\begin{cases} E_e = \left[-0.015\left(\dfrac{\sigma_3}{\sigma_0}\right)^2 + 1.05\dfrac{\sigma_3}{\sigma_0} + 24.14\right]E_0 \\ E_d = \left[-0.020\left(\dfrac{\sigma_3}{\sigma_0}\right)^2 + 1.61\dfrac{\sigma_3}{\sigma_0} + 4.06\right]E_0 \end{cases} \tag{4.2.3}$$

(2) 渗压为 6MPa 时围岩弹性模量 E_e 与变形模量 E_d 的经验公式为

$$\begin{cases} E_e = \left[-0.022\left(\dfrac{\sigma_3}{\sigma_0}\right)^2 + 1.46\dfrac{\sigma_3}{\sigma_0} + 15.24\right]E_0 \\ E_d = \left[-0.013\left(\dfrac{\sigma_3}{\sigma_0}\right)^2 + 1.41\dfrac{\sigma_3}{\sigma_0} + 0.60\right]E_0 \end{cases} \tag{4.2.4}$$

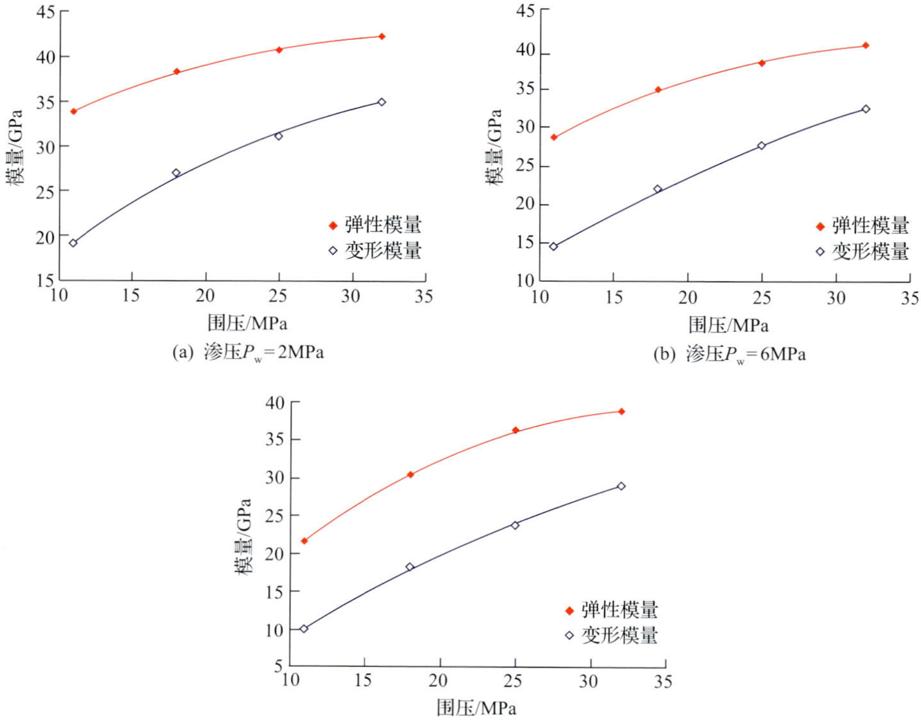

(a) 渗压P_w=2MPa　(b) 渗压P_w=6MPa　(c) 渗压P_w=10MPa

图 4.2.4　不同渗压下围压对围岩弹性模量和变形模量的影响曲线

(3)渗压为 10MPa 时围岩弹性模量 E_e 与变形模量 E_d 的经验公式为

$$\begin{cases} E_e = \left[-0.032\left(\dfrac{\sigma_3}{\sigma_0}\right)^2 + 2.17\dfrac{\sigma_3}{\sigma_0} + 1.59\right]E_0 \\ E_d = \left[-0.015\left(\dfrac{\sigma_3}{\sigma_0}\right)^2 + 1.54\dfrac{\sigma_3}{\sigma_0} - 5.02\right]E_0 \end{cases} \tag{4.2.5}$$

式中，E_e 和 E_d 分别为弹性模量和变形模量，为消除量纲间的不一致，这里 σ_0 = 1MPa；E_0 为单位模量，E_0=1GPa。

深部围岩的弹性模量和变形模量与围压的关系可以表示为

$$\begin{cases} E_e = \left[A_e\left(\dfrac{\sigma_3}{\sigma_0}\right)^2 + B_e\dfrac{\sigma_3}{\sigma_0} + C_e\right]E_0 \\ E_d = \left[A_d\left(\dfrac{\sigma_3}{\sigma_0}\right)^2 + B_d\dfrac{\sigma_3}{\sigma_0} + C_d\right]E_0 \end{cases} \tag{4.2.6}$$

式中，A_e、B_e、C_e分别为弹性模量系数；A_d、B_d、C_d分别为变形模量系数。

式(4.2.6)为不同渗压条件下深部围岩弹性模量和变形模量与围压的二次关系。为体现渗压对围岩弹性模量和变形模量的影响，将式(4.2.6)进行如下修正：

$$\begin{cases} E_e=\left[A_e\left(\dfrac{\sigma_3-P_w}{\sigma_0}\right)^2+B_e\dfrac{\sigma_3-P_w}{\sigma_0}+C_e\right]E_0 \\ E_d=\left[A_d\left(\dfrac{\sigma_3-P_w}{\sigma_0}\right)^2+B_d\dfrac{\sigma_3-P_w}{\sigma_0}+C_d\right]E_0 \end{cases} \tag{4.2.7}$$

根据表 4.2.2 和式(4.2.7)得到围岩模量随围压变化的拟合关系曲线(见图 4.2.5)，由此获得深部围岩弹性模量和变形模量与围压之间的关系表达式为[10]

$$\begin{cases} E_e=\left[-0.025\left(\dfrac{\sigma_3-P_w}{\sigma_0}\right)^2+1.39\left(\dfrac{\sigma_3-P_w}{\sigma_0}\right)+21.52\right]E_0 \\ E_d=\left[-0.013\left(\dfrac{\sigma_3-P_w}{\sigma_0}\right)^2+1.24\left(\dfrac{\sigma_3-P_w}{\sigma_0}\right)+8.91\right]E_0 \end{cases} \tag{4.2.8}$$

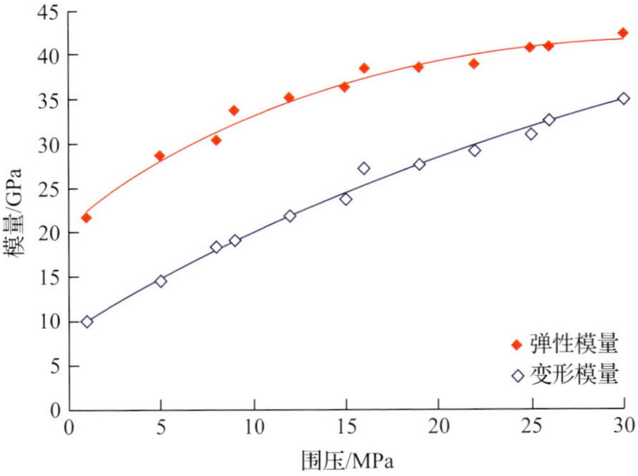

图 4.2.5　围岩模量随围压变化的拟合关系曲线

3. 围岩强度特征分析

通过试验得到不同围压和渗压耦合作用下的围岩强度，如表 4.2.3 所示。

表 4.2.3　不同围压和渗压耦合作用下的围岩强度

渗压/MPa	围压/MPa	峰值强度/MPa	残余强度/MPa
2	11	102.0	51.8
	18	138.7	89.5
	25	168.1	120.2
	32	197.1	153.1
6	11	74.4	33.2
	18	117.0	68.4
	25	148.1	102.3
	32	178.8	132.4
10	11	41.2	8.6
	18	90.0	46.4
	25	125.3	83.5
	32	157.3	115.3

由表 4.2.3 可以看出，围岩强度具有显著的非线性特征，围压的存在提高了围岩的承载能力，而渗压的存在降低了围岩的承载能力。通过分析发现，强度与应力之间的关系与 Hoek-Brown 强度准则较为一致，Hoek-Brown 强度准则表达式为[11]

$$\sigma_1 = \sigma_3 + \sigma_{ci}\left(m_b \frac{\sigma_3}{\sigma_{ci}} + s\right)^a \tag{4.2.9}$$

式中，σ_{ci} 为岩石单轴抗压强度；m_b、s、a 为经验参数。

但式(4.2.9)没有考虑渗压作用，为了体现渗压的影响将式(4.2.9)修正为

$$\sigma_1 - P_w = (\sigma_3 - P_w) + \sigma'_{ci}\left(m_b \frac{\sigma_3 - P_w}{\sigma'_{ci}} + s\right)^a \tag{4.2.10}$$

式中，σ'_{ci} 为饱和条件下的岩石单轴抗压强度。

因此，围岩峰值强度和残余强度与围压和渗压之间的关系为

$$\begin{cases} \sigma_p = (\sigma_3 - P_w) + \sigma'_{ci}\left(m_{bp} \dfrac{\sigma_3 - P_w}{\sigma'_{ci}} + s_p\right)^{a_p} \\ \sigma_r = (\sigma_3 - P_w) + \sigma'_{ci}\left(m_{br} \dfrac{\sigma_3 - P_w}{\sigma'_{ci}} + s_r\right)^{a_r} \end{cases} \tag{4.2.11}$$

式中，σ_p、σ_r 分别为围岩峰值强度和残余强度；m_{bp}、s_p、a_p 分别为围岩峰值强度参数；m_{br}、s_r、a_r 分别为围岩残余强度参数。

根据表 4.2.3 和式(4.2.11)得到围岩峰值强度和残余强度与围压之间的拟合关系曲线(见图 4.2.6)，由此获得深部灰岩强度与围压的关系表达式为

$$\begin{cases} \sigma_p = (\sigma_3 - P_w) + 39.2\left(0.42\dfrac{\sigma_3 - P_w}{\sigma_0} + 0.65\right)^{0.56} \\ \sigma_r = (\sigma_3 - P_w) + 39.2\left(0.13\dfrac{\sigma_3 - P_w}{\sigma_0} + 0.023\right)^{0.86} \end{cases} \tag{4.2.12}$$

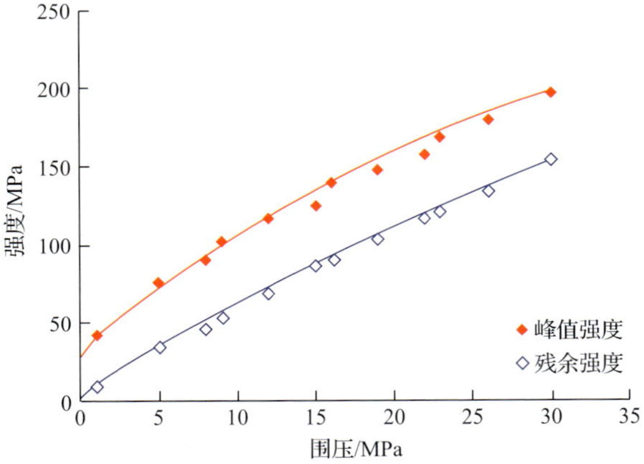

图 4.2.6　深部围岩强度随围压的变化的拟合关系曲线

4. 围岩渗透特征分析

围岩的渗透率随着加载过程逐渐发生变化，当围岩受力变形较小且流体流速较低时，黏滞力作用效果明显，可忽略惯性力作用，流体流动服从达西定律；但随着变形的增加，流体流速变大后，惯性力的作用效果也逐渐增加，这时达西定律不再适用，采用非达西渗流才可以揭示深部围岩渗透率随变形的演化规律。图 4.2.7 为不同围压和渗压耦合作用下围岩渗透率-应变曲线。

由图 4.2.7 可以看出：

(1) 不同渗压条件下围岩渗透率随轴向应变变化规律基本一致，围岩渗透率随着轴向应变变化而改变。

(2) 围岩渗透率-轴向应变曲线主要分为四个阶段：

①初始压密阶段。受力初期，围岩初始裂纹受压后闭合，使得围岩渗透率降低。

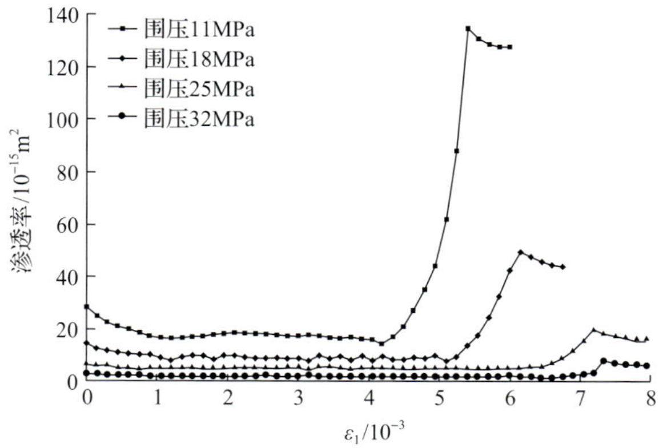

(a) 渗压 P_w=2MPa

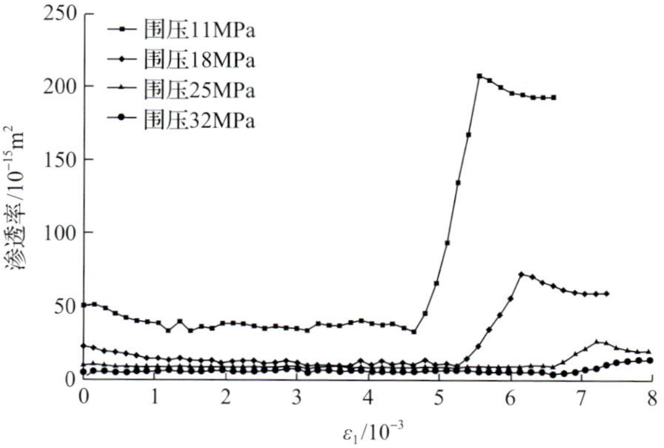

(b) 渗压 P_w=6MPa

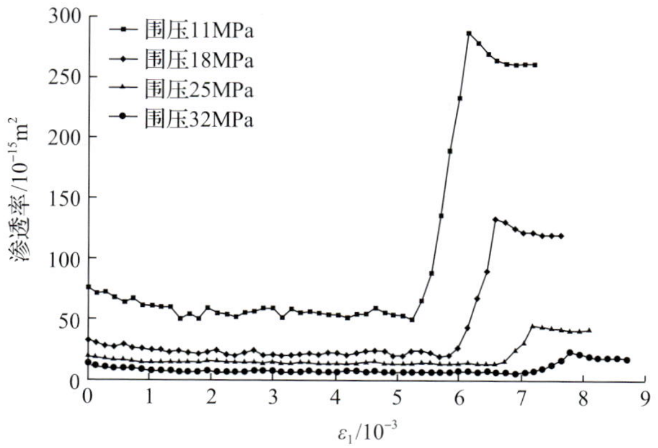

(c) 渗压 P_w=10MPa

图 4.2.7　不同围压和渗压耦合作用下围岩渗透率-应变曲线

②受力压密阶段。围岩继续受压力，产生变形使渗透率继续减小，但是减小程度较小，在围岩达到峰值强度时渗透率达到最低点。

③软化扩展阶段。围岩达到峰值强度后开始出现新的裂纹，导致渗透率急剧增加并达到峰值。

④残余稳定阶段。围岩内部裂纹发展达到稳定，渗透率也达到稳定值。

图 4.2.8 为围岩渗透率-应变曲线和应力-应变曲线。

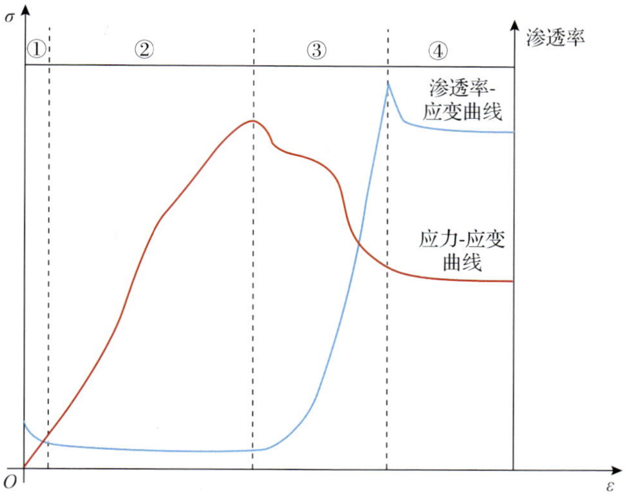

图 4.2.8　围岩渗透率-应变曲线和应力-应变曲线

5. 围岩试样破坏模式分析

不同围压和渗压耦合作用下，围岩试样外壁出现微裂纹，内部裂纹发展成破裂面导致试样发生破坏。围岩试样的宏观破裂模式如图 4.2.9 所示。

由图 4.2.9 分析可以看出：

(1) 围岩试样宏观破坏模式随围压和渗压的变化而变化，随着渗压的增加，试样破裂数量增加；反之，随着围压的增加，试样破裂数量减少。具体形式如下：

①当围压达到 11MPa、渗压达到 2MPa 时，围岩试样的破坏形式为剪切破坏，试样中存在一个倾斜的剪切破裂面（见图 4.2.9(a)）。随着渗压增加到 6MPa 和 10MPa，出现多个破裂面，如图 4.2.9(b) 和图 4.2.9(c) 所示。

②当围压达到 18MPa 时，在相同渗压条件下，宏观破裂面数量明显减少，如图 4.2.9(e) 和图 4.2.9(f) 所示。

③当围压达到 25MPa 时，在三种渗压作用下，围岩试样均有一个宏观破裂面出现，只有少量微裂纹出现（见图 4.2.9(i)），此时围压的约束变形能力大于渗压的增大变形能力。

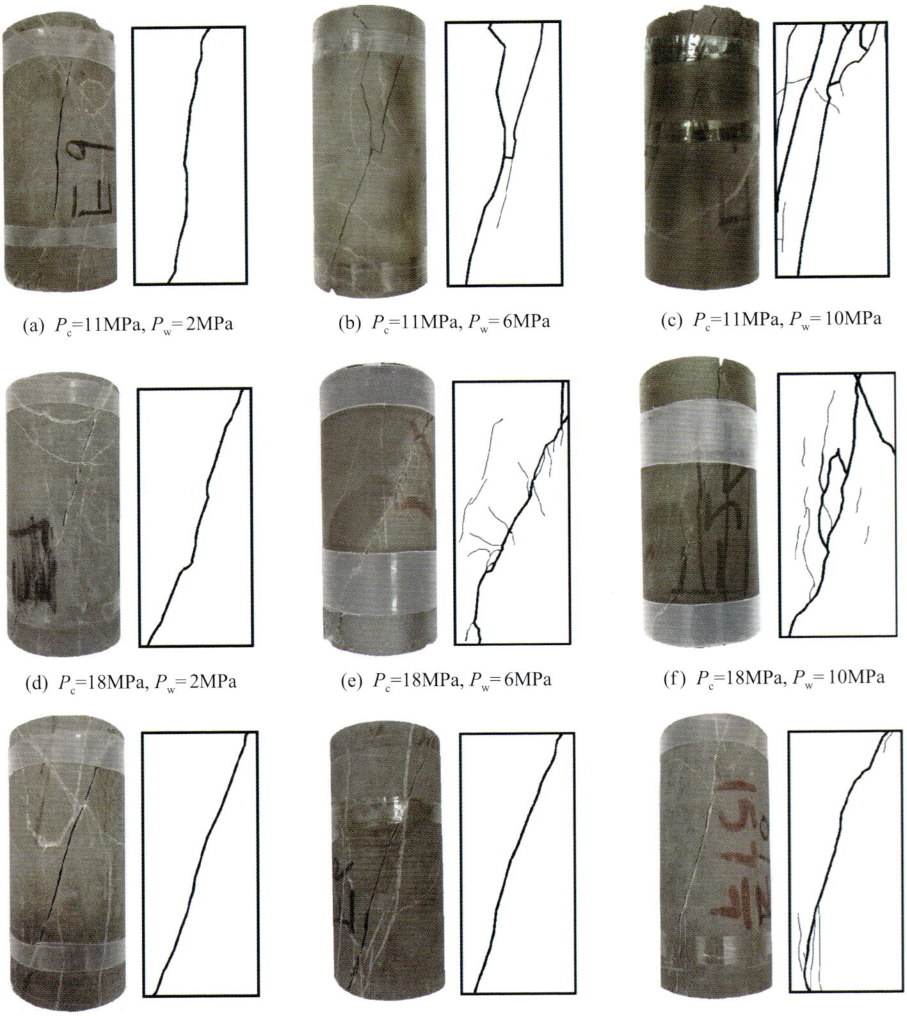

(a) P_c=11MPa, P_w=2MPa　(b) P_c=11MPa, P_w=6MPa　(c) P_c=11MPa, P_w=10MPa

(d) P_c=18MPa, P_w=2MPa　(e) P_c=18MPa, P_w=6MPa　(f) P_c=18MPa, P_w=10MPa

(g) P_c=25MPa, P_w=2MPa　(h) P_c=25MPa, P_w=6MPa　(i) P_c=25MPa, P_w=10MPa

图 4.2.9　围岩试样的宏观破裂模式

(2)随着渗压的增加，围岩破裂面倾角逐渐增加，并趋于垂直方向，且破裂面变得更加不规则和粗糙。随着渗压的增加，围压逐渐减小，围压对试样的约束作用减小，破坏模式趋向于拉伸破坏。而当围压的增加程度远大于渗压的增加程度时，试样的破裂模式仍以剪切滑移破坏为主。

(3)高围压和高渗压耦合作用下岩石的破坏模式与低围压和低渗压下的岩石破坏模式完全不同，高渗压对围岩产生了明显的劣化损伤作用。

4.2.3　考虑渗压影响的深部围岩非线性强度模型

不同围压和渗压耦合作用下的渗流力学试验发现：围岩受力破坏是一个渐进发展的过程，为方便数学计算且不失真实特性，将围岩应力-应变曲线进行简化[12-15]，如图 4.2.10 所示。

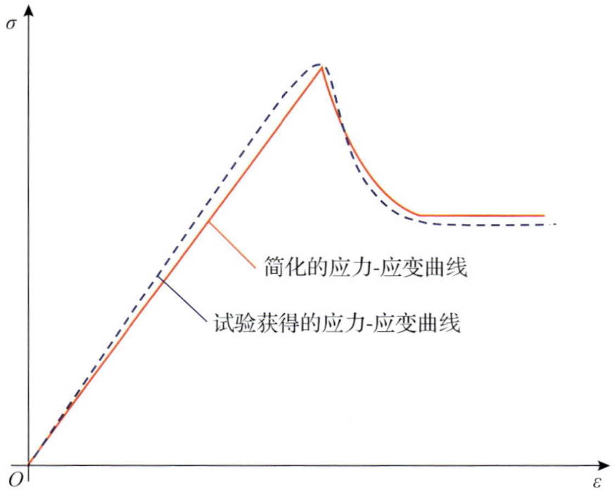

图 4.2.10　围岩应力-应变曲线

在高围压和高渗压的耦合作用下，围岩具有应变软化特性。通过对变形特征和强度特征的分析发现，Hoek-Brown 强度准则适合描述深部围岩的非线性强度特性，因此，基于 Hoek-Brown 强度准则建立如下考虑渗压作用的深部围岩非线性强度模型：

$$F=(\sigma_1-P_{\mathrm{w}})-(\sigma_3-P_{\mathrm{w}})-\sigma'_{ci}\left[m_{\mathrm{b}}(\zeta)\frac{\sigma_3-P_{\mathrm{w}}}{\sigma'_{ci}}+s(\zeta)\right]^{a(\zeta)}=0 \tag{4.2.13}$$

式中，$m_{\mathrm{b}}(\zeta)$、$s(\zeta)$ 和 $a(\zeta)$ 为强度参数；ζ 为强度参数变量。

确定围岩强度参数的方法有两种：一种是利用 GSI 强度指标作为强度参数变量；一种是选用最大主应变、等效塑性应变以及塑性剪应变等作为强度参数变量，通过试验建立强度参数与强度参数变量之间的关系。本节选用塑性剪应变作为强度参数变量[16]：

$$\eta=\frac{\varepsilon_1^{\mathrm{p}}-\varepsilon_3^{\mathrm{p}}}{\gamma_0^{\mathrm{p}}} \tag{4.2.14}$$

式中，η 为塑性剪应变；ε_1^p 为最大主应力方向上的塑性应变；ε_3^p 为最小主应力方向上的塑性应变；γ_0^p 为极限塑性剪应变。

取塑性剪应变 η 为 0、0.2、0.4、0.6、0.8 和 1 的峰后强度，如表 4.2.4 所示。围岩峰后强度随围压变化曲线如图 4.2.11 所示。

表 4.2.4　不同围压下的围岩峰后强度

η	不同围压下的围岩峰后强度/MPa											
	9	16	23	30	5	12	19	26	1	8	15	22
0	89.85	120.42	144.09	166.67	69.45	105.04	129.11	152.76	38.74	81.85	115.76	138.53
0.2	84.11	114.35	137.06	157.82	61.13	94.15	119.32	147.18	33.84	78.41	109.45	131.35
0.4	76.55	105.15	126.04	146.04	54.92	83.72	110.14	131.97	30.16	70.75	100.15	120.65
0.6	68.64	96.35	118.06	137.89	45.57	71.05	99.57	118.65	24.45	61.24	91.35	112.57
0.8	55.03	82.31	105.01	125.01	36.03	63.05	88.61	110.61	17.33	48.33	77.31	101.93
1	42.84	73.52	97.23	123.11	28.24	56.44	83.33	106.43	7.67	38.44	68.52	93.33

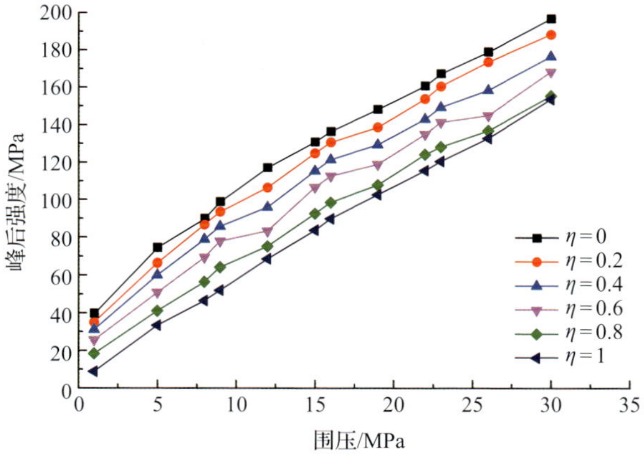

图 4.2.11　围岩峰后强度随围压变化曲线

由图 4.2.11 可以看出：

(1) 随着围压的增加，围岩峰后强度逐渐增加，并且围岩峰后强度与围压之间存在显著的非线性关系。

(2) 将不同塑性剪应变下的围岩强度和围压进行拟合，得到围岩峰后不同阶段强度参数值，如表 4.2.5 所示，绘出围岩峰后软化阶段强度参数变化曲线，如图 4.2.12 所示。

表 4.2.5　围岩峰后不同阶段强度参数

η	m_b	s	a
0	17.13	0.55	0.55
0.2	14.16	0.41	0.58
0.4	11.61	0.34	0.59
0.6	8.41	0.26	0.65
0.8	6.04	0.14	0.74
1	4.90	0.02	0.86

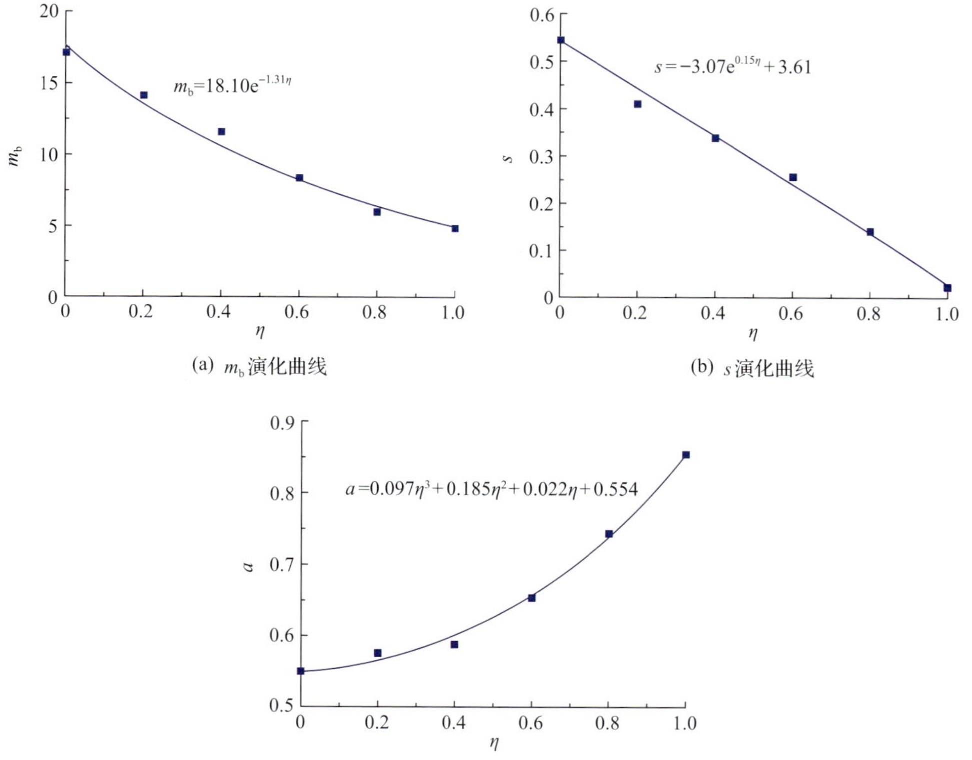

(a) m_b 演化曲线　(b) s 演化曲线

(c) a 演化曲线

图 4.2.12　围岩峰后软化阶段强度参数变化曲线

通过拟合可以得到深部围岩的非线性强度模型为[10]

$$
F = (\sigma_1 - P_w) - (\sigma_3 - P_w) - \sigma'_{ci}\left[18.10e^{-1.31\eta}\frac{\sigma_3 - P_w}{\sigma_{ci}} + \left(-3.07\,e^{0.15\eta} + 3.61\right)\right]^{0.097\eta^3+0.185\eta^2+0.022\eta+0.554} = 0 \tag{4.2.15}
$$

图 4.2.13 为围岩渗透系数简化模型。可以看出，围岩渗透系数随轴向应变的变化规律可简化为三个阶段：

(1)初始稳定阶段：围岩发生弹性变形，但变形较小，渗透系数设为定值，即 $k=A$。

(2)峰后增大阶段：围岩发生塑性变形，渗透系数增加并达到峰值，即 $k=f(\eta)$。

(3)残余稳定阶段：围岩渗透系数达到稳定，不再变化，即 $k=B$。

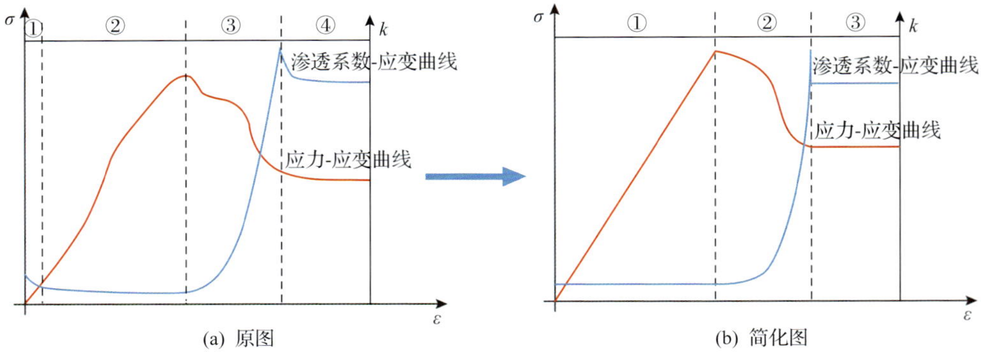

图 4.2.13　围岩渗透系数简化模型

深部围岩的渗透系数 k 可以表示为

$$k=\begin{cases}A, & \text{初始稳定阶段}\\ f(\eta), & \text{峰后增大阶段}\\ B, & \text{残余稳定阶段}\end{cases} \tag{4.2.16}$$

式中，A、B 分别为初始稳定阶段和残余稳定阶段的围岩渗透系数定值；η 为塑性剪应变。

根据渗流力学试验结果，可以得到围岩渗透系数与塑性剪应变的关系曲线，如图 4.2.14 所示。

由图 4.2.14 分析可以看出，围岩渗透系数随塑性剪应变 η 呈现指数增加，由此可以构建出深部围岩渗透系数的经验方程，即

$$k=\begin{cases}(2\sim4)\times10^{-8}, & \text{初始稳定阶段}\\ 3.3\mathrm{e}^{1.5\eta}\times10^{-8}, & \text{峰后增大阶段}\\ (11\sim15)\times10^{-8}, & \text{残余稳定阶段}\end{cases} \tag{4.2.17}$$

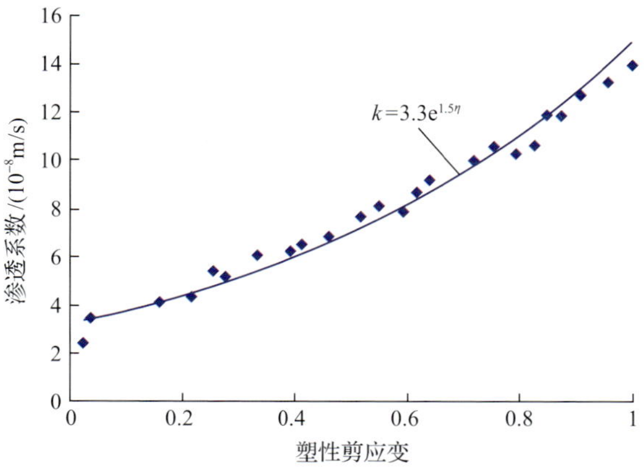

图 4.2.14　围岩渗透系数与塑性剪应变的关系曲线

4.3　深部围岩高应力与非达西渗流耦合力学模型

4.2 节研究了深部围岩的非线性变形、强度和渗流特性，建立了考虑渗压作用的深部围岩非线性强度模型和围岩渗透系数经验方程。文献[17]通过高外水压力下深埋隧洞施工开挖与衬砌支护流固耦合真三维物理模拟试验，真实模拟了隧洞的施工过程，发现隧洞围岩的位移、应力和渗压在空间上呈现非线性分布，渗压可以影响围岩的变形从而改变其渗透系数，再导致渗流场发生变化，即渗流场和应力场相互影响相互作用。本节在此基础上，通过理论研究建立了考虑渗透系数变化的深部围岩高应力与非达西渗流耦合力学模型，该模型考虑了围岩变形导致的渗透系数变化以及高渗压下的非达西渗流运动，揭示了大埋深隧洞在高地应力和高渗压耦合作用下围岩的非线性变形与外水压力分布规律。

4.3.1　深部隧洞衬砌外水压力分析方法

1. 非达西渗流运动

在水力学中，当流体的流速与水力梯度成正比关系时，这样的水流属于层流流态，可用达西定律进行描述；但是当流体流速增加后，水流就会从层流流态进入到紊流流态，此时流体的流速与水力梯度不再是正比的线性关系，这时达西定律不再适用。可见达西定律是有适用范围的，当流体运动的雷诺数 Re 在 1～10 时，流体运动才服从达西定律。

对于大埋深隧洞，其处于高地应力和高渗压的复杂环境条件下，加之受到隧洞开挖扰动影响，导致地下水沿着弯曲复杂的路径流动，在流动过程中流体的流速、加速度和流动方向都会不断发生变化，导致流体流动不再服从达西定律，此时水力梯度与流体流速不再是线性关系。

对于非达西渗流，通用的流体运动方程主要有指数形式和福熙海麦方程表达式。

1）指数形式

$$v = K_s J^{\frac{1}{m}} \tag{4.3.1}$$

式中，K_s 为流体参数；m 为流体指数；v 为流体流速。

式(4.3.1)在形式上比较简单，但缺少理论依据，不具备通用性和说服力。

2）福熙海麦方程

$$J = av + bv^2 \tag{4.3.2}$$

式中，a、b 为经验参数；J 为水力梯度；v 为流体流速。

式(4.3.2)可以表示为微分形式：

$$\frac{\mathrm{d}P}{\mathrm{d}R} = \frac{\zeta'}{k'}v + \beta\rho v^2 \tag{4.3.3}$$

式中，k' 为岩体的渗透率；P 为流体渗压；R 为渗流方向半径；ζ' 为流体的动力黏滞系数；ρ 为流体密度；β 为非达西渗流影响系数，主要与多孔介质的结构和流体性质有关。

由式(4.3.3)分析可知，福熙海麦方程中的参数都有明确的物理意义，因此本节对于高外水压作用下大埋深隧洞多场耦合分析中服从达西定律的区域采用达西定律进行分析，而对于流体高速流动的区域则采用福熙海麦方程进行分析。

2. 深部隧洞衬砌渗压分析方法

对于深部隧洞，衬砌所受渗压包括内部渗压和外部渗压两部分，内部渗压是指隧洞内部水体对衬砌内壁产生的压力，而外部渗压是指作用于隧洞衬砌外壁的外水压力。对于无压隧洞，只有内水自身重力对衬砌内壁产生压力，相比于外部渗压而言，内部渗压可以忽略不计。

深部隧洞的衬砌设计都是可渗透设计，衬砌材料都具有一定渗透性，在承受渗压作用时，水流可以在衬砌内渗透，地下水压力以渗透体积力的形式作用于围岩和衬砌。

深部隧洞主要采取“堵水限排”的支护设计原则，但是地下水在围岩中的渗流特征不清楚，不能有效指导深部隧洞的支护设计。目前对于衬砌外部渗压的分析方法主要有折减系数法[18-20]、数值解析法[21,22]和渗流理论分析法[23,24]。而实际工程多采用折减系数法，在《水工隧洞设计规范》(SL 279—2016) 规定[25]：洞壁干燥或潮湿隧洞的渗压折减系数取 0～0.2；沿结构面有渗水或滴水隧洞的渗压折减系数取 0.1～0.4，沿结构面有大量滴水隧洞的渗压折减系数取 0.25～0.6；沿软弱结构面有少量涌水隧洞的渗压折减系数取 0.4～0.8；大量涌水的隧洞渗压折减系数取 0.65～1。

作用在隧洞衬砌结构外表面上的渗压为

$$P = \alpha\gamma H \tag{4.3.4}$$

式中，P 为衬砌外表面所受渗压；α 为外水压力折减系数；H 为地下水位线至隧洞中心线的水头。

但是，对于实际地下隧洞而言，地下水渗流作用于衬砌的渗压往往不等于式(4.3.4)的计算结果。对于不同的工程、不同的岩体、不同的地质条件和应力条件，折减系数也是不统一的。由模型试验结果可知，隧洞围岩的渗压在空间呈现非线性分布[17]。因此，必须从理论上研究渗压与围岩和衬砌的相互作用机制，这样才能合理优化隧洞支护设计。

4.3.2　高应力与非达西渗流耦合力学模型构建

1. 厚壁圆筒理论模型

对于深部隧洞在渗流场和应力场耦合作用下的力学分析模型，主要是将隧洞、衬砌和围岩简化为双层厚壁圆筒模型(见图 4.3.1)进行分析，在无限大均质弹性体内有一圆形隧洞，将隧洞围岩和衬砌假设为各向同性均质弹塑性介质，基于达西定律和莫尔-库仑强度准则，可以得到轴对称条件下深埋隧洞的弹塑性应力解与塑性区解析解。

目前，对于大埋深隧洞围岩大多采用弹塑性模型来研究厚壁圆筒的稳定性。但是，由 4.2 节力学试验可知，Hoek-Brown 强度准则可以更好地描述深部隧洞围岩的非线性变形与强度特性。由于隧洞渗压在空间上呈现非线性分布特征，围岩渗透系数随着受力变形发生变化，围岩变形与渗压相互影响，因此，应该建立一种考虑渗透系数变化的高应力与非达西渗流耦合模型来分析深部隧洞围岩的稳定性。

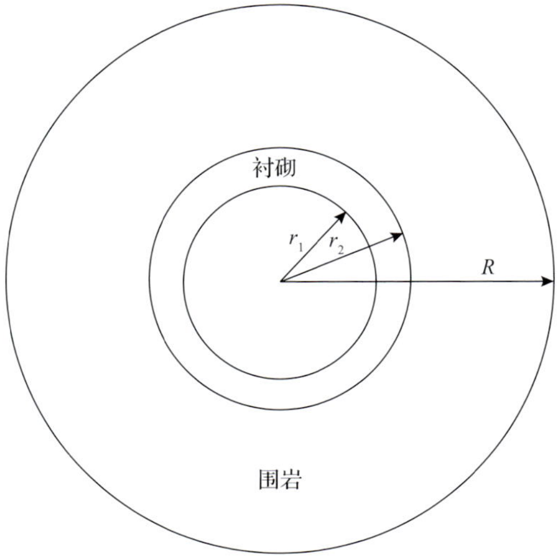

图 4.3.1　双层厚壁圆筒模型

r_1.衬砌内径；r_2.衬砌外径；R.围岩的稳定半径

2. 高应力与非达西渗流耦合力学模型

以一半无限含水层中圆形截面隧洞为例(见图 4.3.2)，计算中流体不可压缩。考虑到流固耦合影响，其计算分为力场计算和流场计算，力场受到流场影响，流场也受到力场影响，两者相互耦合作用。力场计算时，将围岩受力变化分为弹性区、软化区和残余区；流场计算时，围岩的渗透系数受到力场的影响，渗透系数随着围岩的变形而发生变化。

1) 流场计算

围岩内的水流会沿着径向流入隧洞，流体的连续渗流微分方程可以写成

$$\frac{d^2 P_w}{dr^2}+\frac{1}{r}\frac{dP_w}{dr}=0 \tag{4.3.5}$$

解得此方程的通解为

$$P_w(r)=C_1\ln r+C_2 \tag{4.3.6}$$

式中，$P_w(r)$ 为径向距离 r 处的渗压；C_1、C_2 为常数。

设在边界 r_i、r_o、r_r、r_e、R 处的渗压值分别为 P_{wi}、P_{wo}、P_{wr}、P_{we}、P_{wR}。

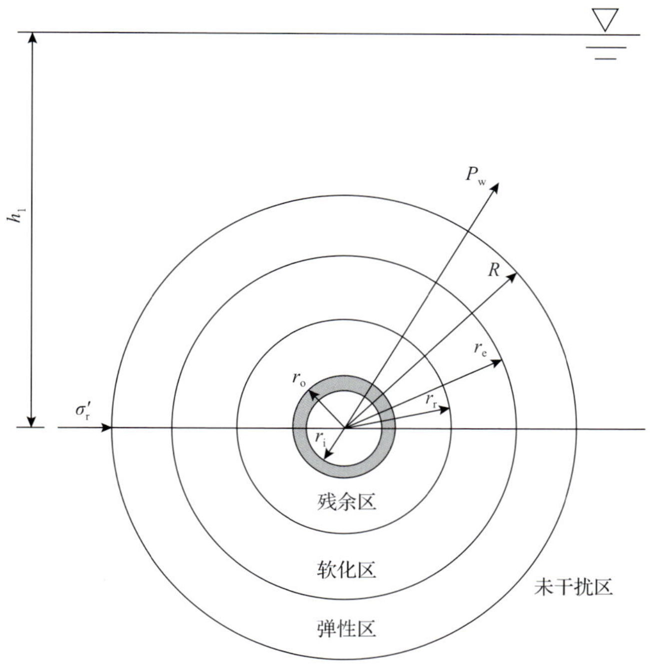

图 4.3.2　圆形隧洞计算模型

h_1.静水头；P_w.研究点的渗压值；r_i.隧洞衬砌的内径；r_o.隧洞衬砌的外径；r_r.隧洞残余区的半径；r_e.隧洞软化区的半径；R.隧洞弹性区的半径；σ_r'.有效径向应力

(1) 在衬砌内（$r_i \leqslant r < r_o$），衬砌内壁和外壁处的渗压分别为

$$\begin{cases} P_{wi} = C_1 \ln r_i + C_2 \\ P_{wo} = C_1 \ln r_o + C_2 \end{cases} \tag{4.3.7}$$

解得

$$\begin{cases} C_1 = \dfrac{P_{wo} - P_{wi}}{\ln \dfrac{r_0}{r_i}} \\ C_2 = \dfrac{P_{wi} \ln r_o - P_{wo} \ln r_i}{\ln \dfrac{r_o}{r_i}} \end{cases} \tag{4.3.8}$$

在衬砌内的任意一点的渗压值，可以表示为

$$P_{\mathrm{w}}=\frac{P_{\mathrm{wo}}-P_{\mathrm{wi}}}{\ln\dfrac{r_{\mathrm{o}}}{r_{\mathrm{i}}}}\ln r+\frac{P_{\mathrm{wi}}\ln r_{\mathrm{o}}-P_{\mathrm{wo}}\ln r_{\mathrm{i}}}{\ln\dfrac{r_{\mathrm{o}}}{r_{\mathrm{i}}}}=\frac{P_{\mathrm{wi}}\ln\dfrac{r_{\mathrm{o}}}{r}+P_{\mathrm{wo}}\ln\dfrac{r}{r_{\mathrm{i}}}}{\ln\dfrac{r_{\mathrm{o}}}{r_{\mathrm{i}}}} \tag{4.3.9}$$

(2) 在残余区内（$r_{\mathrm{o}}\leqslant r<r_{\mathrm{r}}$），残余区内外边界处的渗压分别为

$$\begin{cases}P_{\mathrm{wo}}=C_3\ln r_{\mathrm{o}}+C_4\\ P_{\mathrm{wr}}=C_3\ln r_{\mathrm{r}}+C_4\end{cases} \tag{4.3.10}$$

解得

$$\begin{cases}C_3=\dfrac{P_{\mathrm{wr}}-P_{\mathrm{wo}}}{\ln\dfrac{r_{\mathrm{r}}}{r_{\mathrm{o}}}}\\ C_4=\dfrac{P_{\mathrm{wo}}\ln r_{\mathrm{r}}-P_{\mathrm{wr}}\ln r_{\mathrm{o}}}{\ln\dfrac{r_{\mathrm{r}}}{r_{\mathrm{o}}}}\end{cases} \tag{4.3.11}$$

在残余区内的任意一点的渗压可以表示为

$$P_{\mathrm{w}}=\frac{P_{\mathrm{wr}}-P_{\mathrm{wo}}}{\ln\dfrac{r_{\mathrm{r}}}{r_{\mathrm{o}}}}\ln r+\frac{P_{\mathrm{wo}}\ln r_{\mathrm{r}}-P_{\mathrm{wr}}\ln r_{\mathrm{o}}}{\ln\dfrac{r_{\mathrm{r}}}{r_{\mathrm{o}}}}=\frac{P_{\mathrm{wo}}\ln\dfrac{r_{\mathrm{r}}}{r}+P_{\mathrm{wr}}\ln\dfrac{r}{r_{\mathrm{o}}}}{\ln\dfrac{r_{\mathrm{r}}}{r_{\mathrm{o}}}} \tag{4.3.12}$$

(3) 同理可以求得软化区（$r_{\mathrm{r}}\leqslant r<r_{\mathrm{e}}$）内的任意一点的渗压可以表示为

$$P_{\mathrm{w}}=\frac{P_{\mathrm{we}}-P_{\mathrm{wr}}}{\ln\dfrac{r_{\mathrm{e}}}{r_{\mathrm{r}}}}\ln r+\frac{P_{\mathrm{wr}}\ln r_{\mathrm{e}}-P_{\mathrm{we}}\ln r_{\mathrm{r}}}{\ln\dfrac{r_{\mathrm{e}}}{r_{\mathrm{r}}}}=\frac{P_{\mathrm{wr}}\ln\dfrac{r_{\mathrm{e}}}{r}+P_{\mathrm{we}}\ln\dfrac{r}{r_{\mathrm{r}}}}{\ln\dfrac{r_{\mathrm{e}}}{r_{\mathrm{r}}}} \tag{4.3.13}$$

(4) 弹性区内（$r_{\mathrm{e}}\leqslant r\leqslant R$）的任意一点的渗压可以表示为

$$P_{\mathrm{w}}=\frac{P_{\mathrm{w}R}-P_{\mathrm{we}}}{\ln\dfrac{R}{r_{\mathrm{e}}}}\ln r+\frac{P_{\mathrm{we}}\ln R-P_{\mathrm{w}R}\ln r_{\mathrm{e}}}{\ln\dfrac{R}{r_{\mathrm{e}}}}=\frac{P_{\mathrm{we}}\ln\dfrac{R}{r}+P_{\mathrm{w}R}\ln\dfrac{r}{r_{\mathrm{e}}}}{\ln\dfrac{R}{r_{\mathrm{e}}}} \tag{4.3.14}$$

因此，各个区域内的渗压可以表示为

$$P_w=\begin{cases}\dfrac{P_{wi}\ln\dfrac{r_o}{r}+P_{wo}\ln\dfrac{r}{r_i}}{\ln\dfrac{r_o}{r_i}}, & r_i\leqslant r<r_o\\[2ex] \dfrac{P_{wo}\ln\dfrac{r_r}{r}+P_{wr}\ln\dfrac{r}{r_o}}{\ln\dfrac{r_r}{r_o}}, & r_o\leqslant r<r_r\\[2ex] \dfrac{P_{wr}\ln\dfrac{r_e}{r}+P_{we}\ln\dfrac{r}{r_r}}{\ln\dfrac{r_e}{r_r}}, & r_r\leqslant r<r_e\\[2ex] \dfrac{P_{we}\ln\dfrac{R}{r}+P_{wR}\ln\dfrac{r}{r_e}}{\ln\dfrac{R}{r_e}}, & r_e\leqslant r\leqslant R\end{cases} \tag{4.3.15}$$

流体的渗流满足质量守恒定律，因此，隧洞各断面的流体流量相等，即 $Q_o=Q_r=Q_e=Q_R$，其中 Q_o、Q_r、Q_e、Q_R 分别为透过 r_o、r_r、r_e、R 处界面的流量。

围岩弹性区和衬砌内渗透系数变化极小，水流速度较慢，设流体的运动服从达西定律，采用达西定律计算：

$$\mathrm{d}P_w=\frac{\gamma_w Q}{2\pi k}\frac{1}{r}\mathrm{d}r=\frac{\zeta' Q}{2\pi k'}\frac{1}{r}\mathrm{d}r \tag{4.3.16}$$

式中，k 为岩体的渗透系数；k' 为岩体的渗透率；P_w 为径向距离 r 处的渗压；Q 为径向距离 r 处的流量；γ_w 为流体的容重；ζ' 为流体的动力黏滞系数。

软化区和残余区位于峰后阶段，围岩渗透系数较大，在高外水压力下流体运动已经不满足达西定律，而采用福熙海麦运动方程，其微分形式可以表示为

$$\mathrm{d}P=\left(\frac{\zeta'}{k'}v+\beta\rho v^2\right)\mathrm{d}R \tag{4.3.17}$$

因此，各个区域内的渗压表达式可以表示为

(1) 在衬砌内（$r_i\leqslant r<r_o$），通过积分可以得到

$$\int_{P_{wi}}^{P_{wo}}\mathrm{d}P=\int_{r_i}^{r_o}\frac{\zeta' Q}{2\pi k_L'}\frac{1}{r}\mathrm{d}r=\frac{\zeta' Q}{2\pi k_L'}\ln r\Big|_{r_i}^{r_o}=\frac{\zeta' Q}{2\pi k_L'}\ln\frac{r_o}{r_i}=P_{wo}-P_{wi} \tag{4.3.18}$$

(2)在残余区内($r_o \leqslant r \leqslant r_r$)，通过积分可以得到

$$\int_{P_{wo}}^{P_{wr}} \mathrm{d}P = \int_{r_o}^{r_r} \left(\frac{\zeta' Q}{2\pi k_p'} \frac{1}{r} + \frac{\rho\beta Q^2}{4\pi^2} \frac{1}{r^2} \right) \mathrm{d}r = \frac{\zeta' Q}{2\pi k_p'} \ln \frac{r_r}{r_o} + \frac{\rho\beta Q^2}{4\pi^2} \frac{r_r - r_o}{r_r r_o} = P_{wr} - P_{wo} \tag{4.3.19}$$

(3)在软化区内($r_r \leqslant r < r_e$)，通过积分可以得到

$$\int_{P_{wr}}^{P_{we}} \mathrm{d}P = \int_{r_r}^{r_e} \left(\frac{\zeta' Q}{2\pi k_p'} \frac{1}{r} + \frac{\rho\beta Q^2}{4\pi^2} \frac{1}{r^2} \right) \mathrm{d}r = \frac{\zeta' Q}{2\pi k_p'} \ln \frac{r_e}{r_r} + \frac{\rho\beta Q^2}{4\pi^2} \frac{r_e - r_r}{r_e r_r} = P_{we} - P_{wr} \tag{4.3.20}$$

(4)在弹性区内($r_e \leqslant r \leqslant R$)，通过积分可以得到

$$\int_{P_{we}}^{P_{wR}} \mathrm{d}P = \int_{r_e}^{R} \frac{\zeta' Q}{2\pi k_e'} \frac{1}{r} \mathrm{d}r = \frac{\zeta' Q}{2\pi k_e'} \ln r \Big|_{r_e}^{R} = \frac{\zeta' Q}{2\pi k_e'} \ln \frac{R}{r_e} = P_{wR} - P_{we} \tag{4.3.21}$$

整理可得

$$\begin{cases} \dfrac{\zeta' Q}{2\pi k_L'} \ln \dfrac{r_o}{r_i} = P_{wo} - P_{wi} \\ \dfrac{\zeta' Q}{2\pi k_p'} \ln \dfrac{r_r}{r_o} + \dfrac{\rho\beta Q^2}{4\pi^2} \dfrac{r_r - r_o}{r_r r_o} = P_{wr} - P_{wo} \\ \dfrac{\zeta' Q}{2\pi k_p'} \ln \dfrac{r_e}{r_r} + \dfrac{\rho\beta Q^2}{4\pi^2} \dfrac{r_e - r_r}{r_e r_r} = P_{we} - P_{wr} \\ \dfrac{\zeta' Q}{2\pi k_e'} \ln \dfrac{R}{r_e} = P_{wR} - P_{we} \end{cases} \tag{4.3.22}$$

式中，不考虑隧洞内水压力，即 $P_{wi}=0$；远场稳定渗压 P_{wR} 和稳定渗压半径 R 可由钻孔抽水试验得到。

因此求解式(4.3.22)，可以得到各个边界处的渗压计算表达式[26]。

$$\begin{cases} P_{wo} = \dfrac{\zeta' Q}{2\pi k_L'} \ln \dfrac{r_o}{r_i}, & r_o\text{处渗压} \\ P_{wr} = \dfrac{\zeta' Q}{2\pi k_p'} \ln \dfrac{r_r}{r_o} + \dfrac{\rho\beta Q^2}{4\pi^2} \dfrac{r_r - r_o}{r_r r_o} + \dfrac{\zeta' Q}{2\pi k_L'} \ln \dfrac{r_o}{r_i}, & r_r\text{处渗压} \\ P_{we} = P_{wr} + \dfrac{\zeta' Q}{2\pi k_p'} \ln \dfrac{r_e}{r_r} + \dfrac{\rho\beta Q^2}{4\pi^2} \dfrac{r_e - r_r}{r_e r_r}, & r_e\text{处渗压} \\ P_{wR} = P_{we} + \dfrac{\zeta' Q}{2\pi k_e'} \ln \dfrac{R}{r_e}, & R\text{处渗压} \end{cases} \tag{4.3.23}$$

求解式(4.3.23)，可得

$$\frac{\zeta'}{2\pi}\left(\frac{\ln\dfrac{R}{r_{\mathrm{e}}}}{k_{\mathrm{e}}'}+\frac{\ln\dfrac{r_{\mathrm{e}}}{r_{\mathrm{o}}}}{k_{\mathrm{p}}'}+\frac{\ln\dfrac{r_{\mathrm{o}}}{r_{\mathrm{i}}}}{k_L'}\right)Q+\left[\frac{\rho\beta}{4\pi^2}\left(\frac{r_{\mathrm{r}}-r_{\mathrm{o}}}{r_{\mathrm{r}}r_{\mathrm{o}}}+\frac{r_{\mathrm{e}}-r_{\mathrm{r}}}{r_{\mathrm{e}}r_{\mathrm{r}}}\right)\right]Q^2=P_{\mathrm{w}R} \tag{4.3.24}$$

式中，k_{e}'为围岩弹性区的渗透率；k_{p}'为围岩软化区和残余区的渗透率；k_L'为衬砌的渗透率。渗透率与渗透系数之间的关系见式(4.3.16)。

式(4.3.24)是一个关于流量 Q 的一元二次方程，可以求得流量 Q，进而求得各个边界上的渗压，再代入式(4.3.15)就能得到任意点的渗压。

在围岩受力变形的弹性区域，岩体的渗透性变化很小，可以将弹性区围岩的渗透率(或渗透系数)看作一个常数。由于透水衬砌的受力变形较小，也可以将其渗透率(或渗透系数)看作定值。但在围岩受力变形的软化区和残余区，深部隧洞围岩的渗透率(或渗透系数)不再是一个定值，软化区和残余区围岩的渗透系数需要根据式(4.2.17)来计算确定。

2) 力场计算

对于应力场的计算，在极坐标下的岩体平衡微分方程为

$$\frac{\mathrm{d}\sigma_{\mathrm{r}}}{\mathrm{d}r}-\frac{\sigma_{\theta}-\sigma_{\mathrm{r}}}{r}+\frac{\mathrm{d}P_{\mathrm{w}}}{\mathrm{d}r}=0 \tag{4.3.25}$$

几何方程为

$$\begin{cases}\varepsilon_{\theta}=\dfrac{u_{\mathrm{r}}}{r}\\[2ex]\varepsilon_{\mathrm{r}}=\dfrac{\mathrm{d}u_{\mathrm{r}}}{\mathrm{d}r}\end{cases} \tag{4.3.26}$$

(1) 弹性区内，应力-应变关系可以表示为

$$\begin{cases}\sigma_{\theta}=\dfrac{E_{\mathrm{r}}}{(1+\mu_{\mathrm{r}})(1-2\mu_{\mathrm{r}})}\left[(1-\mu_{\mathrm{r}})\varepsilon_{\theta}+\mu_{\mathrm{r}}\varepsilon_{\mathrm{r}}\right]\\[2ex]\sigma_{\mathrm{r}}=\dfrac{E_{\mathrm{r}}}{(1+\mu_{\mathrm{r}})(1-2\mu_{\mathrm{r}})}\left[(1-\mu_{\mathrm{r}})\varepsilon_{\mathrm{r}}+\mu_{\mathrm{r}}\varepsilon_{\theta}\right]\end{cases} \tag{4.3.27}$$

将式(4.3.27)代入式(4.3.25)，得到考虑渗流影响的岩体平衡微分方程，即

$$-\frac{u_{\mathrm{r}}}{r^{2}}+\frac{1}{r}\frac{\mathrm{d}u_{\mathrm{r}}}{\mathrm{d}r}+\frac{\mathrm{d}^{2}u_{\mathrm{r}}}{\mathrm{d}r^{2}}=-\frac{\mathrm{d}P_{\mathrm{w}}}{\mathrm{d}r}\frac{(1+\mu_{\mathrm{r}})(1-2\mu_{\mathrm{r}})}{E_{\mathrm{r}}(1-\mu_{\mathrm{r}})} \tag{4.3.28}$$

解此方程可得弹性区内的位移以及边界应力。

(2)软化区和残余区内，采用广义的 Hoek-Brown 强度准则，采用极坐标表示为

$$\sigma_{\theta}-\sigma_{\mathrm{r}}=\sigma_{\mathrm{c}}\left(m_{\mathrm{b}}\frac{\sigma_{\mathrm{r}}}{\sigma_{\mathrm{c}}}+s\right)^{a} \tag{4.3.29}$$

将式(4.3.29)代入式(4.3.25)，得到平衡微分方程，即

$$\frac{\mathrm{d}\sigma_{\mathrm{r}}'}{\mathrm{d}r}+\frac{\mathrm{d}P_{\mathrm{w}}}{\mathrm{d}r}=\frac{\sigma_{\theta}'-\sigma_{\mathrm{r}}'}{r}=\frac{\sigma_{\mathrm{c}}'}{r}\left(m_{\mathrm{b}}\frac{\sigma_{\mathrm{r}}'}{\sigma_{\mathrm{c}}'}+s\right)^{a} \tag{4.3.30}$$

解此方程可得软化区和残余区的位移以及边界应力。

3. 解析分析方法

力场计算和流场计算采用 4.2 节建立的考虑渗压作用的深部围岩非线性强度模型和围岩渗透系数变化经验方程。

(1)在弹性区和软化区的分界处，$\eta=0$，则有

$$\begin{cases} m_{\mathrm{b}}=18.10\mathrm{e}^{-1.31\eta}=18.10 \\ s=-3.07\mathrm{e}^{0.15\eta}+3.61=0.54 \\ a=0.097\eta^{3}+0.185\eta^{2}+0.022\eta+0.554=0.554 \end{cases} \tag{4.3.31}$$

软化区平衡方程为

$$\frac{\mathrm{d}\sigma_{\mathrm{r}}'}{\mathrm{d}r}+h_{r_{\mathrm{e}}}=\frac{39.3}{r_{\mathrm{e}}}(0.46\sigma_{\mathrm{r}}'+0.54)^{0.554} \tag{4.3.32}$$

弹性区平衡方程为

$$-\frac{u_{\mathrm{r}}}{r^{2}}+\frac{1}{r}\frac{\mathrm{d}u_{\mathrm{r}}}{\mathrm{d}r}+\frac{\mathrm{d}^{2}u_{\mathrm{r}}}{\mathrm{d}r^{2}}=-\chi h_{r_{\mathrm{e}}} \tag{4.3.33}$$

式中，χ 为系数。

$$\chi = \frac{(1+\mu_r)(1-2\mu_r)}{E_r(1-\mu_r)} \tag{4.3.34}$$

(2) 在软化区和残余区的分界处，η=1，则有

$$\begin{cases} m_b = 18.10\,\mathrm{e}^{-1.31\eta} = 4.88 \\ s = -3.07\,\mathrm{e}^{0.15\eta} + 3.61 = 0.043 \\ a = 0.097\eta^3 + 0.185\eta^2 + 0.022\eta + 0.554 = 0.858 \end{cases} \tag{4.3.35}$$

平衡方程为

$$\frac{\mathrm{d}\sigma_r'}{\mathrm{d}r} + h_{r_r} = \frac{39.3}{r_r}(0.124\sigma_r' + 0.043)^{0.858} \tag{4.3.36}$$

(3) 渗流场中，分界面的水头见式(4.3.23)。

将各区域边界上的方程联立，求解微分方程，具体包括弹性区的二阶常微分方程以及软化区和残余区的偏微分方程。在迭代计算时，力场计算会对围岩渗透系数产生影响，从而导致围岩流场发生改变；反过来，流场改变又会引起围岩塑性剪应变发生变化，由此对力场产生影响，这是一个相互影响过程，通过该过程进而合理实现深部隧洞围岩应力场与渗流场的耦合。

4.3.3　大埋深隧洞外水压力解析分析

选取滇中引水工程香炉山隧洞的一个典型洞段进行分析，隧洞埋深 1000m，围岩容重为 26.4kN/m^3，隧洞内径为 5m，未受干扰的区域半径为 100m。设地下水头为 800m、900m 和 1000m，衬砌厚度为 0.5m、0.7m 和 0.9m，衬砌的渗透系数分别为 5×10^{-10}m/s、1×10^{-9}m/s、5×10^{-9}m/s。进行两种计算方法对比，一种是采用达西渗流方法进行计算，一种是采用非达西渗流模型进行计算。取距离隧洞中心点 5.5m、20m、30m、40m、60m 和 80m 的渗压进行对比分析，如图 4.3.3 所示。

通过本节方法求解不同衬砌厚度、衬砌渗透系数以及地下水头下的围岩渗压，同时采用传统的达西渗流求解方法求解围岩渗压，将两种计算结果进行对比分析。

1. 不同衬砌厚度计算结果对比

地下水头为 1000m，衬砌渗透系数为 5×10^{-9}m/s，衬砌厚度分别为 0.5m、

0.7m 和 0.9m 的计算结果如图 4.3.4 所示。可以看出：

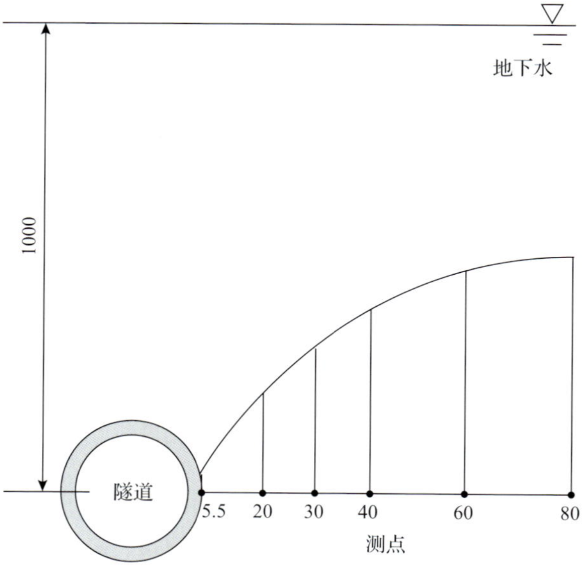

图 4.3.3　解析计算测点位置(单位：m)

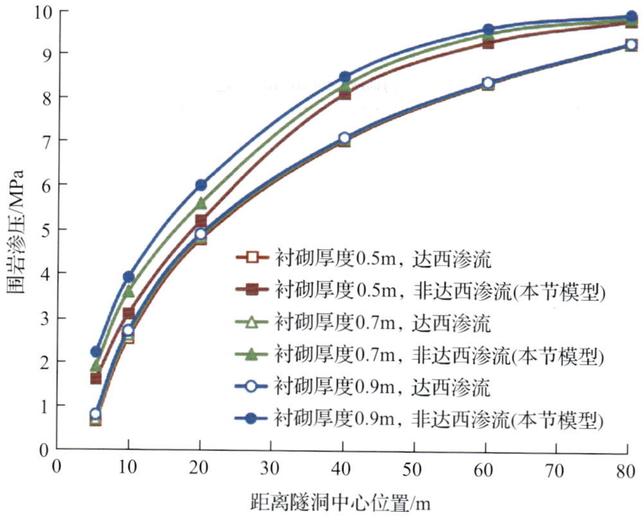

图 4.3.4　不同衬砌厚度下围岩渗压对比

(1)本节模型计算的围岩渗压要比传统达西渗流模型计算的渗压大。由图 4.3.4 分析可知传统计算方法得出的衬砌渗压偏小，本节模型计算结果对于工程设计安全更加有利。

(2)衬砌厚度对围岩渗压的影响较小，两种计算方法的结果对于衬砌厚度只有很小的敏感性。达西渗流计算的三条曲线近乎重合，在 5.5～40m 的范围内，相同位置在不同衬砌厚度下的渗压差小于 0.2MPa，超过 40m 后，渗压差小于 0.1MPa。本节模型对于不同衬砌厚度计算结果有所差距，在 5.5～40m 的范围内，相同位置在不同衬砌厚度下的渗压差小于 0.5MPa，超过 40m 后，渗压差小于 0.25MPa。

2. 不同衬砌渗透系数计算结果对比

地下水头为 1000m，衬砌厚度为 0.5m，衬砌的渗透系数分别为 5×10^{-10}m/s、1×10^{-9}m/s、5×10^{-9}m/s 的计算结果如图 4.3.5 所示。可以看出：

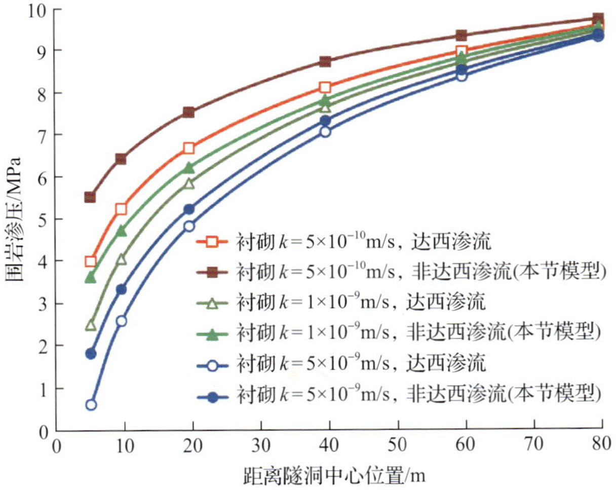

图 4.3.5　不同衬砌渗透系数下围岩渗压对比

(1) 两种计算方法的结果对于衬砌渗透系数的改变具有较大的敏感性。

(2) 衬砌的渗透系数越小，衬砌外壁所受渗压越大，围岩相同位置的渗压也越大。

(3) 本节模型计算的渗压要比传统方法计算的渗压大，且距离隧洞中心越近，两者的差值越大，在远离隧洞位置两种方法计算的渗压相差不大，趋近于远场稳定渗压。

3. 不同地下水头计算结果对比

衬砌厚度为 0.5m，衬砌的渗透系数为 5×10^{-9}m/s，地下水头分别为 800m、900m 和 1000m 的计算结果如图 4.3.6 所示。可以看出：

(1) 本节模型计算的围岩渗压要比传统方法计算的渗压大。

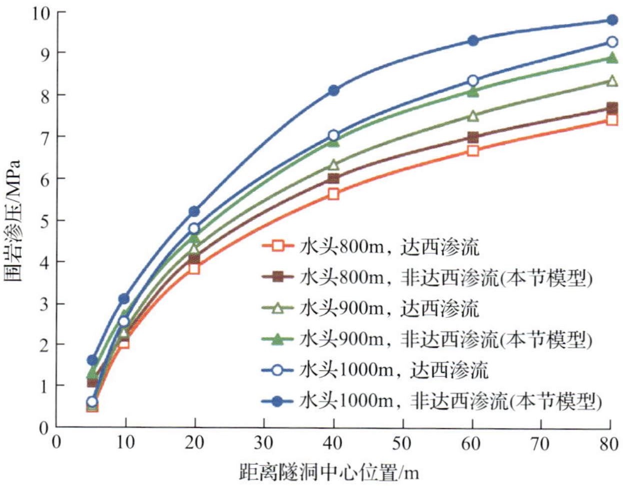

图 4.3.6　不同地下水头下围岩渗压对比

(2) 地下水头对衬砌外壁所受渗压的影响较小。传统方法计算的衬砌外壁渗压差小于 0.1MPa，本节模型计算的衬砌外壁渗压差小于 0.3MPa，虽然本节模型计算结果要大一点，但是总体而言，衬砌外壁渗压相差不大。

(3) 两种计算方法的结果主要体现在最终稳定渗压的差异上，因为距离隧洞中心越远，其渗压越接近于远场稳定渗压。

综上所述，本节模型计算的围岩渗压要比传统方法计算的渗压大，这样对于工程设计安全更加有利。因为传统的达西渗流计算，其渗透系数是定值，没有考虑地应力对渗透系数的影响。同时达西渗流计算忽略了非达西渗流中的高阶项，因此计算结果要小于本节的计算模型。

由图 4.3.4～图 4.3.6 可以看出，衬砌渗透系数可以改变衬砌外壁所受渗压的量级，影响非常显著。地下水头和衬砌厚度对衬砌外壁所受渗压的影响小于 0.5MPa，影响非常小。

4.4　多场耦合深部隧洞施工开挖围岩稳定三维数值计算分析

4.3 节提出了高外水压力作用下考虑渗透系数变化的高应力与非达西渗流耦合力学模型，开展了不同衬砌厚度、不同衬砌渗透系数和不同地下水头变化的解析分析。但是，解析分析无法模拟隧洞的开挖和支护过程，也无法考虑断层破碎带、节理裂隙等不良地质构造，为此需要进一步开展考虑应力场与渗流场耦合数值计算分析。

ABAQUS 是可以模拟高度非线性问题的有限元软件，但目前常用的 ABAQUS 软件中还没有合适的考虑岩土介质应力场与渗流场完全耦合作用的计算模型。因此，本节依托 ABAQUS 平台开发编制了高外水压作用下大埋深隧洞多场耦合三维数值计算分析程序。

4.4.1　高应力与高渗压耦合数值分析方法

深部围岩高应力与高渗压耦合作用主要体现在塑性剪应变可以改变围岩渗透系数，从而改变渗压分布，变化的渗压又导致围岩应力条件改变，从而改变塑性剪应变，这是一个两者相互作用、相互影响的过程。因此，应力场和渗流场的耦合分析主要通过塑性剪应变和渗透系数这两个变量进行控制。依据 4.3 节建立的高应力与非达西渗流耦合力学模型，高应力与高渗压耦合数值分析方法如下：

(1) 对于某一计算点，其具有初始渗透系数 k_0、初始地应力 σ_0 和初始渗压 $P_{\mathrm{w}0}$，可以求得其塑性剪应变 η_0。

(2) 根据塑性剪应变 η_0 计算得到新的渗透系数 k_1，并计算新的渗压 $P_{\mathrm{w}1}$。

(3) 在新的渗透系数和渗压下，计算新的塑性剪应变 η_1。

(4) 根据 η_1 计算得到渗透系数 k_2，再得到衬砌所受的新渗压 $P_{\mathrm{w}2}$。

(5) 对每次计算的物理量进行误差判别，当前计算值与上次计算值的差值小于规定误差时，停止计算，当前计算的各变量即为平衡状态下的计算值，输出结果。

对于力场计算，4.3 节建立的高应力与非达西渗流耦合力学模型中，围岩的残余区和软化区的本构模型采用了考虑渗压作用的非线性强度模型，其具有显著的应变软化特性。

对于围岩应变软化过程的模拟，需要建立强度参数与强度参数变量的演化方程。图 4.4.1 为含应变软化段的应力-应变曲线，AB 段即为软化阶段。当 $\eta=0$ 时，$F_{\eta=0}=0$ 就是峰值强度面；当 $\eta=1$ 时，$F_{\eta=1}=0$ 就是残余强度面。因此，η 从 0 到 1 的过程就是围岩受力软化的过程，考虑渗压作用的非线性强度模型为

$$F=(\sigma_1-P_{\mathrm{w}})-(\sigma_3-P_{\mathrm{w}})-\sigma_{\mathrm{c}i}'\left[A_1\mathrm{e}^{A_1\eta}\frac{\sigma_3-P_{\mathrm{w}}}{\sigma_{\mathrm{c}i}}+\left(B_1\mathrm{e}^{B_2\eta}+B_3\right)\right]^{C_1\eta^3+C_2\eta^2+C_3\eta+C_4}=0 \tag{4.4.1}$$

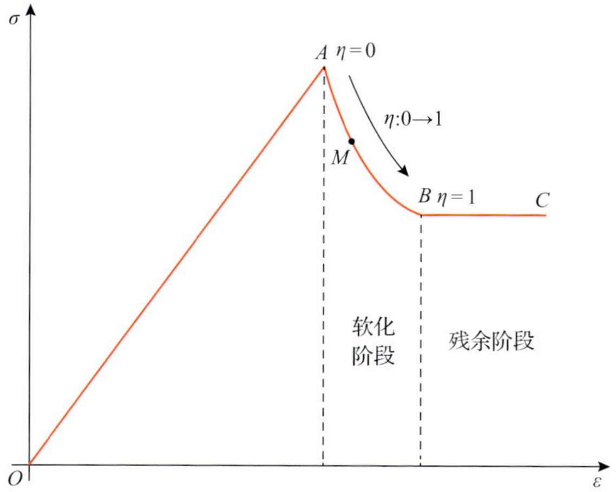

图 4.4.1　含应变软化段的应力-应变曲线

对于软化阶段的某点或者某一状态 M，其强度函数 F_η 是确定的。因此，应变软化问题的求解就转化为一系列弹塑性问题求解，重点就是对强度函数 F_η 进行程序化计算。M 状态下的强度函数 F_η 的屈服函数 f 为

$$f=\sigma_1'-\sigma_3'-\sigma_{ci}'\left(m_b'\frac{\sigma_3'}{\sigma_{ci}}+s'\right)^{a'} \tag{4.4.2}$$

式中，σ_1' 和 σ_3' 分别为最大和最小有效主应力；m_b'、s'、a' 为状态 M 下的强度参数。

数值计算中需要把超过峰值强度面 $F_{\eta=0}=0$ 的点调整回到 $F_\eta=0$ 强度面上，具体计算过程可参见文献[13]。

4.4.2　多场耦合三维计算程序开发与验证

在 ABAQUS 中没有塑性剪应变 η 这个变量，需要使用 USDFLD 子程序调用已有变量定义 η。首先，根据式(4.2.14)调用已知变量定义塑性剪应变 η；然后，通过完全隐式的欧拉向后积分算法将围岩的变形参数和考虑渗压作用的非线性强度模型编写成子程序供计算时进行调用。UMAT 子程序计算流程如图 4.4.2 所示。

渗流计算采用 4.3 节建立的考虑渗透系数变化的高应力与非达西渗流耦合力学模型，在 ABAQUS 中，采用 Pore Fluid/Stress 类型单元进行耦合计算，其中采用福熙海麦渗透定律需要定义渗透系数：

$$k = \frac{\rho g}{\mu}\begin{cases} A, & \text{初始稳定阶段} \\ f(\eta), & \text{峰后增大阶段} \\ B, & \text{残余稳定阶段} \end{cases} \tag{4.4.3}$$

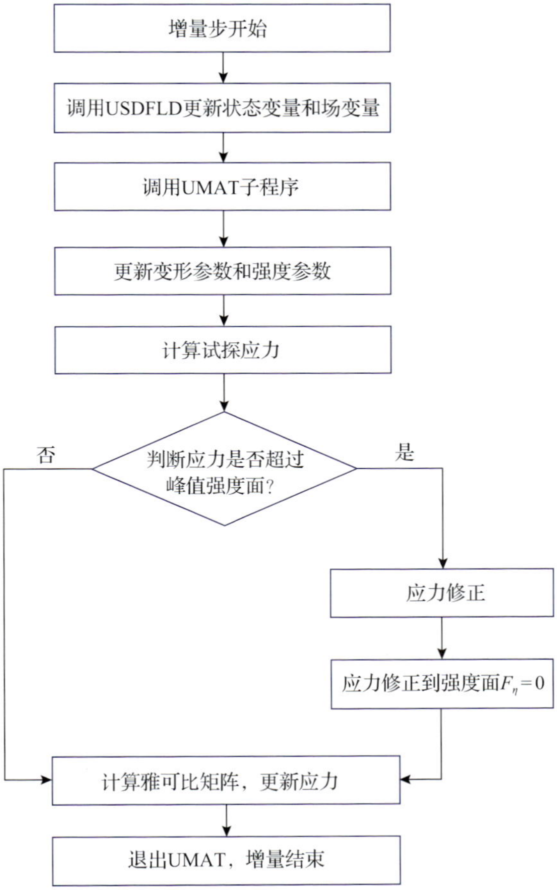

图 4.4.2　UMAT 子程序计算流程

依托 ABAQUS，通过塑性剪应变 η 来控制岩体渗透系数的具体过程如下：

(1) 通过 USDFLD 子程序调用已有变量参数 η 。

(2) 修改 ABAQUS 中计算模型的 Keywords，增加语句“*Permeability, specific=9800, dependencies=1”。

(3) 在计算模型的 Keywords 中建立材料渗透系数与塑性剪应变 η 的对应关系。

(4) 编辑材料参数，在材料参数中使用“user Defined Field”以及状态变量“Depvar”。

通过上述方法将塑性剪应变 η 与材料渗透系数的关系输入到 ABAQUS 中，从而模拟应力场对渗流场的影响。

通过 UMAT 子程序和 USDFLD 子程序将考虑渗压作用的非线性强度模型嵌入到 ABAQUS 中，并调用 USDFLD 子程序和修改计算模型的 Keywords 实现渗透系数随塑性剪应变 η 的变化。如图 4.4.3 所示，高应力与高渗压耦合计算流程如下：

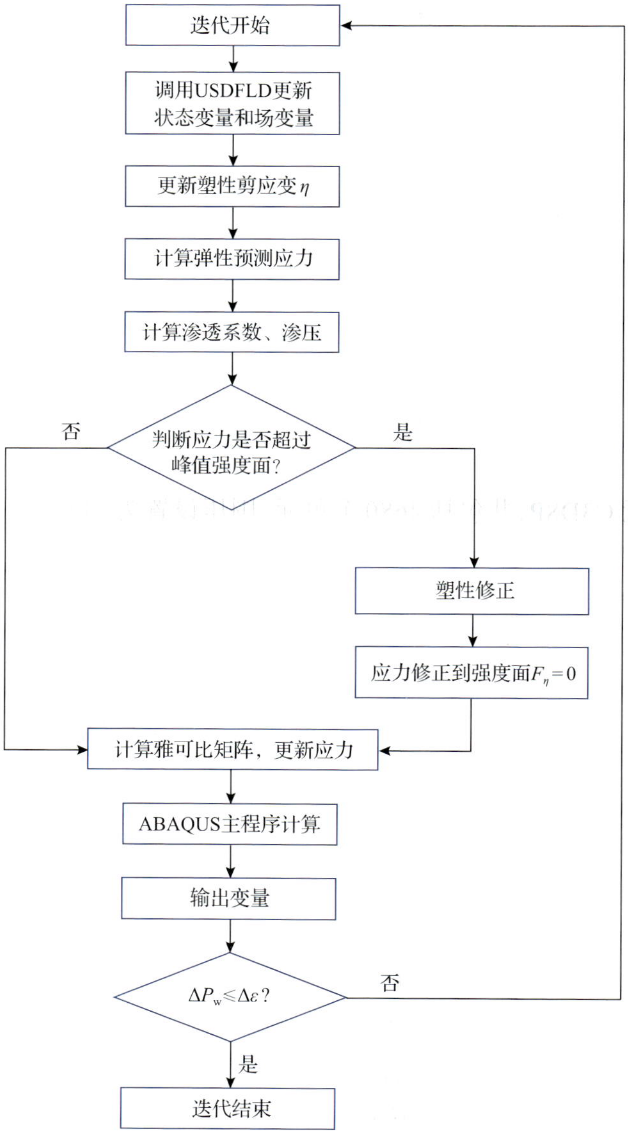

图 4.4.3　高应力与高渗压耦合计算流程

(1) 调用 USDFLD 子程序，更新模型的状态变量和场变量。

(2) 计算塑性剪应变 η 。

(3) 计算围岩渗透系数，并计算渗压。

(4) 调用 UMAT 子程序，联合渗压计算有效试探应力。

(5) 判断是否超过峰值强度面 $F_{\eta=0}=0$。若没有超过，则无须进行修正；若超过，则对应力进行修正，将应力修正到状态 M 的强度面 $F_{\eta}=0$ 上，并更新应力。

(6) 判断是否解答平衡。若解答平衡，迭代结束，输出变量；若解答不平衡，则重新开始迭代，基于上一步计算更新参数 η 并重新开始计算，直到解答平衡。

为了验证开发编制的高应力与高渗压耦合三维数值计算程序的可靠性，进行了计算验证，并与室内力学试验结果进行了对比。

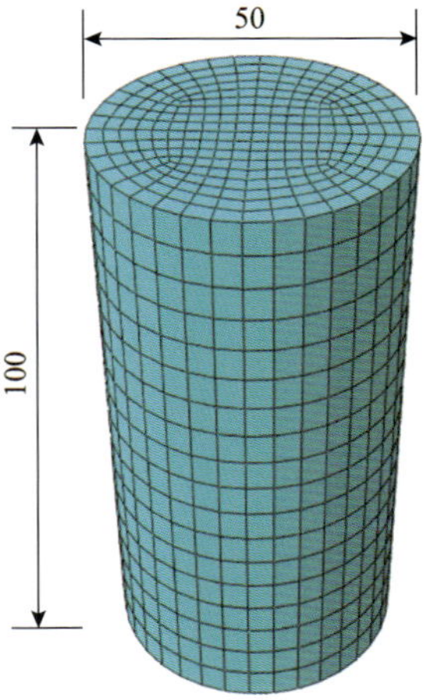

图 4.4.4　岩石试样数值计算模型(单位：mm)

图 4.4.4 为岩石试样数值计算模型，试样尺寸为 ϕ50mm×100mm，计算采用 Pore Fluid/Stress 耦合单元 C3D8P，共包括 4680 个单元。围压设置为 11MPa、18MPa、25MPa 和 32MPa，渗压设置为 2MPa、6MPa 和 10MPa。模型侧面采用压力边界，上边界采用位移加载控制。图 4.4.5 为岩石三轴试验数值模拟与力学试验的对比。

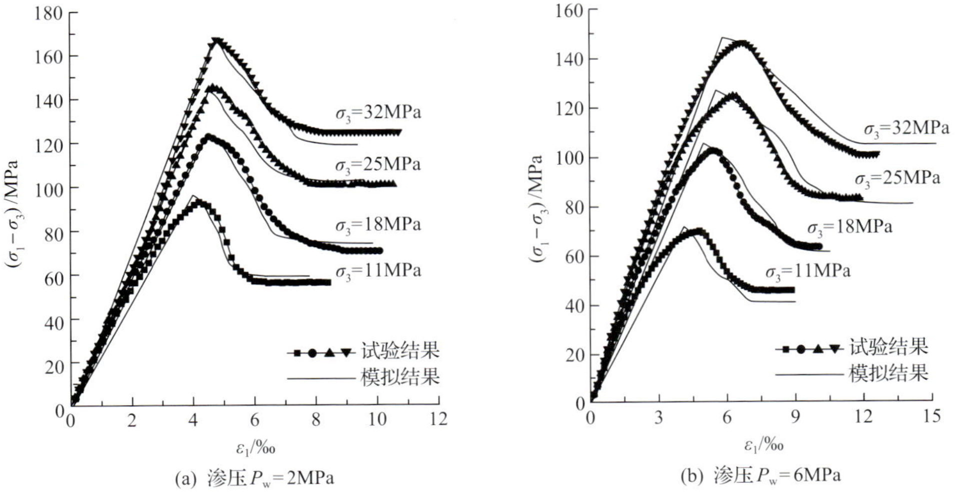

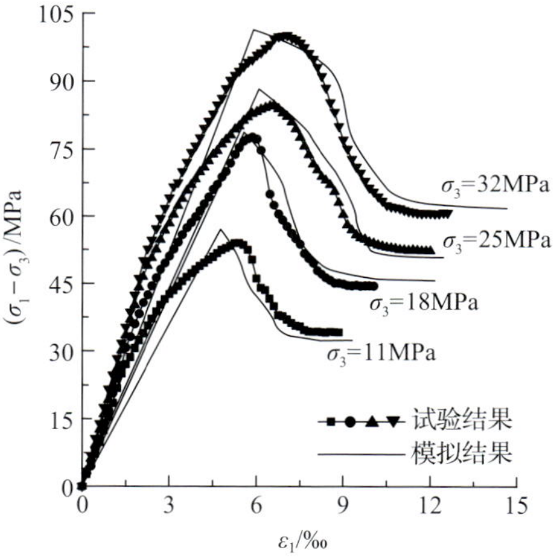

(c) 渗压 P_w = 10MPa

图 4.4.5 岩石三轴试验数值模拟与力学试验的对比

由图 4.4.5 可以看出，数值计算得到的偏应力-轴向应变曲线在峰后出现了软化阶段和残余阶段，这与三轴压缩力学试验测试的变化趋势基本吻合，有效验证了所建立的力学分析模型的可靠性。

4.5 工 程 应 用

4.5.1 工程概况

滇中引水工程是我国目前在建的最大的引水工程，香炉山隧洞是滇中引水工程的控制性工程，隧洞总长 63.43km，最大埋深 1512m。洞区地质条件极其复杂，存在着许多断层破碎带，且地下水丰富。本节选取香炉山隧洞的典型洞段开展应力场与渗流场耦合数值分析，选取的典型洞段平均埋深为 1000m，地下水头为 1000m，包含一条宽 10.6m 的倾斜断层，倾角为 45°。断层为Ⅴ类围岩，主要成分为粉砂质泥岩。断层带前后两侧为Ⅲ类围岩，主要成分为灰岩，岩体结构相对完整。

4.5.2 计算模型和计算条件

1. 计算模型

根据选取的研究洞段范围，建立图 4.5.1 所示的有限元数值计算模型。

数值模拟范围为 100m×100m×100m，整个模型的中心点取为坐标原点，Z 方向为竖直方向，X 方向为隧洞轴线方向，Y 方向为垂直于隧洞轴线方向，围岩划分了 70460 个单元，衬砌划分了 6400 个单元。

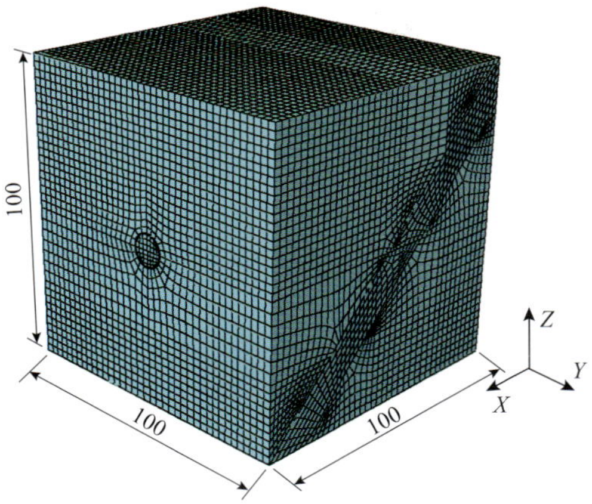

(a) 整体模型

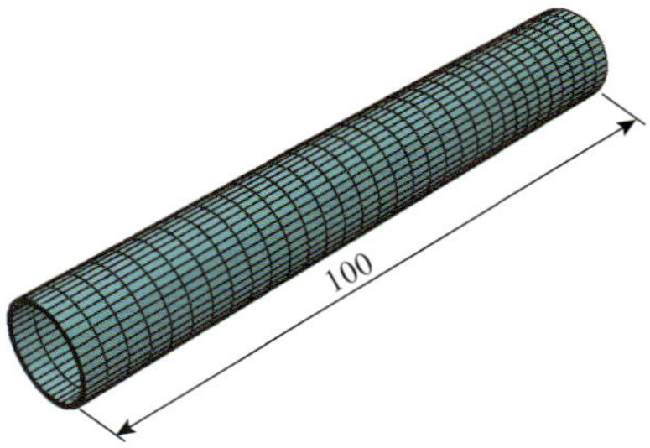

(b) 衬砌模型

图 4.5.1　有限元数值计算模型(单位：m)

2. 计算条件

采用本章开发编制的大埋深隧洞高应力与高渗压耦合三维计算程序进行数值分析，具体计算条件如下：

(1) 岩体本构模型采用考虑渗压作用的非线性强度模型。

(2) 渗流计算采用考虑渗透系数变化的高应力与非达西渗流耦合力学模型。

(3) 边界条件：模型底面固定，四周和顶部施加法向应力形成初始地应力场；在模型的顶面和底面施加渗压形成渗流场。

4.5.3　数值计算结果分析

1. 围岩渗压分布规律

选取隧洞施工开挖和开挖完成后的三个监测断面进行分析，如图 4.5.2 所示。图 4.5.3 为隧洞施工开挖和开挖完成后围岩渗压分布云图。为便于观察，将计算结果进行双向切割显示。由图 4.5.3 可以看出：

(1) 隧洞施工完成后产生径向渗流，围岩渗压呈现径向减小趋势，越靠近隧洞洞壁渗压越小，越远离洞壁渗压越大，并逐渐趋于远场稳定渗压。

(2) 隧洞施工完成后，围岩渗压与测点埋深有关，埋深越大，渗压越大。在隧洞附近的同一水平面上，渗压也不相同，随着距洞壁距离的增加呈现出非线性增加趋势。

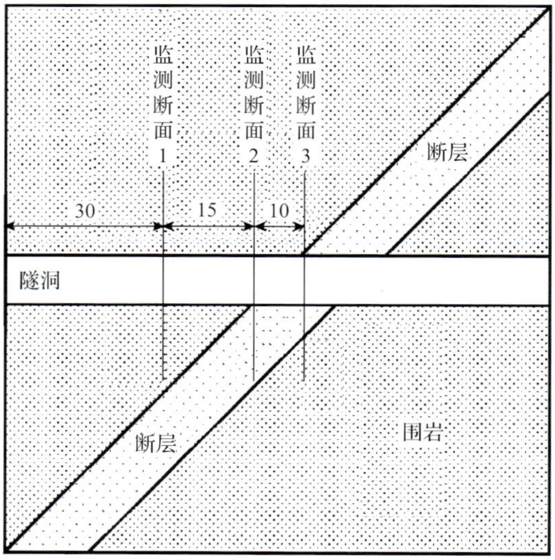

图 4.5.2　监测断面分布图(单位：m)

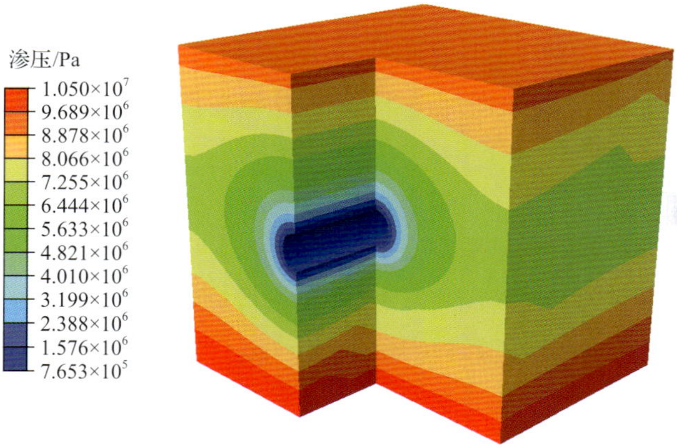

(a) 监测断面 1

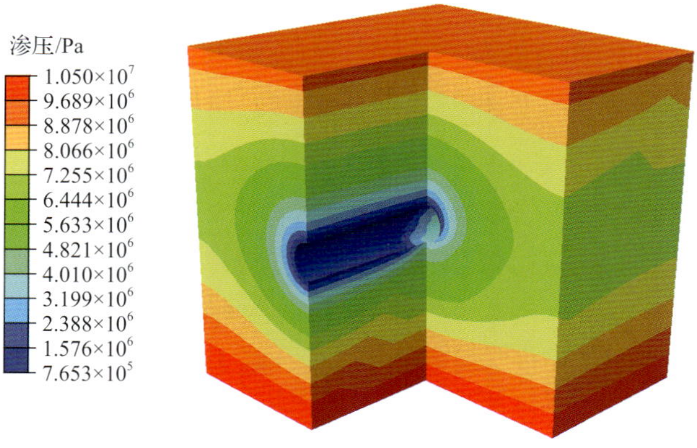

(b) 监测断面 2

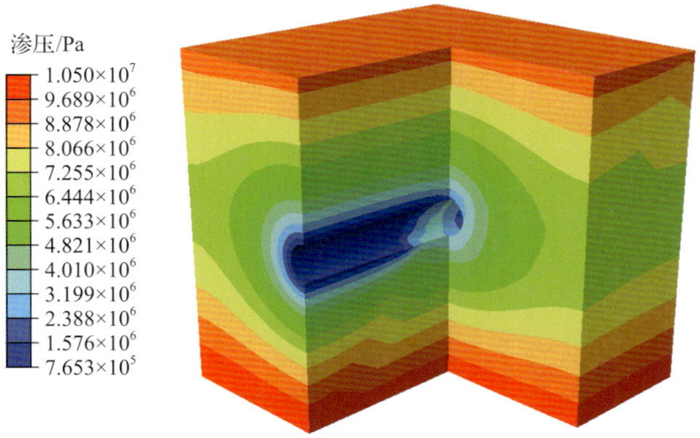

(c) 监测断面 3

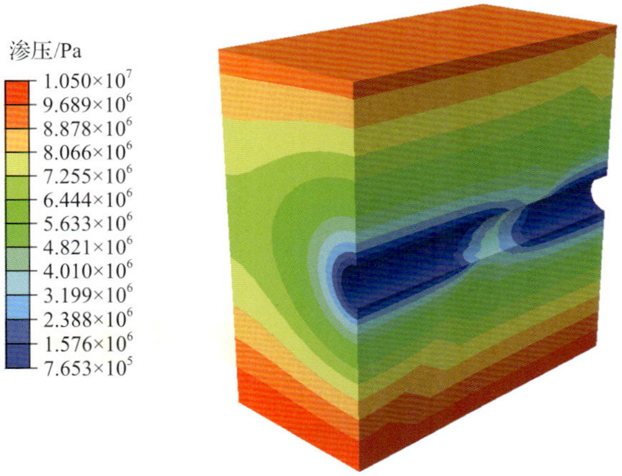

(d) 施工完成

图 4.5.3　隧洞施工开挖和开挖完成后围岩渗压分布云图

(3) 断层对渗压的影响显著，越靠近断层，渗压越大，断层对拱腰部位的渗压影响显著，对拱顶部位的渗压影响较小。

(4) 隧洞洞壁最大渗压均出现在洞底。

2. 衬砌渗压分布规律

图 4.5.4 为隧洞施工开挖和开挖完成后衬砌渗压分布云图。选取施工完成后的三个监测断面和衬砌外壁所受渗压进行分析。可以看出：

(1) 隧洞施工完成后，衬砌外壁所受渗压不均匀分布，其大小分布为：洞底渗压>拱腰渗压>拱顶渗压。

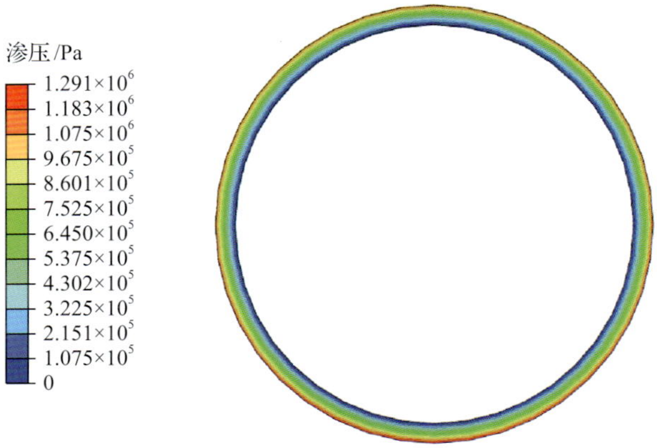

(a) 监测断面 1

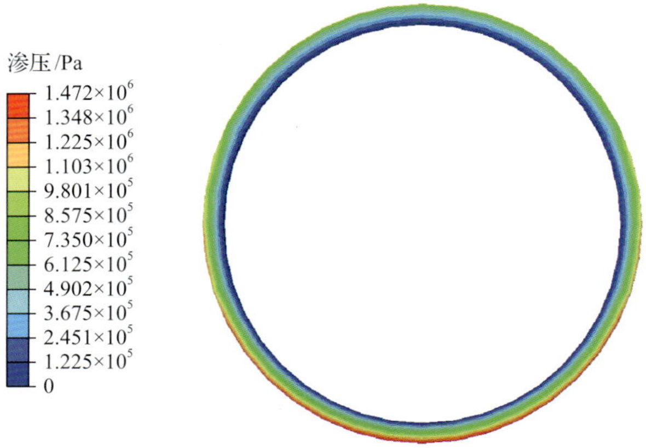

(b) 监测断面 2

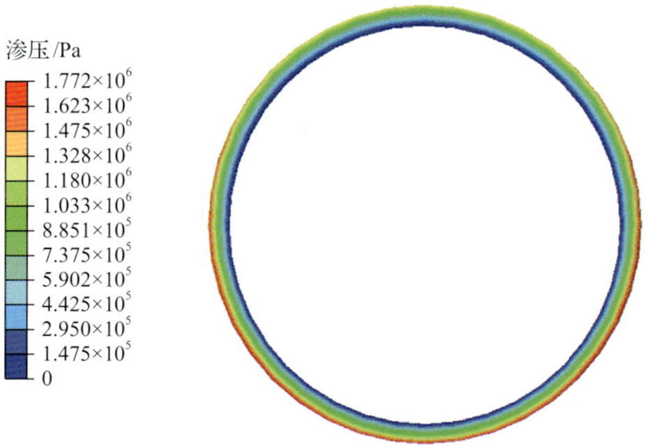

(c) 监测断面 3

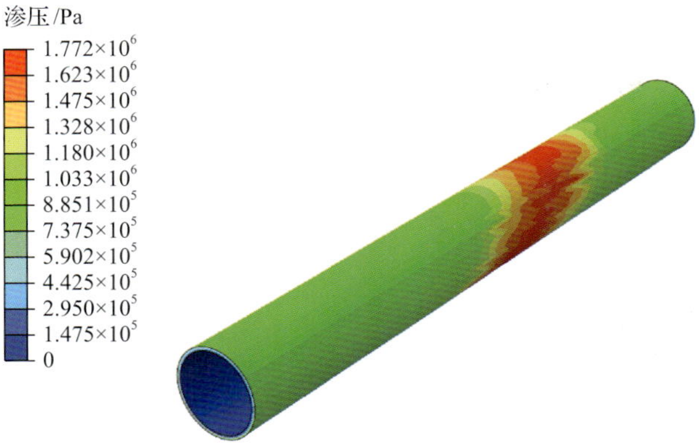

(d) 施工完成

图 4.5.4　隧洞施工开挖和开挖完成后衬砌渗压分布云图

(2) 衬砌外壁所受渗压受断层影响显著，在距离断层较远的地方，衬砌外壁渗压分布相对均匀，越靠近断层部位，渗压分布差异越大。

(3) 从衬砌外壁所受渗压分析可知，处于断层内的衬砌外壁所受渗压最大。

3. 围岩位移分布规律

图 4.5.5 为隧洞施工开挖和开挖完成后围岩位移分布云图。可以看出：

(1) 隧洞施工完成后，越靠近洞壁和断层部位的围岩径向位移越大。

(2) 三个监测断面的最大位移发生在隧洞洞壁的拱腰部位，分别是 19.8mm、47.4mm 和 75.2mm。断层部位的围岩位移最大，断层内的这段隧洞需要进行重点支护控制。

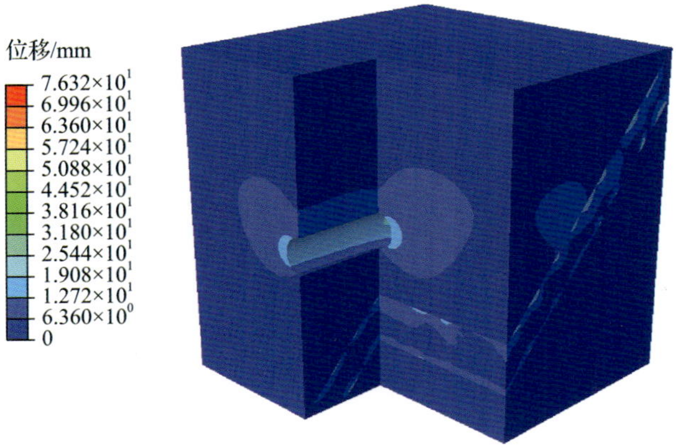

(a) 监测断面 1

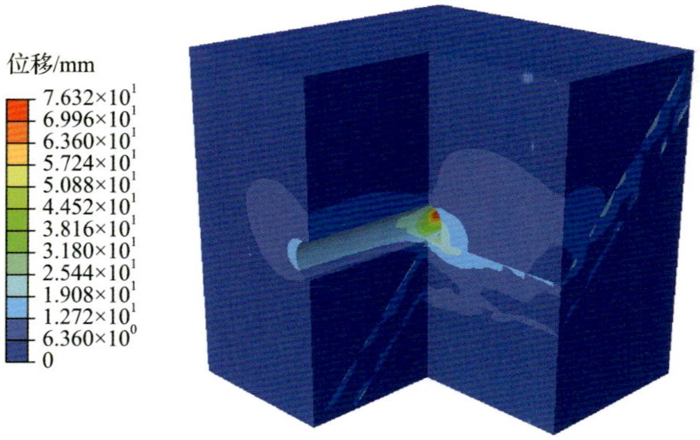

(b) 监测断面 2

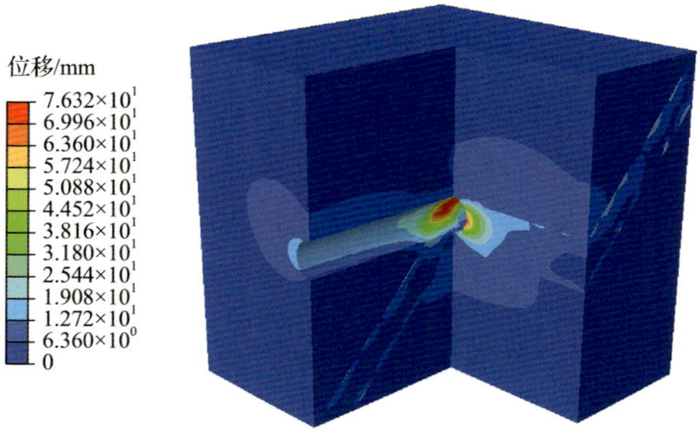

(c) 监测断面 3

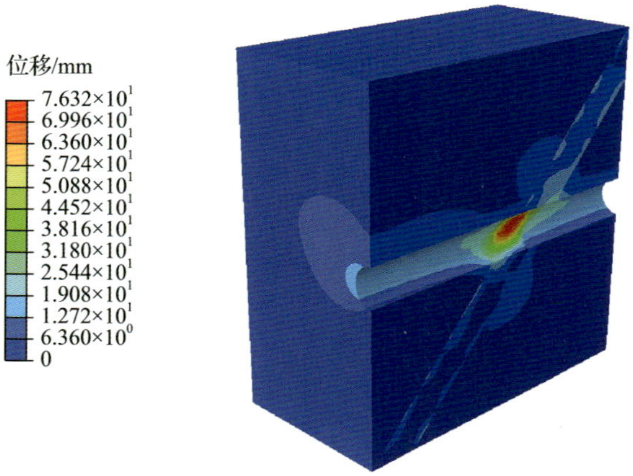

(d) 施工完成

图 4.5.5 隧洞施工开挖和开挖完成后围岩位移分布云图

4. 围岩应力分布规律

图 4.5.6 为隧洞施工完成后围岩主应力分布云图。可以看出，隧洞施工完成后，在围岩与断层的交界处出现了应力集中现象，围岩的最大压应力为 68MPa，且在围岩断层交界处出现了 3.2MPa 拉应力。

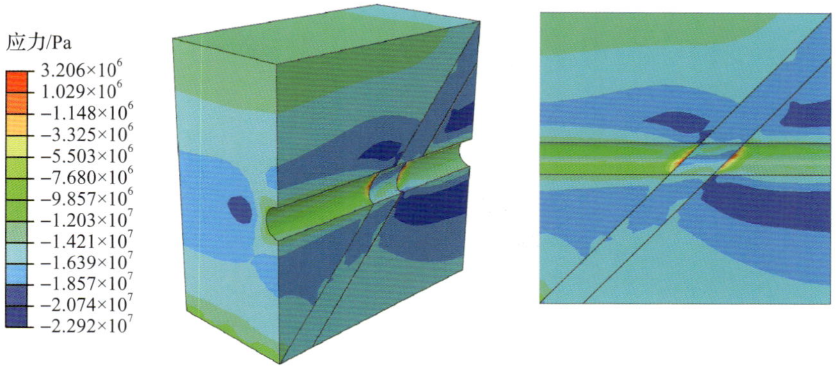

(a) 最大主应力分布云图

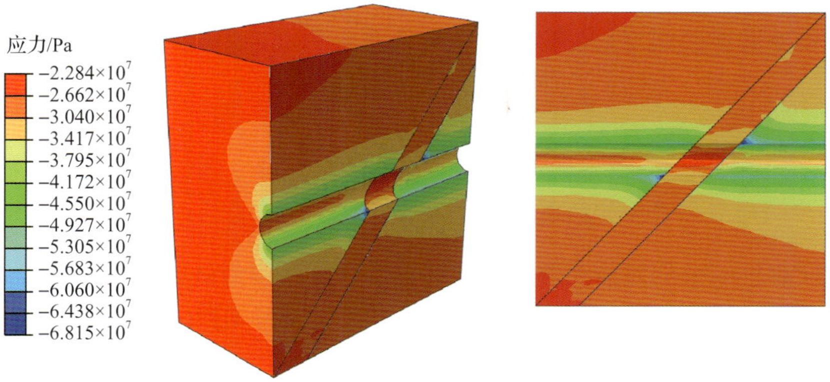

(b) 最小主应力分布云图

图 4.5.6　隧洞施工完成后围岩主应力分布云图

5. 渗流-应力耦合效应分析

选取监测断面 1 拱腰部位距离洞壁 20mm 处的监测点进行分析，绘制出模型试验和数值计算渗压差与位移关系曲线，如图 4.5.7 所示。通过数据拟合可以得到渗压差和位移关系为

$$\begin{cases} \Delta P_{\mathrm{w}} = 0.32\mathrm{e}^{0.16\delta/\delta_0} P_0, & \text{模型试验} \\ \Delta P_{\mathrm{w}} = 0.29\mathrm{e}^{0.17\delta/\delta_0} P_0, & \text{数值计算} \end{cases} \tag{4.5.1}$$

式中，ΔP_w 为测点渗压差；δ 为测点位移；δ_0 为单位位移，δ_0=1mm；P_0 为单位渗压，P_0=1MPa 。

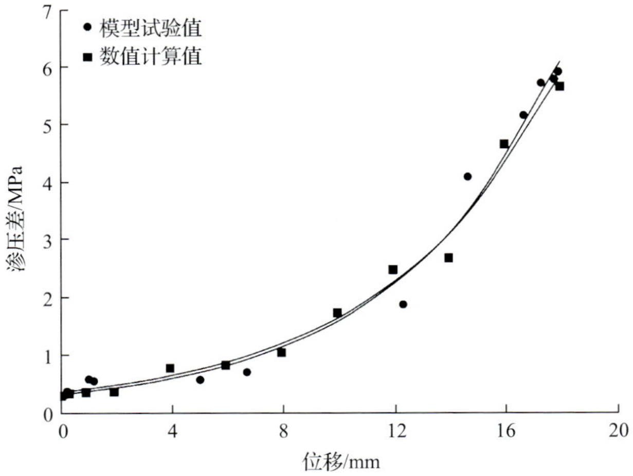

图 4.5.7　渗压差与位移关系曲线

由图 4.5.7 可以看出，围岩位移和渗压差之间呈指数函数递增关系，数值计算和模型试验渗压差与位移的拟合曲线非常相近，这验证了数值计算结果的可靠性。

4.5.4　数值计算结果验证

1. 隧洞围岩位移计算结果验证

选取靠近洞壁的测点作为对比点，数值计算与模型试验洞周围岩径向位移对比如表 4.5.1 所示，并绘制了两者的对比图，如图 4.5.8 所示。由表 4.5.1 和图 4.5.8 分析可以看出：

(1) 数值计算得到的围岩径向位移分布规律与模型试验测得的围岩径向位移分布规律基本一致，最大位移均出现在拱腰部位。

表 4.5.1　数值计算与模型试验洞周围岩径向位移对比

监测断面	洞周位置	径向位移/mm	
		数值计算值	模型试验值
1	拱顶	12.5	12.7
	右拱肩	16.4	16.6
	右拱腰	19.3	18.1
	洞底	9.7	9.1

续表

监测断面	洞周位置	径向位移/mm	
		数值计算值	模型试验值
2	拱顶	16.4	17.1
	右拱肩	23.9	23.2
	右拱腰	46.3	42.2
	洞底	33.7	31.1
3	拱顶	22.5	21.9
	右拱肩	33.3	28.6
	右拱腰	63.1	65.8
	洞底	50.2	45.4

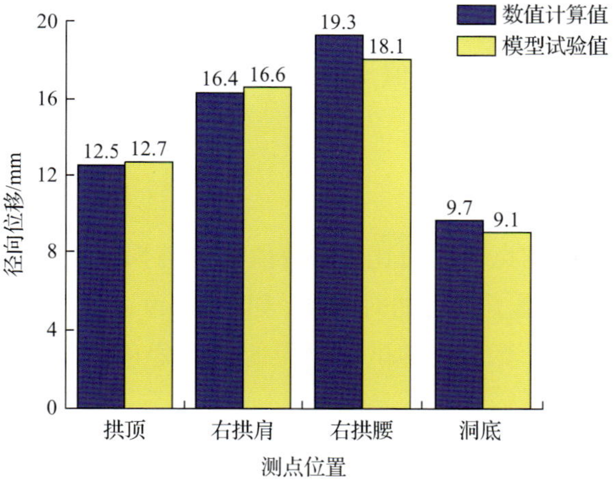

(a) 监测断面 1

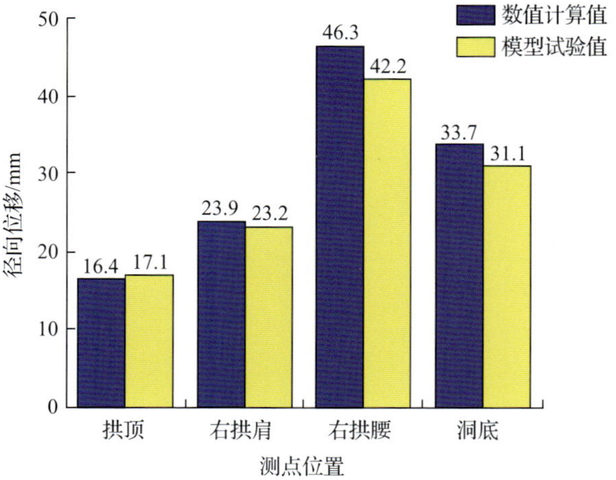

(b) 监测断面 2

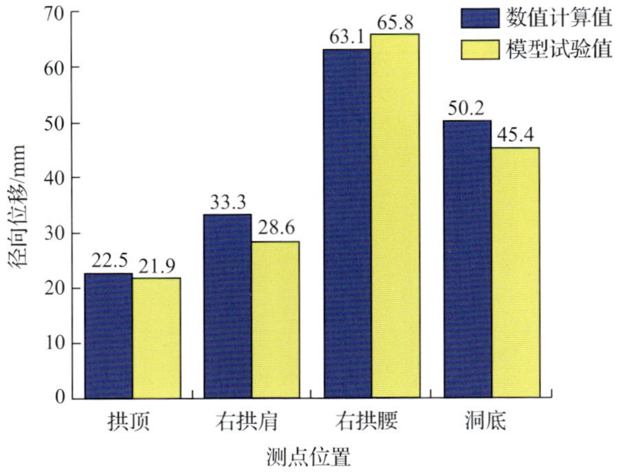

(c) 监测断面 3

图 4.5.8 数值计算与模型试验的径向位移对比图

(2)对于三个监测断面，数值计算与模型试验的误差在 10%以内，这合理验证了数值计算结果的可靠性。

2. 围岩应力计算结果验证

选取靠近洞壁的测点作为对比点，数值计算与模型试验洞周围岩应力对比如表 4.5.2 所示，并绘制了两者的对比图，如图 4.5.9 所示。从表 4.5.2 和图 4.5.9 分析可以看出，数值计算和模型试验测得的应力分布规律基本一致。

表 4.5.2 数值计算与模型试验洞周围岩应力对比

监测断面	洞周位置	应力类型	数值计算值/MPa	模型试验值/MPa
1	拱顶	径向应力	5.4	5.1
	左拱肩		7.4	6.8
	左拱腰		8.4	7.6
	左拱脚	切向应力	48.4	45.7
	洞底		58.3	54.2
2	拱顶	径向应力	3.9	3.7
	左拱肩		5.3	4.9
	左拱腰		5.4	5.1
	左拱脚	切向应力	51.5	48.6
	洞底		12.1	10.9

续表

监测断面	洞周位置	应力类型	数值计算值/MPa	模型试验值/MPa
3	拱顶	径向应力	1.4	1.3
	左拱肩		2.6	2.4
	左拱腰		4.2	4.0
	左拱脚	切向应力	8.6	7.9
	洞底		11.7	10.8

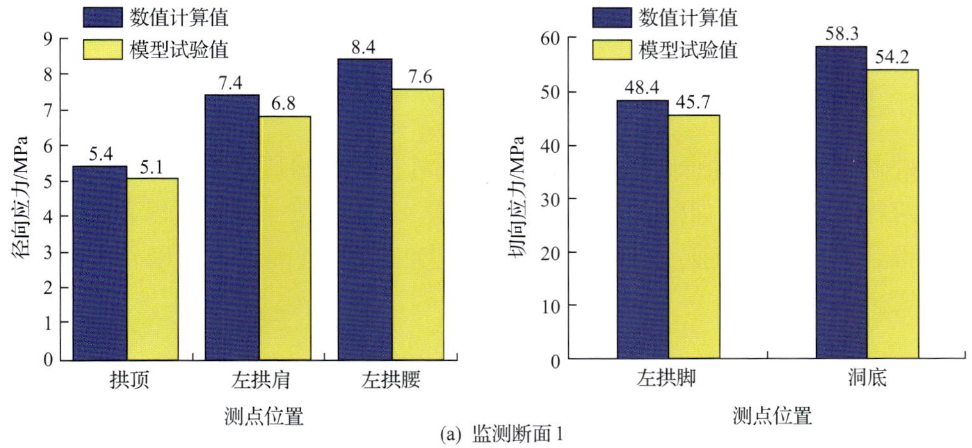

(a) 监测断面 1

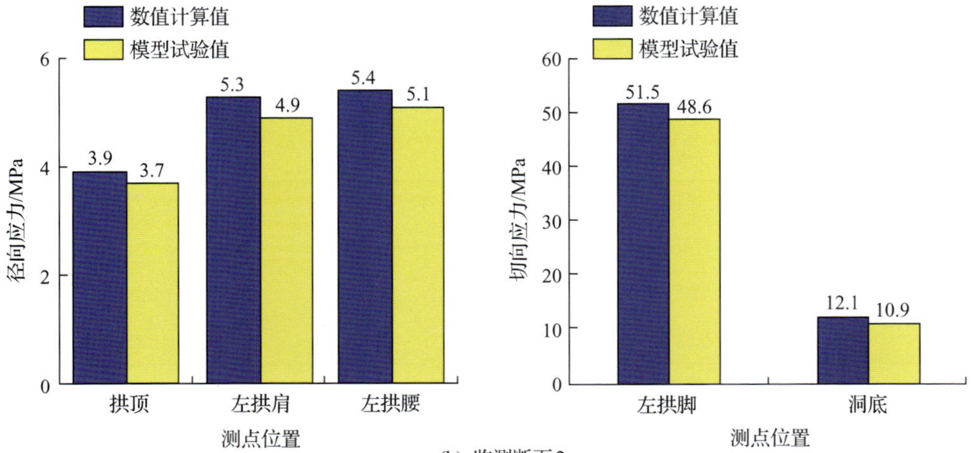

(b) 监测断面 2

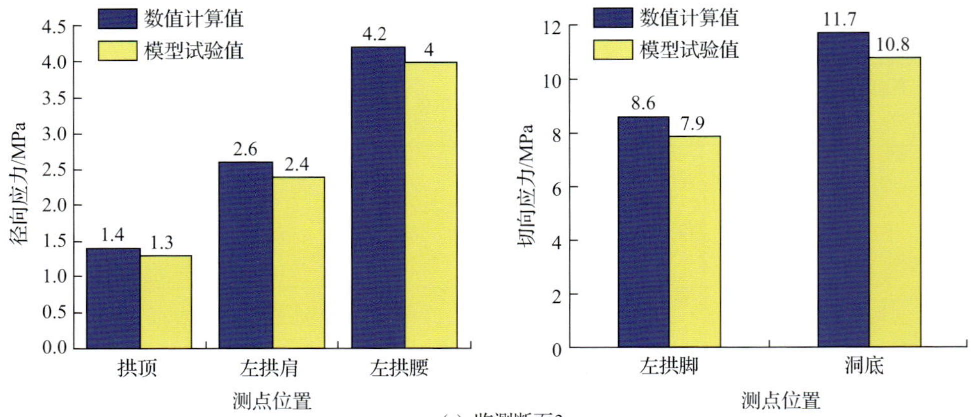

(c) 监测断面3

图 4.5.9 数值计算与模型试验的应力对比

3. 渗压计算结果验证

衬砌支护后，数值计算与模型试验衬砌外壁所受渗压对比如表 4.5.3 所示，绘制两者的对比图，如图 4.5.10 所示。由表 4.5.3 和图 4.5.10 可以看出，数值计算得到的衬砌外壁所受渗压的分布规律与模型试验测得的衬砌外壁渗压的分布规律基本一致。

表 4.5.3 数值计算与模型试验衬砌外壁所受渗压对比

监测断面	洞周位置	渗压/MPa	
		数值计算值	模型试验值
1	拱顶	0.83	0.91
	右拱腰	1.11	1.18
	洞底	1.29	1.37
	左拱腰	1.11	1.13
2	拱顶	1.09	1.15
	右拱腰	1.27	1.21
	洞底	1.47	1.58
	左拱腰	1.28	1.23
3	拱顶	1.21	1.30
	右拱腰	1.36	1.45
	洞底	1.77	1.91
	左拱腰	1.36	1.42

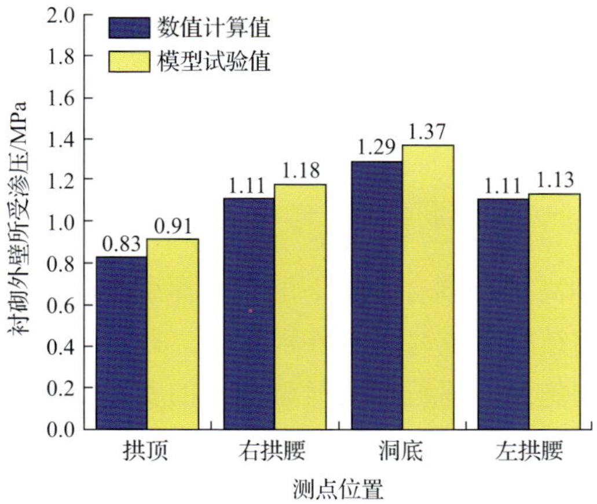

(a) 监测断面 1

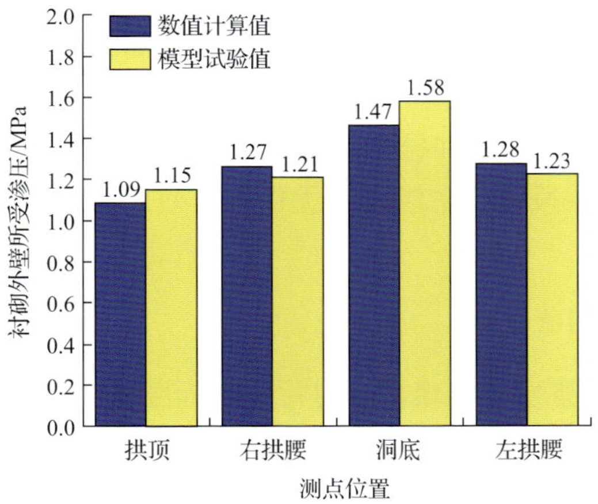

(b) 监测断面 2

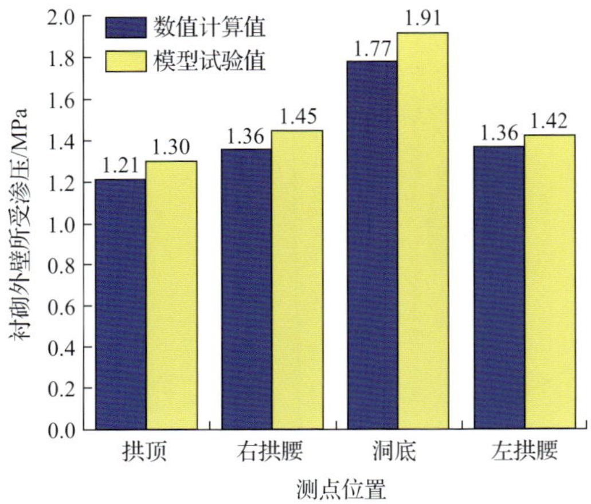

(c) 监测断面 3

图 4.5.10　数值计算与模型试验的衬砌外壁所受渗压对比图

通过上面的分析可知，在高地应力与高外水压力耦合作用下，香炉山隧洞数值计算结果与模型试验结果基本一致，有效验证了数值分析方法和数值计算结果的可靠性。

4.5.5 滇中引水工程香炉山隧洞防渗优化设计分析

对于高地应力和高渗压耦合作用下的大埋深引水隧洞，当埋深达到千米以深后，一般会对衬砌结构形成高渗透外水压力，必须设置可靠的防渗措施和排水措施，以保证隧洞施工和运行期间衬砌结构的安全稳定。防渗设计采用“以堵为主，限量排放”的原则，即对地下水采用既封堵又疏导的方式。采用灌浆措施对隧洞周边进行固结封闭，将地下水封堵于安全距离以外，这样既有利于隧洞围岩稳定，又能避免地下承压水直接作用于隧洞衬砌结构。同时通过设置排水孔进行卸压，以减小外水压力对隧洞衬砌结构的影响。

针对滇中引水工程香炉山隧洞地下水位较高的工程特点，采用编制的计算程序开展了隧洞灌浆层封堵和排水孔卸压优化的数值计算分析。下面选取香炉山隧洞的一个典型洞段进行防渗设计优化，模型计算范围和计算参数与 4.5.2 节的一致。

1. 灌浆层厚度影响分析

图 4.5.11 为灌浆层计算模型。对衬砌外的围岩进行灌浆堵水，灌浆层按

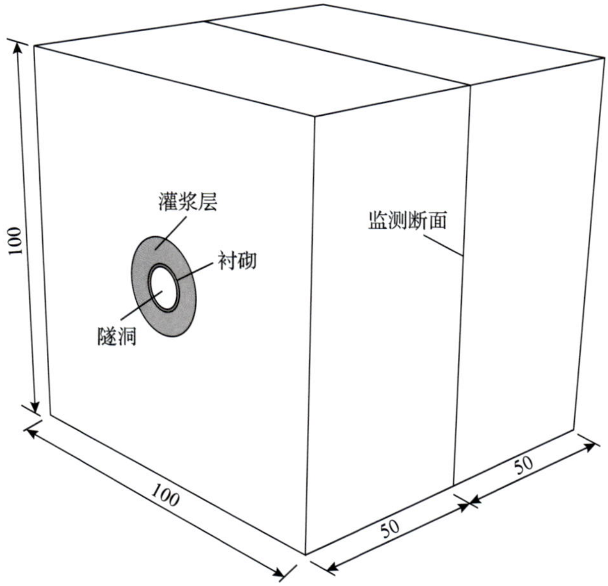

图 4.5.11 灌浆层计算模型(单位：m)

弹性材料考虑，其渗透系数为 5×10^{-8}m/s，灌浆层厚度设为 4m、6m、8m 和 10m，选取中间一个断面作为监测断面进行分析。

图 4.5.12 为不同灌浆层厚度下围岩渗压分布云图。可以看出：

(1) 随着灌浆层厚度的增加，灌浆层外的围岩渗压逐渐呈现出均匀分布特点，同时围岩渗压梯度分布半径逐渐减小。

(2) 围岩渗压随隧洞埋深呈梯度分布，而灌浆层的存在打破了围岩渗压的梯度分布。

(3) 灌浆层将围岩内的渗压转移到了灌浆层内部，灌浆层内部渗压在径向

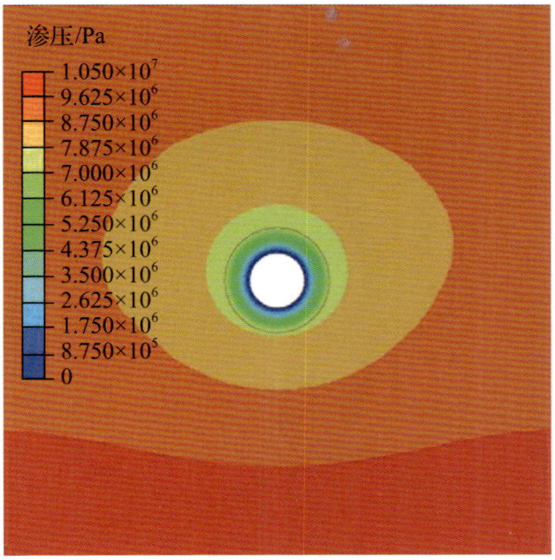

(a) 灌浆层厚度 4m

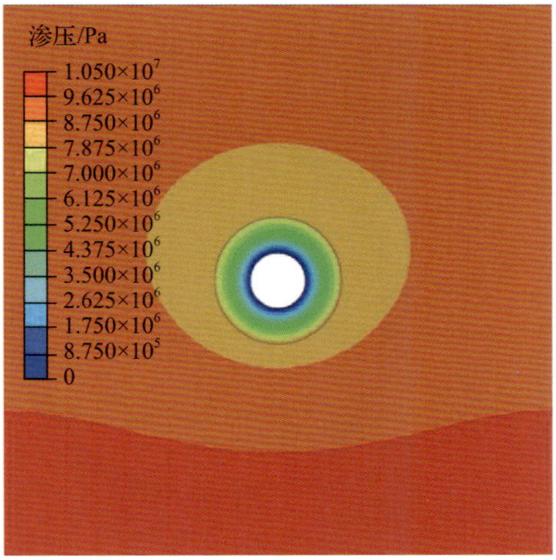

(b) 灌浆层厚度 6m

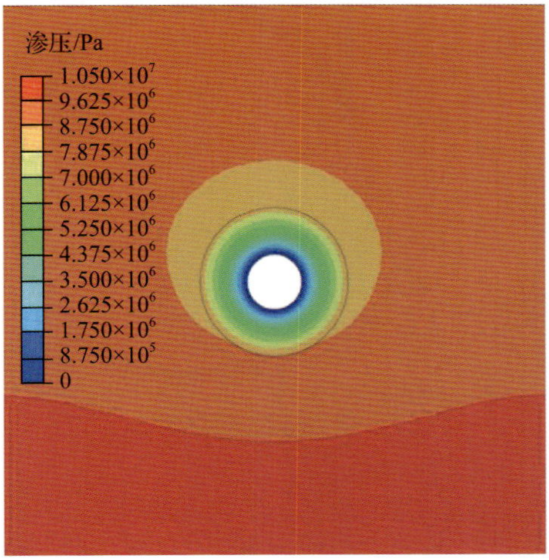

(c) 灌浆层厚度 8m

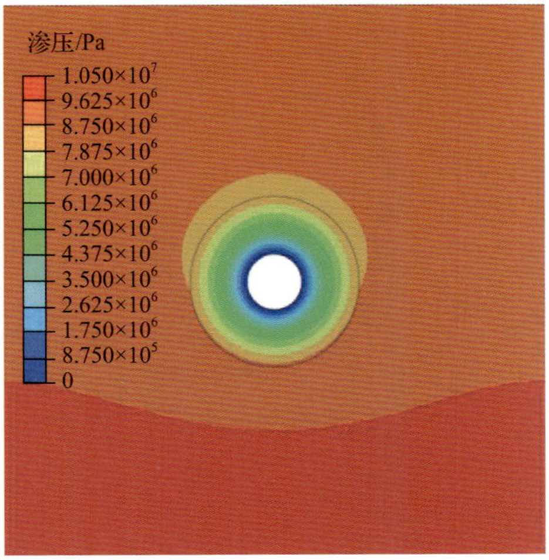

(d) 灌浆层厚度 10m

图 4.5.12　不同灌浆层厚度下围岩渗压分布云图

呈现梯度分布。

图 4.5.13 为不同灌浆层厚度下衬砌渗压分布云图。可以看出：

(1) 不同灌浆层厚度衬砌渗压的分布规律相同，衬砌外壁各点所受渗压相同，不再出现非均匀分布。

(2) 衬砌外壁所受渗压随着灌浆层厚度的增加而减小。

(3) 灌浆层厚度分别为 4m、6m、8m 和 10m 时，衬砌外壁渗压分别为 1.28MPa、1.07MPa、0.94MPa 和 0.85MPa，灌浆层厚度增加 2m，衬砌外壁渗压分别降低了 16.41%、12.15%和 9.57%。

(4) 随着灌浆层厚度的增加，衬砌外壁渗压降低的程度越来越小。因此，在进行灌浆设计时，应该合理选择灌浆层的设计厚度。

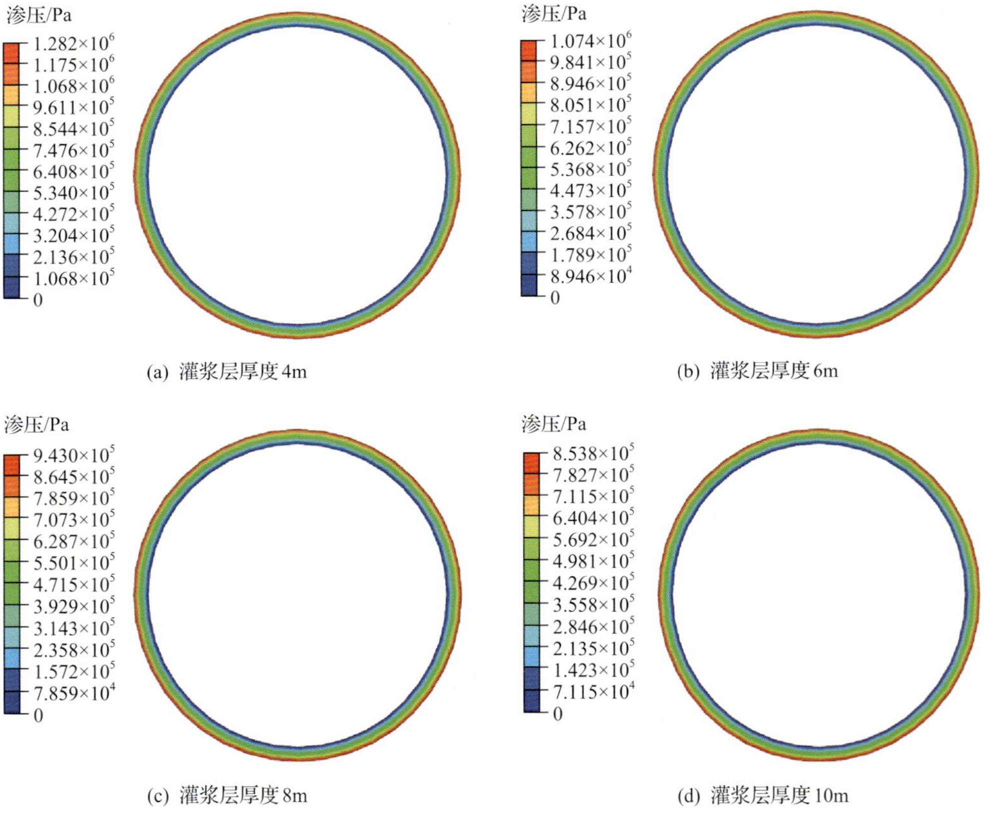

(a) 灌浆层厚度 4m　(b) 灌浆层厚度 6m

(c) 灌浆层厚度 8m　(d) 灌浆层厚度 10m

图 4.5.13　不同灌浆层厚度下衬砌渗压分布云图

图 4.5.14 为衬砌外壁所受渗压随灌浆层厚度变化曲线。可以看出，随着灌浆层厚度的增加，衬砌外壁渗压降低幅度越来越小。因此，在进行灌浆设计时，不能一味追求增加灌浆层的厚度，应通过综合分析确定一个合理的灌浆层厚度。

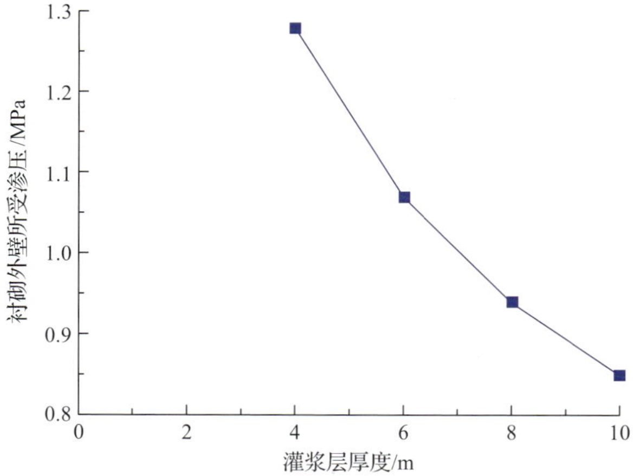

图 4.5.14　衬砌外壁所受渗压随灌浆层厚度变化曲线

2. 灌浆层渗透系数影响分析

灌浆层厚度为 6m，其渗透系数分别设为 1×10^{-8}m/s、5×10^{-8}m/s、1×10^{-7}m/s 和 5×10^{-7}m/s。图 4.5.15 为不同灌浆层渗透系数下围岩渗压分布云图。可以看出：

（1）随着灌浆层渗透系数的增加，灌浆层外围的渗压逐渐减小。

（2）灌浆层渗透系数较小时，灌浆层外部渗压呈现均匀分布；灌浆层渗透系数较大时，灌浆层外部渗压在隧洞径向上呈现径向梯度分布。

（3）减小灌浆层渗透系数可以改变渗压分布规律，并减小渗压梯度分布的稳定半径。

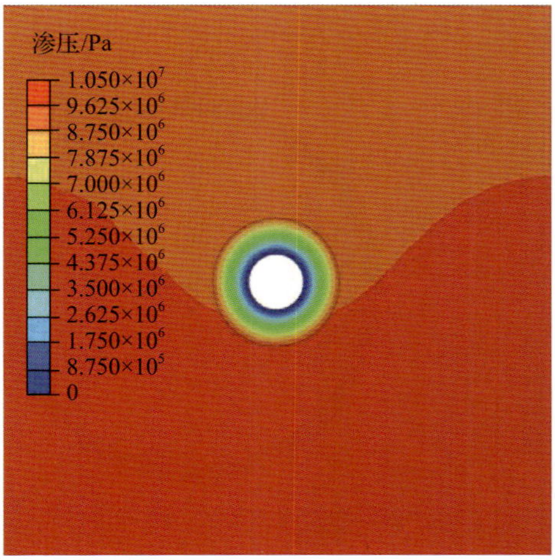

(a) 灌浆层渗透系数 1×10^{-8}m/s

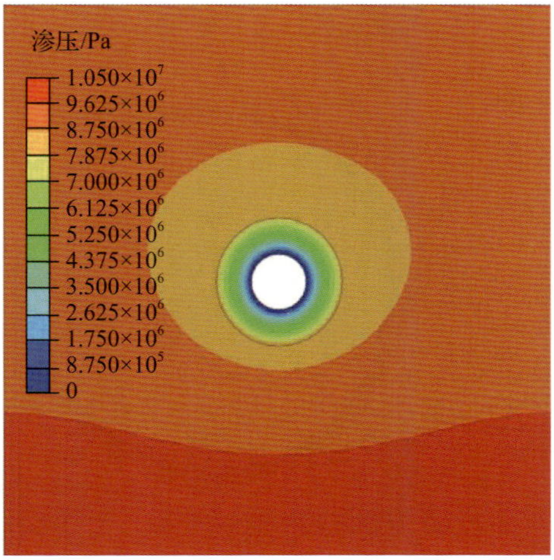

(b) 灌浆层渗透系数 5×10^{-8}m/s

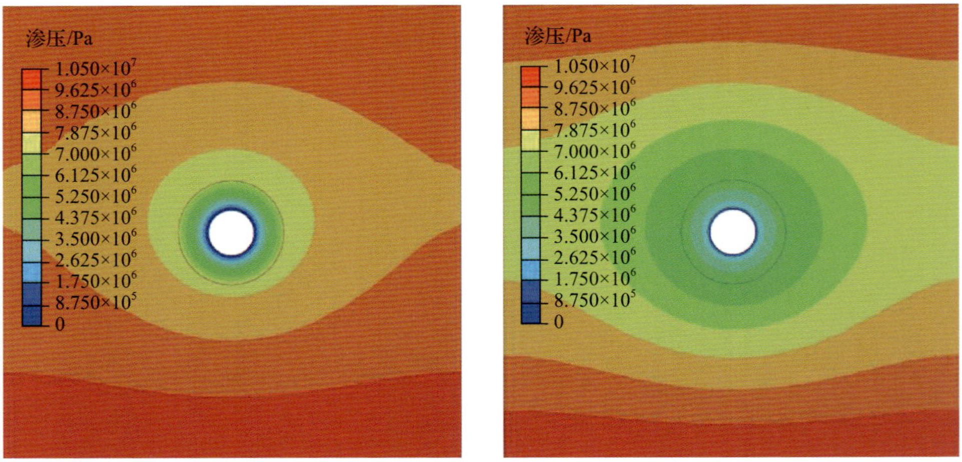

(c) 灌浆层渗透系数 1×10^{-7}m/s　　(d) 灌浆层渗透系数 5×10^{-7}m/s

图 4.5.15　不同灌浆层渗透系数下围岩渗压分布云图

图 4.5.16 为不同灌浆层渗透系数下衬砌渗压分布云图。图 4.5.17 为衬砌外壁

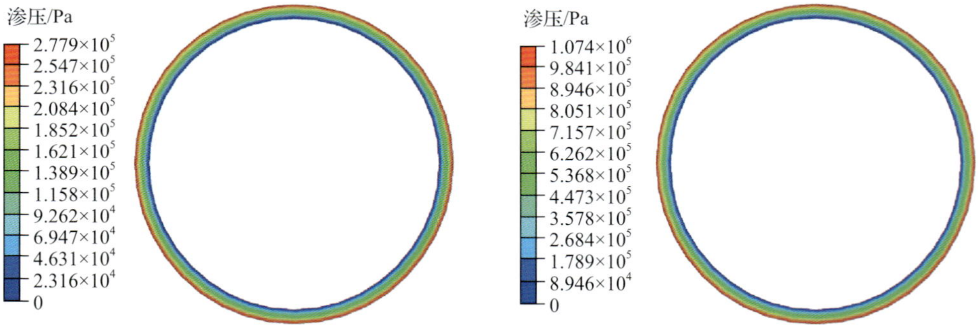

(a) 灌浆层渗透系数 1×10^{-8}m/s　　(b) 灌浆层渗透系数 5×10^{-8}m/s

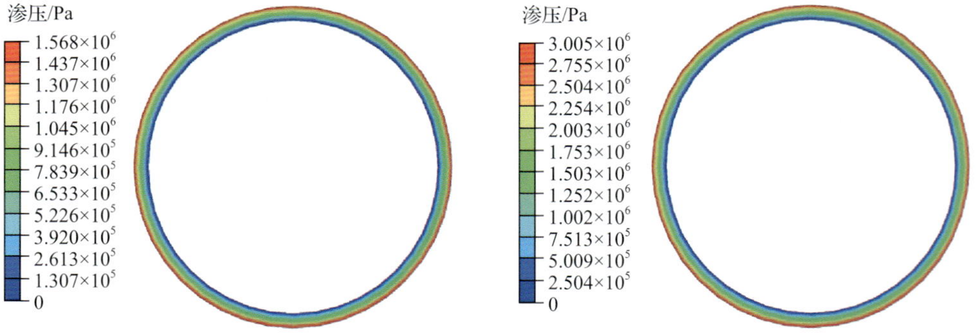

(c) 灌浆层渗透系数 1×10^{-7}m/s　　(d) 灌浆层渗透系数 5×10^{-7}m/s

图 4.5.16　不同灌浆层渗透系数下衬砌渗压分布云图

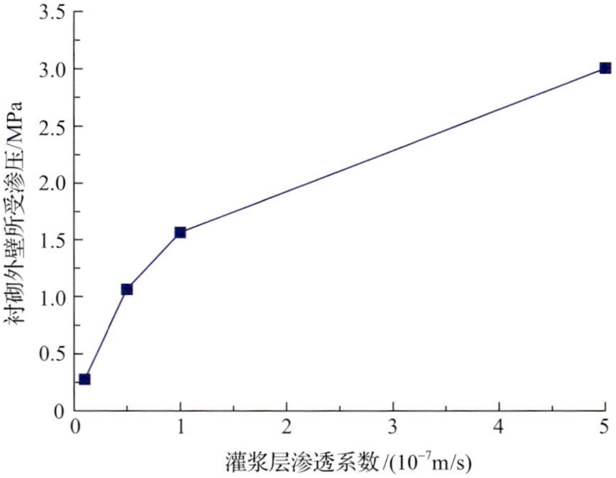

图 4.5.17　衬砌外壁所受渗压随灌浆层渗透系数变化

渗压随灌浆层渗透系数的变化曲线。由图 4.5.16 和图 4.5.17 可以看出：

(1) 不同灌浆层渗透系数下衬砌渗压的分布规律相同，且衬砌外壁各点所受渗压相同，不会出现渗压大小差异。

(2) 衬砌外壁所受渗压随着灌浆层渗透系数的增加而增加。

(3) 当灌浆层渗透系数在 1×10^{-8}～1×10^{-7}m/s 时，衬砌外壁渗压的增大程度较大，即灌浆层渗透系数在 1×10^{-8}～1×10^{-7}m/s 时，对衬砌外壁渗压的影响显著。在进行灌浆堵水时，应结合灌浆层厚度影响合理确定灌浆层的渗透系数。

3. 排水孔数量影响分析

计算模型不变，不考虑灌浆层的影响，只研究隧洞排水孔对渗流场的影响作用。排水孔深度设为 3m，在衬砌上半周分别钻有 3、5、7 和 9 个排水孔，分析围岩渗压和衬砌渗压的分布规律。图 4.5.18 为不同排水孔数量下围岩渗压分布云图。可以看出：

(1) 在排水孔附近的围岩渗压分布规律不同，在远离排水孔范围内的围岩渗压分布规律相同。

(2) 由于衬砌上半周有排水孔，而衬砌下半周没有排水孔，因此，衬砌上半周外壁所受渗压小于衬砌下半周外壁所受渗压。

(3) 在衬砌上半周，排水孔处的渗压为零，而排水孔之间部位的渗压高于排水孔部位的渗压，故衬砌上半周的渗压呈现出振荡式波动变化。

(4) 在衬砌上半周，排水孔数量越多，衬砌外壁所受渗压越小，排水孔可以降低衬砌外壁所受渗压。

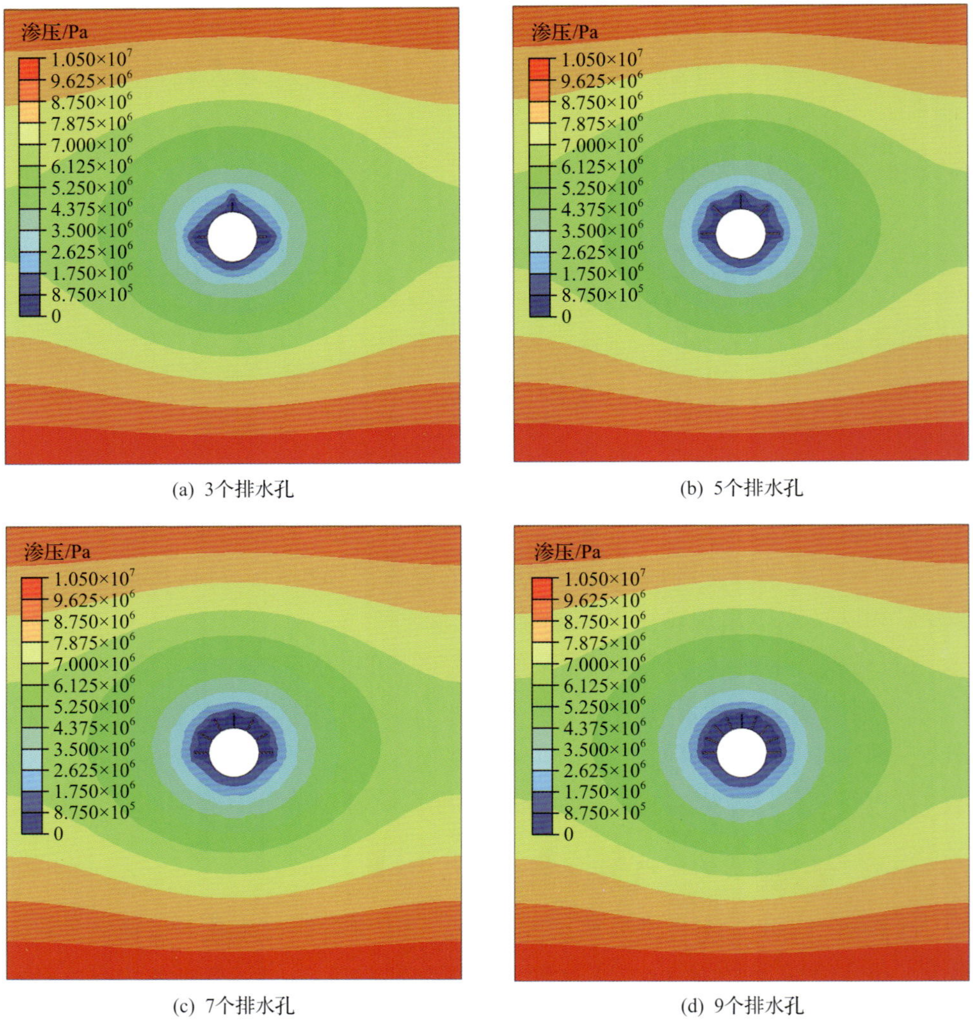

图 4.5.18　不同排水孔数量下围岩渗压分布云图

图 4.5.19 为不同排水孔数量下衬砌渗压分布云图。可以看出：

(1) 衬砌上半周排水孔位置渗压最低，两个排水孔之间的渗压先增加后减小；衬砌下半周的渗压大于上半周的渗压，且由拱腰部位向洞底部位逐渐增加，渗压的最大值均出现在衬砌的下半周。

(2) 排水孔数量的增多可以有效降低衬砌外壁所受渗压。

(3) 当排水孔为 3 个时，衬砌外壁所受渗压降低程度不明显；但当排水孔增多到 7 个和 9 个时，衬砌上半周所受渗压在 0.2MPa 以内，整个衬砌外壁所受渗压在 0.7MPa 以内，其降低程度已经非常显著了。

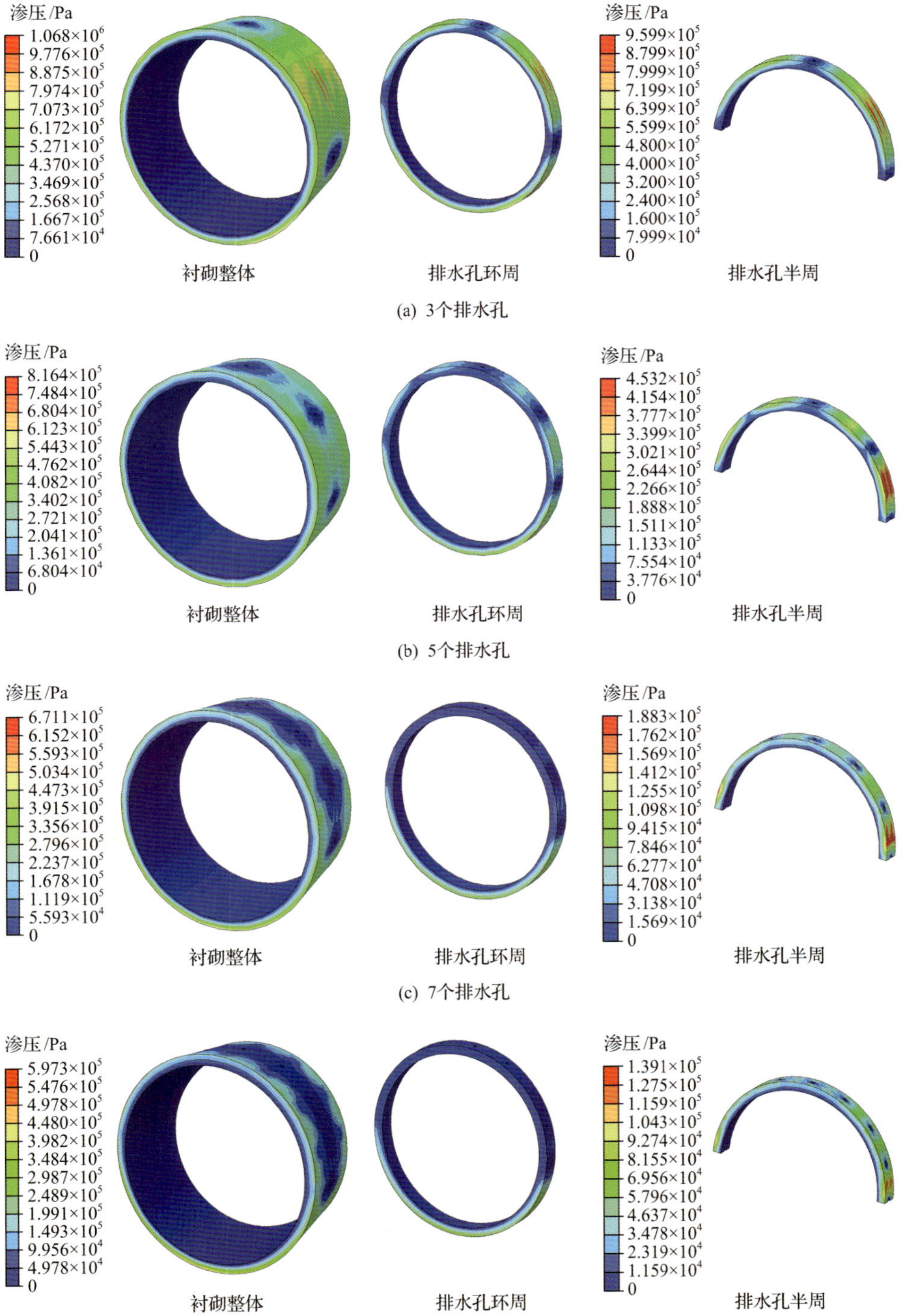

(a) 3个排水孔

(b) 5个排水孔

(c) 7个排水孔

(d) 9个排水孔

图 4.5.19　不同排水孔数量下衬砌渗压分布云图

图 4.5.20 为衬砌外壁所受渗压随排水孔数量的变化曲线。可以看出：

(1) 衬砌外壁所受最大渗压随着排水孔数量的增多而减小，衬砌上半周和衬砌整周渗压的差值随着排水孔数量的增加逐渐增加。

(2) 在设计排水孔数量时，不能只增加排水孔的数量，当排水孔数量达一定值后，排水效果就不明显了，同时排水孔的增多也会降低衬砌支护结构的整体稳定性。

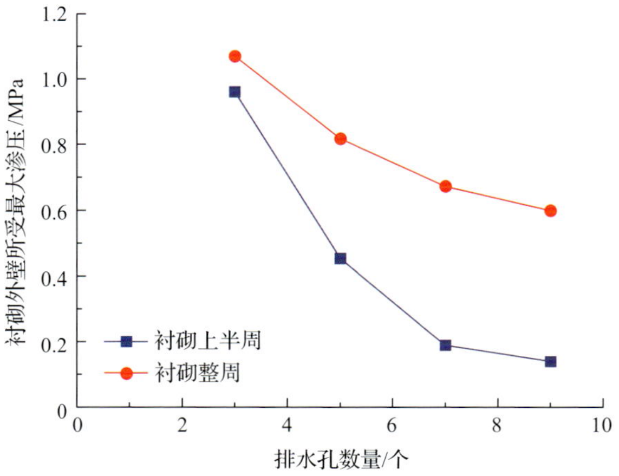

图 4.5.20　衬砌外壁所受最大渗压随排水孔数量变化曲线

图 4.5.21 为衬砌外壁测点分布位置。

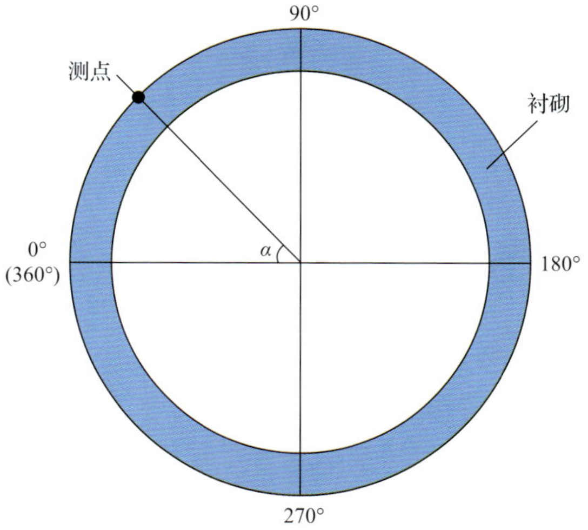

图 4.5.21　衬砌外壁测点分布位置

如图 4.5.21 所示，将衬砌看作一个 360°的圆环，左拱腰部位为 0°起点，衬砌外壁各测点与 0°位置的夹角为 α。衬砌外壁各点所受渗压分布如图 4.5.22 所示。可以看出：

(1) 衬砌外壁所受渗压的最大值均在衬砌下半周，随着排水孔数量的增多，渗压最大值逐渐趋向于洞底。

(2) 对于衬砌上半周的渗压，由于排水孔的存在，衬砌外壁渗压呈现振荡起伏变化，其振荡的波峰值随着排水孔的增多而降低。

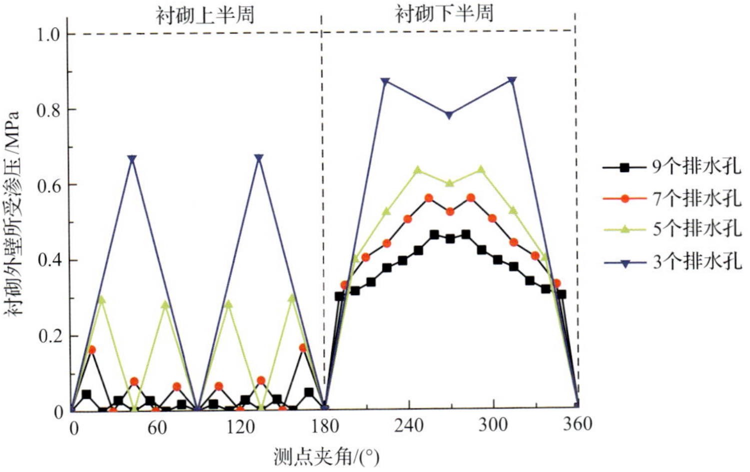

图 4.5.22　衬砌外壁各点所受渗压分布

4. 排水孔深度影响分析

计算模型不变，不考虑灌浆层的影响，只研究排水孔深度的影响，排水孔数量为 3 个，排水孔深度分别设为 2m、3m、4m 和 5m，分析围岩渗压和衬砌渗压的分布规律。图 4.5.23 为不同排水孔深度下围岩渗压分布云图。可以看出：

(1) 排水孔附近围岩渗压的分布规律不同，在远离排水孔范围内的围岩渗压分布规律相同。

(2) 排水孔深度越大，排水孔附近渗压越小。

(3) 衬砌外壁上半周所受渗压小于衬砌外壁下半周所受渗压。

图 4.5.24 为不同排水孔深度下衬砌渗压分布云图。可以看出，衬砌上半周排水孔部位渗压最低，两个排水孔之间的渗压先增加后减小；衬砌外壁下半周所受的渗压大于衬砌外壁上半周所受渗压，最大渗压均出现在衬砌下半周。

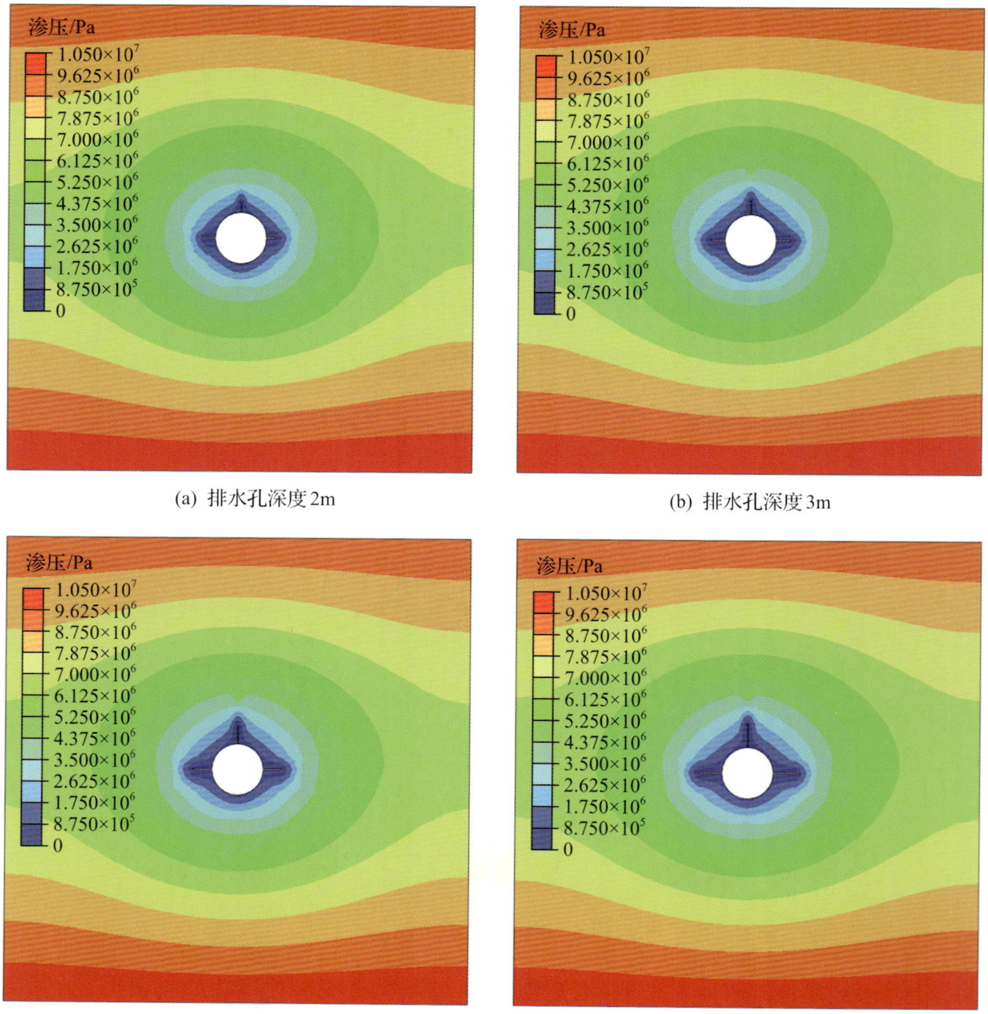

(a) 排水孔深度2m　(b) 排水孔深度3m

(c) 排水孔深度4m　(d) 排水孔深度5m

图 4.5.23　不同排水孔深度下围岩渗压分布云图

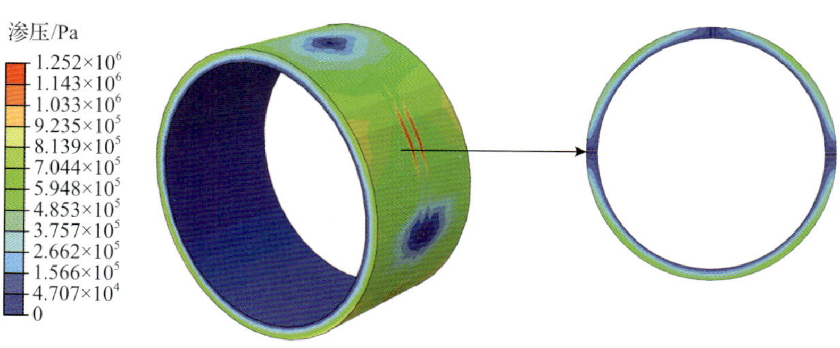

(a) 排水孔深度2m

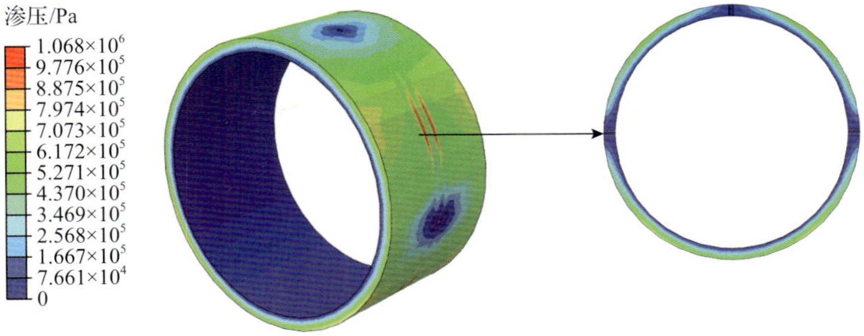

(b) 排水孔深度 3m

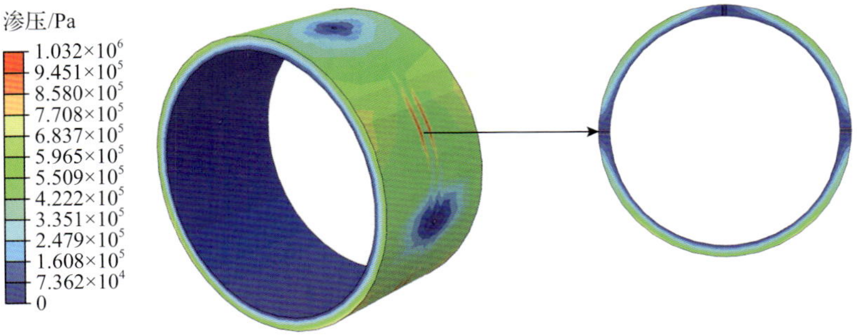

(c) 排水孔深度 4m

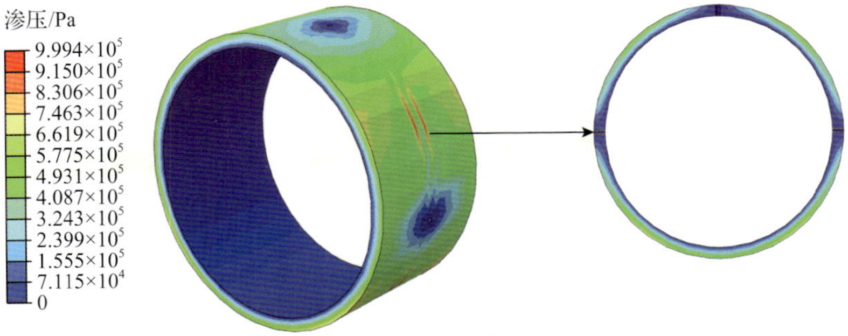

(d) 排水孔深度 5m

图 4.5.24　不同排水孔深度下衬砌渗压分布云图

图 4.5.25 为衬砌外壁所受最大渗压随排水孔深度变化曲线。可以看出：

(1) 排水孔深度分别设为 0m、2m、3m、4m 和 5m 时，衬砌外壁所受最大渗压分别为 1.70MPa、1.25MPa、1.07MPa、1.03MPa 和 1.00MPa，排水孔深度对衬砌外壁渗压的作用效果不显著。

(2) 衬砌外壁所受最大渗压随着排水孔深度的增加逐渐减小，但是总体降低程度不大，当排水孔深度为 5m 时，最大渗压依然为 1MPa。排水孔深度不会影响衬砌渗压分布规律，同时对衬砌外壁所受渗压的量值影响也较小。

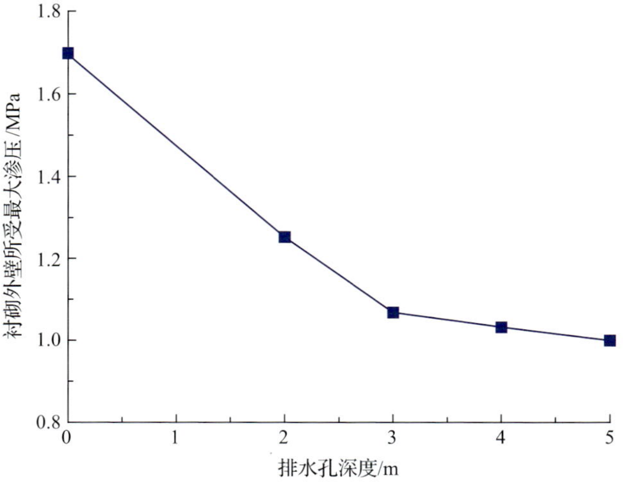

图 4.5.25　衬砌外壁所受最大渗压随排水孔深度变化曲线

5. 香炉山隧洞防渗优化设计参数

通过对灌浆层厚度、灌浆层渗透系数、排水孔数量和排水孔深度的数值计算分析，可以得出不同因素对围岩和衬砌渗压的影响取值范围，如表 4.5.4 所示。

表 4.5.4　不同因素对围岩和衬砌渗压的影响取值范围

因素	影响取值范围
灌浆层厚度/m	4～8
灌浆层渗透系数/(m/s)	1×10^{-8}～1×10^{-7}
排水孔数量/个	3～7
排水孔深度/m	2～4

根据表 4.5.4，对香炉山隧洞进行防渗优化设计。衬砌厚度取 0.5m，衬砌渗透系数为 1×10^{-8}m/s；灌浆层厚度取 5m，渗透系数为 1×10^{-7}m/s；排水孔数量为 7 个，排水孔深度取 4m。图 4.5.26 为围岩渗压分布云图。图 4.5.27 为衬砌渗压分布云图。

由图 4.5.26 和图 4.5.27 可以看出：

(1)灌浆层外侧渗压大致是均匀的，灌浆层内渗压在径向上呈现梯度分布，排水孔附近渗压呈现振荡起伏变化。

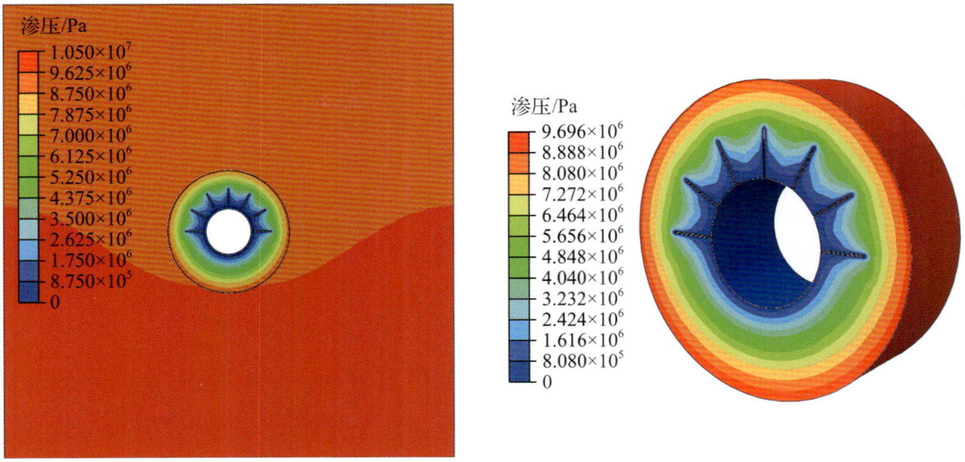

图 4.5.26　围岩渗压分布云图

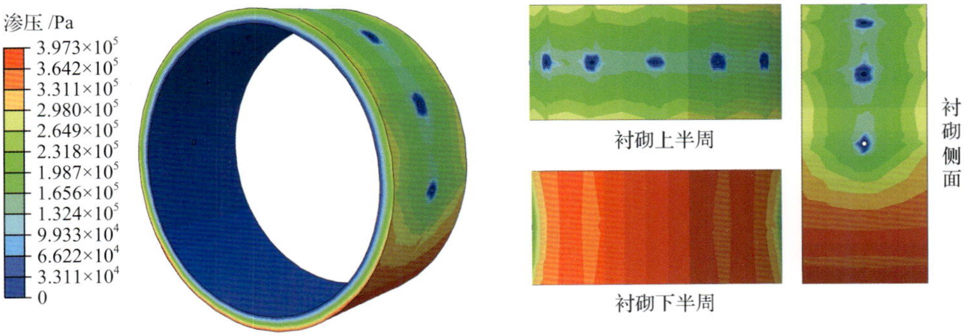

图 4.5.27　衬砌渗压分布云图

(2) 衬砌外壁所受最大渗压为 0.4MPa，位于衬砌底部。

(3) 可以按照衬砌厚度 0.5m、灌浆层厚度 5m、排水孔数量为 7 个、排水孔深度 4m 进行香炉山隧洞防渗优化设计。

4.6　本 章 小 结

本章通过试验、理论和数值分析，建立了考虑渗透系数变化的高应力与非达西渗流耦合力学模型，提出了大埋深隧洞高应力与高渗压耦合三维数值分析方法，编制了相应的计算程序，并在滇中引水工程香炉山隧洞得到成功应用。本章得到以下结论：

(1) 通过深部围岩在不同围压与渗压条件下的渗流力学试验，揭示了深部围岩的非线性变形强度特征、渗流力学特性和变形破坏模式，建立了考虑渗压作用的非线性强度模型；得到围岩峰后软化阶段强度参数随塑性剪应变的变化规律，提出了围岩渗透系数随塑性剪应变变化经验方程。

(2) 基于 Hoek-Brown 强度准则和非达西渗流运动方程，建立了考虑渗透系数变化的高应力与非达西渗流耦合力学模型，得到了衬砌厚度、衬砌渗透系数和地下水头对衬砌外壁所受渗压的影响规律。

(3) 依据建立的考虑渗透系数变化的高应力与非达西渗流耦合力学模型，提出了高应力与高渗压耦合三维数值分析方法，依托 ABAQUS 平台开发了相应的三维计算分析程序。

(4) 采用编制的程序对滇中引水工程香炉山隧洞施工开挖与支护过程进行了数值模拟分析，有效得到隧洞围岩位移、围岩渗压和衬砌渗压的分布规律。防渗优化数值分析表明：灌浆层的存在打破了围岩渗压的梯度分布规律，将围岩渗压的梯度分布转移到了灌浆圈内，灌浆层不影响衬砌内渗压的分布规律，但随着灌浆层厚度的增加和渗透系数的减小，衬砌外壁所受渗压逐渐减小；排水孔直接影响围岩和衬砌的渗压分布规律，排水孔越多，排水孔深度越深，衬砌外壁渗压越小。通过数值计算提出了香炉山隧洞防渗优化设计参数，计算结果为工程设计施工提供了技术指导。

参 考 文 献

[1] 钮新强, 万蕙, 刘琪. 引江补汉工程关键技术挑战. 中国水利, 2022, (18): 15-17, 11.

[2] 杨启贵, 张传健, 颜天佑, 等. 长距离调水工程建设与安全运行集成研究及应用. 岩土工程学报, 2022, 44(7): 1188-1210.

[3] 胡群芳, 秦家宝. 2003～2011 年地铁隧道施工事故统计分析. 地下空间与工程学报, 2013, 9(3): 705-710.

[4] 李术才, 李晓昭, 靖洪文, 等. 深长隧道突水突泥重大灾害致灾机理及预测预警与控制理论研究进展. 中国基础科学, 2017, 19(3): 27-43.

[5] Cao C Y, Shi C H, Lei M F, et al. Squeezing failure of tunnels: A case study. Tunnelling and Underground Space Technology, 2018, 77(7): 188-203.

[6] 李术才, 潘东东, 许振浩, 等. 隧道突水突泥致灾构造分类, 地质判识, 孕灾模式与典型案例分析. 岩石力学与工程学报, 2018, 37(5): 1041-1069.

[7] 朱捷, 曾国伟, 胡国忠, 等. 基于事故统计分析的隧道坍塌施工安全风险评估. 公路交通科技(应用技术版), 2019, 15(9): 237-240.

[8] 安亚雄, 郑君长, 张翾. 软岩隧道塌方事故致灾因素耦合分析. 中国安全生产科学技术, 2021, 17(1): 122-128.

[9] 刘立鹏, 汪小刚, 段庆伟, 等. 高压富水地层水工隧洞衬砌外水压力确定与应对措施. 岩土

工程学报, 2022, 44(8): 1549-1557.

[10] Zhang Z J, Zhang Q Y, Duan K, et al. Experimental study on the mechanical and permeability behaviors of limestone under hydro-mechanical-coupled conditions. Bulletin of Engineering Geology and the Environment, 2021, 80: 2859-2873.

[11] Hoek E, Wood D, Shah S. A modified Hoek-Brown failure criterion for jointed rock masses// Proceedings of the Rock Characterization, Symposium of ISRM. London, 1992: 209-214.

[12] 王兵, 陈炽昭, 张金荣. 考虑岩石应变软化特性隧道的弹-塑性分析. 铁道学报, 1992, 14(2): 86-95.

[13] Wang S L, Yin X T, Tang H, et al. A new approach for analyzing circular tunnel in strain-softening rock masses. International Journal of Rock Mechanics and Mining Sciences, 2010, 47(1): 170-178.

[14] 王水林, 郑宏, 刘泉声, 等. 应变软化岩体分析原理及其应用. 岩土力学, 2014, 35(3): 609-622, 630.

[15] 王军祥, 姜谙男. 岩石应变软化本构模型建立及 NR-AL 法求解研究. 岩土力学, 2015, 36(2): 393-402.

[16] Zhang Q Y, Ren M Y, Duan K, et al. Geo-mechanical model test on the collaborative bearing effect of rock-support system for deep tunnel in complicated rock strata. Tunnelling and Underground Space Technology, 2019, 91: 103001.

[17] Xue T E, Zhang Q Y, Zhang Z J, et al. Geo-mechanical model test on excavation and support of deep tunnel crossing a fault under hydro-mechanical coupled condition. Acta Geotechnica, 2024, 19(4): 2063-2082.

[18] 崔岩, 崔京浩, 吴世红, 等. 浅埋地下结构外水压折减系数试验研究. 岩石力学与工程学报, 2000, 19(1): 82-84.

[19] 王建秀, 杨立中, 何静. 深埋隧道衬砌水荷载计算的基本理论. 岩石力学与工程学报, 2002, 21(9): 1339-1343.

[20] 宋岳, 贾国臣, 滕杰. 隧洞外水压力折减系数工程地质研究. 水利水电工程设计, 2007, 26(3): 38-40, 55.

[21] Park K H, Lee J G, Owatsiriwong A. Seepage force in a drained circular tunnel: An analytical approach. Canadian Geotechnical Journal, 2008, 45(3): 432-436.

[22] 吴金刚, 谭忠盛, 皇甫明. 高水压隧道渗流场分布的复变函数解析解. 铁道工程学报, 2010, 27(9): 31-34, 68.

[23] 郑波, 王建宇, 吴剑. 水底隧道衬砌水压力折减系数估算. 隧道建设, 2012, 32(4): 474-478, 494.

[24] 刘立鹏, 汪小刚, 贾志欣, 等. 水岩分算隧道衬砌外水压力折减系数取值方法. 岩土工程学报, 2013, 35(3): 495-500.

[25] 中华人民共和国水利部. 水工隧洞设计规范(SL 279—2016). 北京: 中国水利水电出版社, 2016.

[26] Zhang Z J, Zhang Q Y, Duan K, et al. A fully coupled hydraulic-mechanical model of deep tunnel considering permeability variation. Computers and Geotechnics, 2022, 151:104984.

第 5 章　深部砂岩储层钻井井壁失稳评价分析研究

5.1　引　　言

我国高度重视油气产业，已将非常规油气能源的开发和利用摆到国家能源发展的战略位置，但钻井工程井壁失稳垮塌和卡钻问题已严重阻碍油气开发的发展步伐[1-3]。砂岩地层作为常见的油气赋存地层之一，是钻井井壁失稳破坏多发地层。深部地层通常受地应力和孔隙压力的联合作用，钻井作业时，井眼的形成打破了原地应力的平衡状态，应力在井壁围岩重新分布，产生应力集中，当井眼通过低强度地层，应力集中就可能使井壁失稳破坏。同时，为了防止钻井过程中发生孔隙流体溢流和井壁岩石破坏，需要注入一定密度的钻井液充满井眼。钻井液密度过低，将会导致钻井失稳垮塌，钻井液密度过高，又会导致钻井液漏失。钻孔崩落是钻井井壁失稳破坏的常见形式之一，其形成受许多因素的影响，如地应力大小与分布、渗压大小、钻井直径、钻井液密度、岩体物理力学特性及裂隙节理发育状况等。因此，开展深部钻井井壁失稳评价分析研究对保证钻井工程安全施工意义重大。

本章开展了水力耦合作用下深部砂岩储层钻井井壁失稳破坏机理研究，阐明了砂岩地层钻孔崩落宏观和微观破坏形态，建立了深部钻井井壁失稳破坏数值模拟方法和钻井井壁失稳破坏准则，揭示了钻井直径、地应力、钻井液密度和节理裂隙等对钻井井壁稳定性的影响规律。

5.2　红砂岩力学特性测试与钻孔破坏试验

本节选取四川自贡的红砂岩作为研究对象，对其进行超声波波速测试，选取波速相近岩石试样开展研究，以减小岩石非均质性对试验结果的影响。通过室内压缩试验、巴西劈裂试验和达西渗流试验得到红砂岩力学参数和渗透参数。开展了静水压力下的钻孔崩落试验，通过 CT 扫描对钻孔的宏观、微观破坏形态进行了分析。

5.2.1　红砂岩物理力学性质测试

1. 试样制备与超声波波速测试

使用取自四川自贡的红砂岩制备试样，岩体呈现新鲜的赭红色，风化程度低。对岩体取芯、切割打磨后得到用于压缩试验的高 100mm、直径 50mm 的圆柱体试样，以及巴西劈裂试验所需的高 25mm、直径 50mm 的圆盘试样。对制备好的试样进行超声波波速测试，选取波速相近的试样，开展后续试验研究，以降低岩石非均质性对试验结果的影响。红砂岩岩石试样和超声波波速测试仪如图 5.2.1 所示。

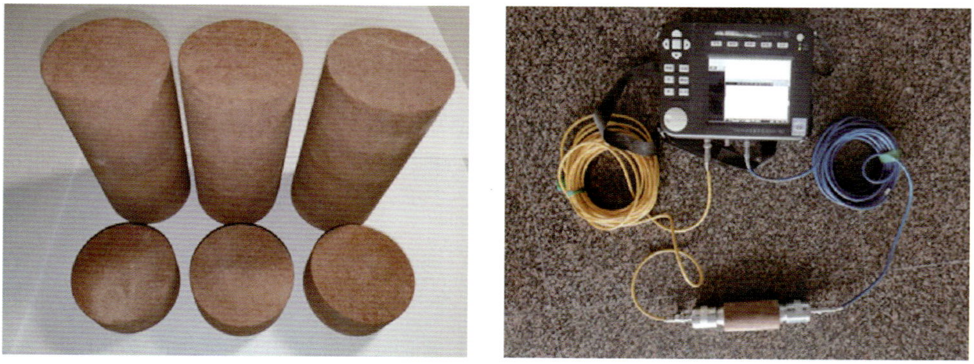

(a) 制备好的红砂岩岩石试样　　(b) 超声波波速测试仪

图 5.2.1　红砂岩岩石试样和超声波波速测试仪

2. 红砂岩物理力学性质测试

选取三块圆柱形试样，使用电子天平测量试样天然状态、烘干状态与饱和状态的重量，利用游标卡尺测得试样尺寸，计算试样密度，取测量平均值，得到红砂岩天然密度为 2280kg/m^3，干密度为 2240kg/m^3，饱和密度为 2330kg/m^3，由式(5.2.1)计算红砂岩孔隙率为 8.38%。

$$n = \frac{V_v}{V} \times 100\% = \frac{m_{sat} - m_s}{\rho_w V} \times 100\% \tag{5.2.1}$$

式中，m_{sat} 为饱和质量；m_s 为固体质量；n 为孔隙率；V_v 为孔隙体积；V 为试样总体积；ρ_w 为水的密度。

为了得到岩石的抗压强度、弹性模量、泊松比、内摩擦角和黏聚力等参数并减小误差，分别进行两组单轴压缩试验、两组不同围压下的常规三轴压缩试验(2MPa、5MPa、10MPa、15MPa)和四组巴西劈裂试验，取试验结果平均值。

单轴压缩试验轴向采用应变加载，加载速率为 0.005mm/s，常规三轴压缩试验围压加载速率为 2MPa/min，轴向采用应变加载，加载速率为 0.005mm/s。加载过程中记录轴向应变、径向应变和轴向应力，根据记录数据绘制红砂岩的应力-应变曲线图。

图 5.2.2 为不同围压条件下砂岩的偏应力-轴向应变曲线和偏应力-径向应变曲线。可以看出，红砂岩的抗压强度、弹性模量和泊松比均随围压的增加而增加。岩石的弹性模量 E 与泊松比 μ 计算公式为

$$E=\frac{(\sigma_1+\sigma_3)\sigma_1-2\sigma_3^2}{(\sigma_1+\sigma_3)\varepsilon_1-2\sigma_3\varepsilon_3} \tag{5.2.2}$$

$$\mu=\frac{\sigma_1\varepsilon_3-\sigma_3\varepsilon_1}{2\sigma_3\varepsilon_3-(\sigma_1+\sigma_3)\varepsilon_1} \tag{5.2.3}$$

式中，ε_1 为峰值应力 50%时对应的轴向应变；ε_3 表示峰值应力 50%时对应的径向应变；σ_1 为峰值应力 50%时的轴向应力；σ_3 为围压大小。

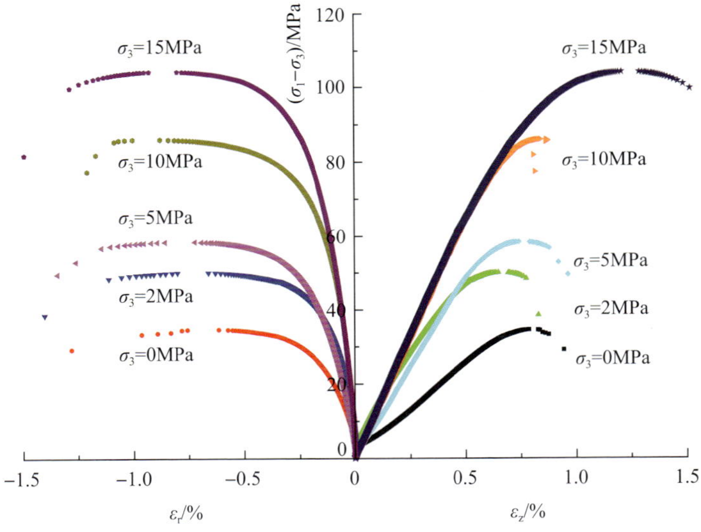

图 5.2.2　不同围压条件下砂岩的偏应力-轴向应变曲线和偏应力-径向应变曲线

图 5.2.3 为不同围压条件下红砂岩三轴压缩破坏形态。可以看出，随着围压的增加，红砂岩破坏形态逐渐由张拉破坏转变为劈裂破坏。假设岩石的三轴抗压强度与围压之间符合莫尔-库仑强度准则，即

$$\sigma_1-\sigma_3=\frac{2c\cos\varphi}{1-\sin\varphi}+\frac{2\sin\varphi}{1-\sin\varphi}\sigma_3 \tag{5.2.4}$$

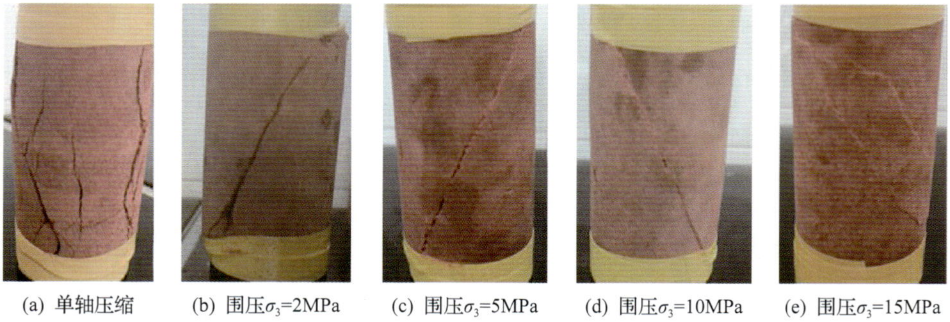

图 5.2.3　不同围压条件下红砂岩三轴压缩破坏形态

根据莫尔-库仑强度准则，试验得到的围压与峰值抗压强度关系为

$$\sigma_1 = \xi\sigma_3 + \sigma_c \tag{5.2.5}$$

式中，σ_c 为岩石单轴抗压强度；ξ 为系数。

根据式(5.2.5)拟合得到红砂岩峰值强度与围压关系曲线，如图 5.2.4 所示。

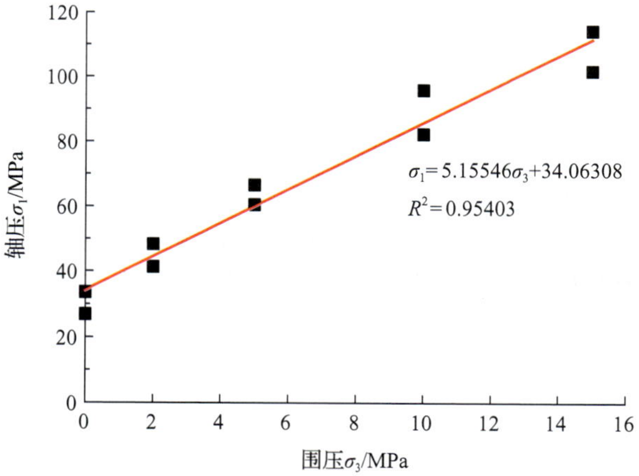

图 5.2.4　红砂岩峰值强度与围压关系曲线

巴西劈裂试验是一种测试岩石抗拉强度的方法，其抗拉强度计算公式为

$$R_t = \frac{2P}{Dh\pi} \tag{5.2.6}$$

式中，R_t 为巴西劈裂抗拉强度；P 为试样破坏时的荷载；D 为试样的直径；h 为试样的厚度。

试验测试得到的红砂岩物理力学参数如表 5.2.1 所示。

表 5.2.1　红砂岩物理力学参数

密度/(kg/m^3)	单轴抗压强度/MPa	抗拉强度/MPa	弹性模量/GPa	泊松比	内摩擦角/(°)	黏聚力/MPa
2330	29.71	2.98	4.51	0.261	40.47	7.9

5.2.2　红砂岩达西渗流特性测试

为开展水力耦合作用下砂岩储层钻井井壁失稳问题的研究，本节通过稳态法达西渗流试验测得了红砂岩在不同围压、偏应力和渗压条件下的平均渗透率。现提出如下假设以便分析测试结果：①渗流液体为不可压缩流体；②岩体为孔隙介质；③恒压稳定渗流过程为连续渗流；④渗流过程符合达西定律。

1. 试验方法与过程

为研究不同围压、偏应力和渗压对砂岩渗透率的影响，试验设计了三种不同的工况：①保持偏应力和渗压恒定，分级加围压；②保持围压和渗压恒定，分级加偏应力；③保持围压和偏应力恒定，分级加渗压。每一级加载完成后，待试样应变保持稳定，记录 2min 内渗流流体的体积。

试样平均渗透率的计算公式为

$$k' = \frac{\zeta' H \Delta V}{A \Delta P \, \Delta t} \tag{5.2.7}$$

式中，A 为试样的横截面积；H 为试样的高度；k' 为试样在测量时间段内的平均渗透率；ΔP 为试样两端的渗压；Δt 为时间；ΔV 为渗流流体的体积；ζ' 为渗流流体的动力黏滞系数。

2. 试验结果分析

1) 围压对渗透率的影响分析

根据 Duan 等[4]的研究，岩体的渗透系数与法向应力呈负指数关系。为研究围压对于红砂岩渗透率的影响，开展分级加围压的达西渗流试验测量试样的渗透率变化情况，设置偏应力为 8MPa，渗压为 2MPa，围压每次增加 2MPa，待围压稳定后，记录渗流流量与时间。通过式(5.2.7)计算该段时间内的平均渗透率，通过拟合得到不同围压条件下红砂岩渗透率变化曲线，如图 5.2.5 所示。

通过该方法测得的渗透率为轴向渗透率。由图 5.2.5 可以看出，随着围压的增加，红砂岩渗透率不断降低，与围压大小近似呈负指数关系。通过该方法测得的渗透率为轴向渗透率，增加围压，红砂岩被不断压密，岩体本身天然存在的微裂隙与孔隙宽度降低，由立方定律可知，渗流流量降低。

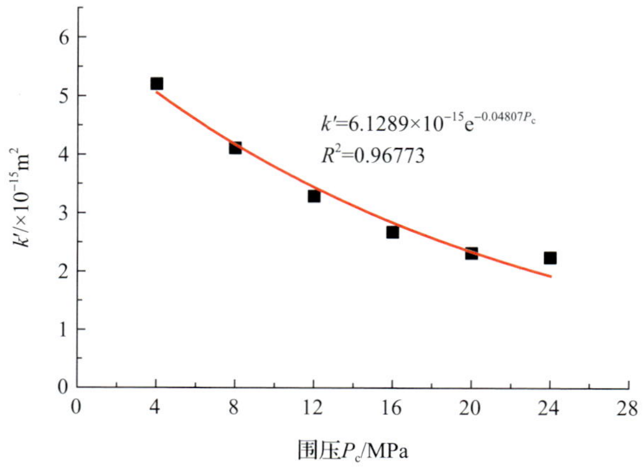

图 5.2.5　不同围压条件下红砂岩渗透率变化曲线

2)偏应力对渗透率的影响分析

开展分级加偏应力的达西渗流试验测量试样的渗透率变化情况，设置围压为 8MPa，渗压为 2MPa，偏应力每次增加 4MPa。不同偏应力条件下红砂岩渗透率变化曲线如图 5.2.6 所示。可以看出，随着偏应力不断升高，砂岩渗透率小幅度降低；当砂岩出现破坏时，渗透率大幅度增加。在岩石破坏之前，岩石的压缩可以分为压密阶段、弹性变形阶段和塑性阶段。在压密阶段，随着偏应力的增加，红砂岩中的天然裂隙不断闭合，砂岩渗透率降低；弹性阶段后，红砂岩渗透率降低速率下降，整体趋于稳定；待红砂岩压缩进入塑性阶段，红砂岩出现破坏，裂隙大量发育，渗透率大幅提高。

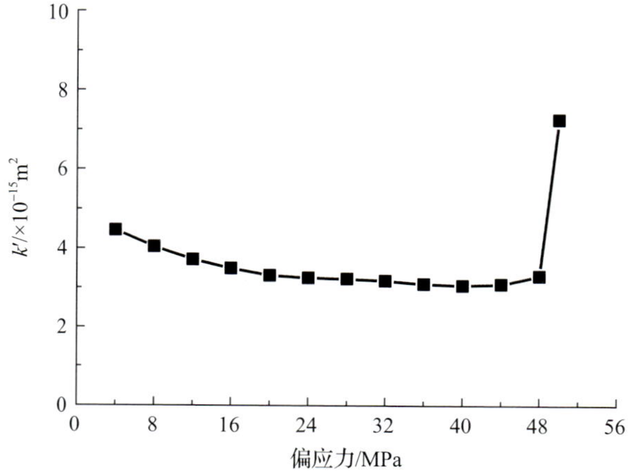

图 5.2.6　不同偏应力条件下红砂岩渗透率变化曲线

3)渗压对渗透率影响分析

开展分级加渗压的达西渗流试验测量试样的渗透率变化情况，设置围压为

8MPa，偏应力为 2MPa，偏应力每次增加 4MPa。不同渗压条件下红砂岩渗透率变化曲线如图 5.2.7 所示。可以看出，随着渗压升高，红砂岩渗透率也将随之增高；渗压升高导致红砂岩内部有效应力降低；同时，高渗压使红砂岩内部孔隙开度小幅度增加，渗透率因此提高。

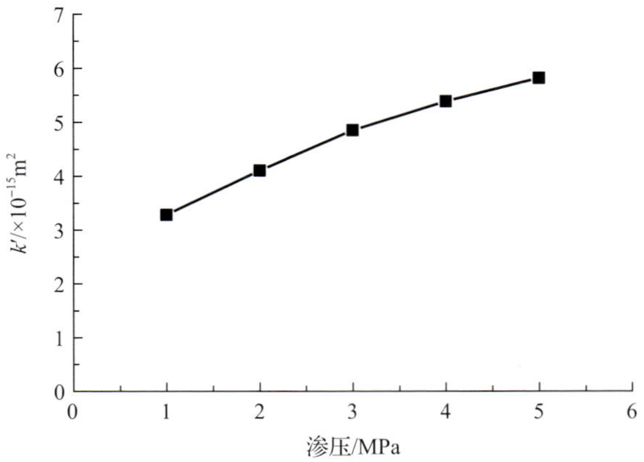

图 5.2.7　不同渗压条件下红砂岩渗透率变化曲线

5.2.3　红砂岩室内钻孔崩落试验

1. 试验方法与试验过程

为开展红砂岩钻孔崩落试验，在若干个直径为 50mm、高为 100mm 的圆柱体试样轴心处钻取不同直径的贯穿孔洞(见图 5.2.8)，从左至右依次为钻孔直径为 10mm、12mm、14mm、16mm 和 18mm 的厚壁圆筒形红砂岩试样，编号命名为 D10、D12、D14、D16 和 D18，进行两组试验以减小误差。

图 5.2.8　不同钻孔直径的红砂岩空心圆筒形试样

试验开始后，围压以 1MPa/min 的速度加载，记录围压、时间、径向应变、轴向应变、体积应变和声发射能量与事件数等数据。在围压-径向应变曲线发生偏转、声发射事件数陡增时，停止加载，声发射设备停止记录，导出时间、通道、事件数和能量等数据。试样发生钻孔崩落后，以 5MPa/min 的速率卸压。试验结束后，取出试样，记录编号，保存破坏后的试样留作后续分析。

2. 钻孔破坏及声发射结果

声发射是检测岩石内部损伤的有效手段[5]，本节根据声发射事件数和静水压力-径向应变曲线综合判断出现钻孔崩落的静水压力值，即临界静水压力值(P^*)。整理试验数据，绘制不同钻孔直径试样静水压力-径向应变曲线，如图 5.2.9 所示。可以看出，不同钻孔直径试样破坏的静水压力-径向应变曲线有相同的发展趋势，该趋势由三个阶段构成：第一阶段为压密阶段，静水压力上升导致试样原始裂隙闭合，曲线略微向下弯曲，斜率较低且逐渐增加；第二阶段为线弹性阶段，曲线保持线性特征，斜率为常数；第三阶段为破坏阶段，曲线出现明显的拐点，斜率迅速下降为零，环向应变迅速增加，试样出现破坏。

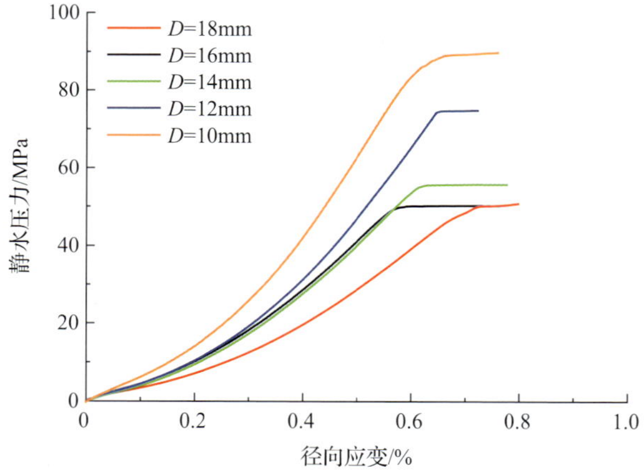

图 5.2.9 不同钻孔直径试样静水压力-径向应变曲线

绘制试样 D16 的径向应变与声发射事件数随静水压力变化曲线,如图 5.2.10 所示。可以看出，在压密阶段与线弹性阶段，声发射事件数很少，试样中出现的微裂隙较少；当静水压力大小达到临界静水压力并继续加载时，声发射事件数陡然上升，这表明此时在钻孔周围发生剧烈破坏；而随着静水压力的持续加载，声发射事件数很快就出现一定的回落，表明在很短的时间内破坏区完全破坏，不再继续扩展，再继续加载可能会导致红砂岩厚壁圆筒试样整体垮塌。

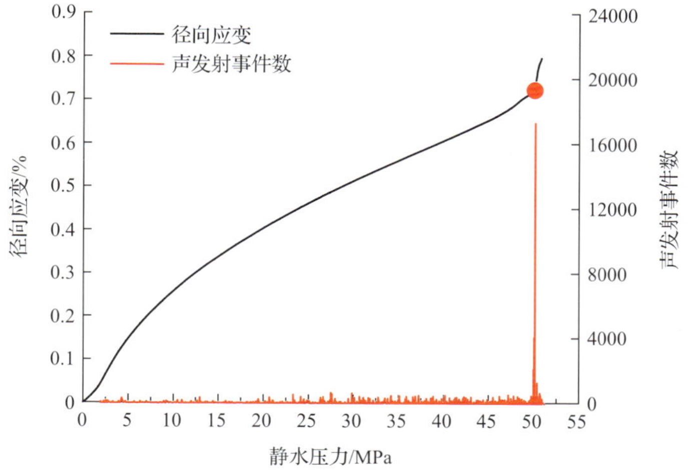

图 5.2.10　试样 D16 的径向应变与声发射事件数随静水压力变化曲线

● 井壁失稳临界静水压力

拐点处的静水压力被定义为临界静水压力，随着拐点出现，声发射监测到的微破裂事件数也大幅增加，表明试样此时开始出现剧烈破坏，将临界静水压力值定为钻孔能承载的最大强度，以此来评价钻孔的稳定性。试验研究发现，临界静水压力值与钻孔直径密切相关。随着钻孔直径的减小，临界静水压力大幅提高。随着钻孔直径从 18mm 减小至 10mm，临界静水压力从 49.2MPa 增至 88.6MPa，增幅为 80.1%。

直径为 10mm、16mm 和 18mm 的红砂岩试样破坏形态有两种：V 形破坏和片块状剥落，如图 5.2.11 所示。当前对红砂岩钻孔破坏的研究仅从宏观尺度推进且停留在试样表面，因此，选取 10mm、12mm 和 6mm 三个尺寸的破坏后红砂岩试样进行 CT 扫描，从宏/微观两个尺度上对红砂岩钻孔内部破坏机理进行研究分析。

(a) V形破坏(D=10mm)　(b) V形破坏(D=16mm)　(c) 片块状剥落(D=18mm)

图 5.2.11　不同钻孔直径红砂岩试样破坏形态

3. 破坏试样的 CT 扫描结果

CT 可以对试样破坏区与试样内部结构进行扫描识别。图 5.2.12 为试样 D10 的 X 射线 CT 扫描图。可以看出，试样在钻孔周围产生对称的 V 形破坏，破坏主要沿 2—2′方向发展，在破坏区周围，出现大量与钻孔方向平行的裂隙，裂隙周围岩石碎片不断剥落，最终产生钻孔崩落破坏，同时试样中部破坏更严重，破坏区更大，上下两端破坏区范围较小，钻孔扩展成中心宽、两端窄的纺锤状。

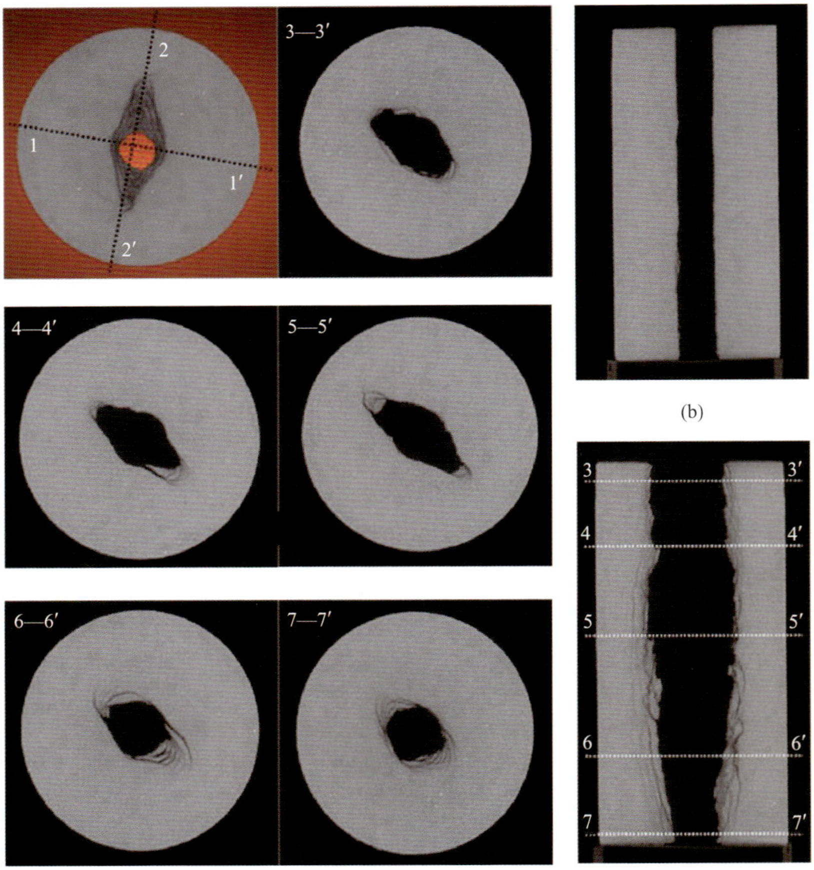

图 5.2.12　试样 D10 的 X 射线 CT 扫描图

为了更直观地观察钻孔周围破坏形态，选取了五个不同高度的 CT 扫描横截面图像(见图 5.2.12(c))。可以看出，随着向钻孔轴向中心靠近，钻孔崩落破坏区的跨度与深度均有所增加，钻孔中部破坏区前端，平行于钻孔方向裂隙较少，上下端破坏区前端存在大量的平行于钻孔方向的裂隙。因此可以认为，钻孔崩落破坏首先在钻孔中部产生，之后向两端发展延伸，在试样不同高度的横截面上钻孔崩落几何形状不同，代表着钻孔崩落发展的不同阶段。

图 5.2.13 和图 5.2.14 分别为试样 D12、D16 的 X 射线 CT 扫描图。可以看出，D12、D16 试样与 D10 试样破坏模式类似，在试样中部处的崩落破坏程度最大，破坏范围最大，越靠近端部，崩落破坏区范围越小。同时，直径为 16mm 的砂岩试样最终在钻孔周围出现间隔为 120°的三个 V 形破坏，而非 D10 试样中出现的对称的 V 形破坏，同时，在直径为 12mm 的砂岩试样钻孔周围，在对称的破坏区域外，出现少量裂隙，有出现第三个破坏区域的趋势。因此可以认为，在静水压力加载条件下，随着钻孔直径的增加，钻孔破坏形态将由对称的 V 形破坏逐渐向三个间隔约 120°的 V 形破坏转变。

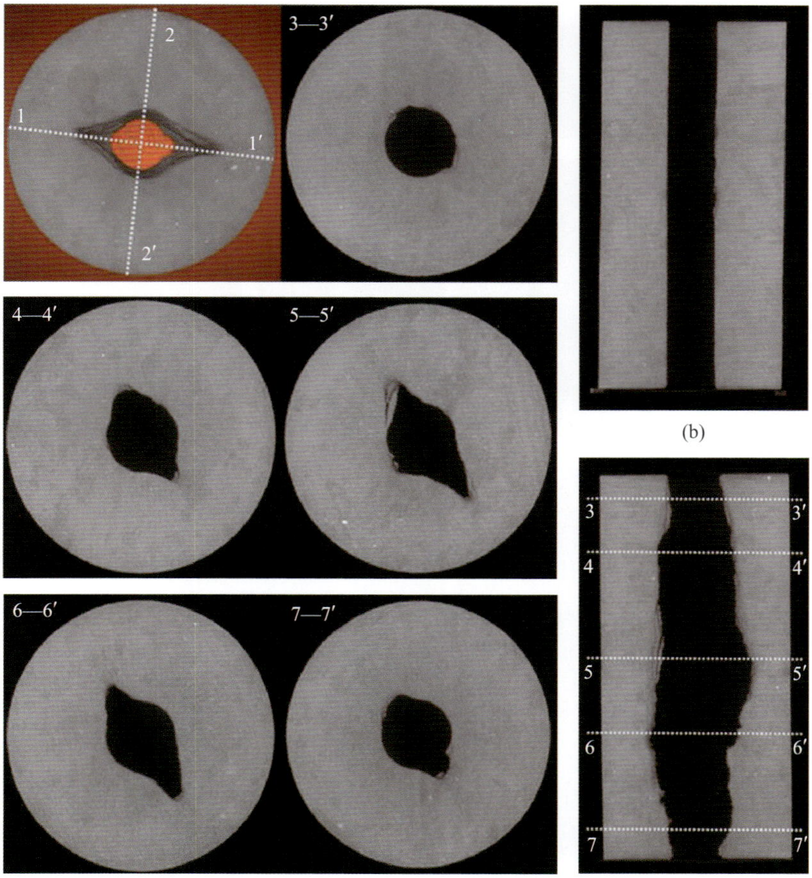

(a)　(c)

图 5.2.13　试样 D12 的 X 射线 CT 扫描图

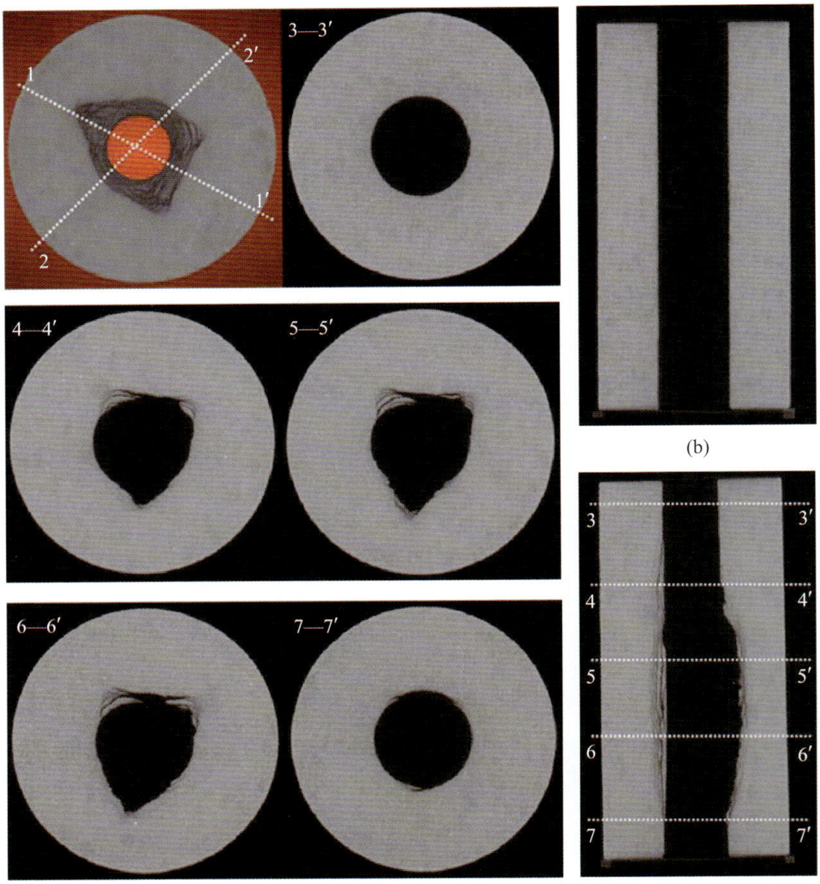

(a)　(b)　(c)

图 5.2.14　试样 D16 的 X 射线 CT 扫描图

钻孔首先由中部开始出现破坏、崩落，然后向上、下两端发展，不同位置钻孔周围破坏可以视为钻孔崩落的不同阶段，CT 扫描所得钻孔崩落程度随钻孔轴向高度变化不同，这为分析钻孔崩落过程提供了便利。虽然，随着钻孔直径变化，出现了 V 形破坏，每个 V 形破坏区域的破坏模式非常相似。

由于岩石的非均质性，在静水压力不断升高的过程中，钻孔周围部分区域首先出现微裂隙，微裂隙引起钻孔周围应力重分布，导致裂隙周围的岩石出现应力集中，进而逐渐产生大量与钻孔孔壁平行的拉伸裂隙；随着加载应力升高，裂缝扩展互相连接，在钻孔表面形成岩石薄片，发生剥落，应力进一步集中，向破坏区前端及上下两端发展，在新的钻孔表面之后形成新的裂缝，产生剥落。这个过程不断发生，使得破坏不断进行，而破坏区尖端剥离的岩石薄片逐渐变小，因此延伸至岩石中的破坏区跨度降低，直至形成 V 形的破坏区。

当钻孔直径较小时，虽然加载初期微裂缝是环绕钻孔生成的，但当剥落产生时，应力重分布使得应力集中于破坏区，抑制了其他微裂隙的进一步扩展，而随着破坏区的发展，孔壁周围微裂隙还未进一步发育，破坏区裂隙就与其相连通，造成破坏区跨度增加，因此无法产生新的 V 形破坏区。当钻孔直径较大时，如图 5.2.13(b)所示，最先出现微裂隙的部位出现崩落破坏后，随着应力重分布，破坏区域不断增加，但因钻孔直径较大，破坏区无法完全与孔壁上所有微裂隙贯通，随着静水压力不断升高，孔壁周围其他区域微裂隙进一步发展，逐步形成新的破坏区，最终产生三个间隔约 120°的 V 形破坏。

5.3　深部钻井井壁失稳力学分析

在钻井工程中，钻井井眼的形成会打破地层原地应力的平衡状态，使应力在井壁围岩中重新分布，并引起应力集中。获取钻井井壁围岩的应力分布状态，是分析钻井井壁稳定性和优化钻采设计方案的基础。钻井井眼轴向距离很长，所以通常将井周应力分布模型简化为平面应变问题，并假设井壁围岩为均质岩体。本节定义侧应力系数 K 为最大水平远场应力 σ_{H} 与最小水平远场应力 σ_{h} 的比值，根据钻井井壁围岩应力分布状态，使用莫尔-库仑强度准则和张拉破坏准则分析钻井井壁失稳的临界压力，并求解安全钻井液密度窗口。

5.3.1　钻井井周应力分布

1. 远场地应力分布均匀

当远场地应力分布均匀，即 K=1 时，钻井井壁围岩应力分布可被简化为厚壁圆筒模型进行分析，厚壁圆筒的内径和外径分别为 a 和 b，内部围压为 P_{i}，外部围压为 P_{e}，竖直方向受力为 F。厚壁圆筒弹性分析模型如图 5.3.1 所示[6]。

根据弹性力学理论，极坐标系下厚壁圆筒径向任意距离 r 处的应力为

$$
\begin{cases}
\sigma_{rr} = \dfrac{b^2 P_{\mathrm{e}} - a^2 P_{\mathrm{i}}}{b^2 - a^2} - \dfrac{a^2 b^2 \left(P_{\mathrm{e}} - P_{\mathrm{i}}\right)}{r^2 \left(b^2 - a^2\right)} \\
\sigma_{\theta\theta} = \dfrac{b^2 P_{\mathrm{e}} - a^2 P_{\mathrm{i}}}{b^2 - a^2} + \dfrac{a^2 b^2 \left(P_{\mathrm{e}} - P_{\mathrm{i}}\right)}{r^2 \left(b^2 - a^2\right)} \\
\tau_{r\theta} = 0
\end{cases}
\tag{5.3.1}
$$

式中，r 为极坐标半径；σ_{rr} 为径向应力；$\sigma_{\theta\theta}$ 为周向应力；$\tau_{r\theta}$ 为剪应力。

垂向应力 σ_z 为

$$\sigma_z = \frac{F}{\left(b^2 - a^2\right)\pi} + \frac{P_e b^2}{b^2 - a^2} - \frac{P_i a^2}{b^2 - a^2} \tag{5.3.2}$$

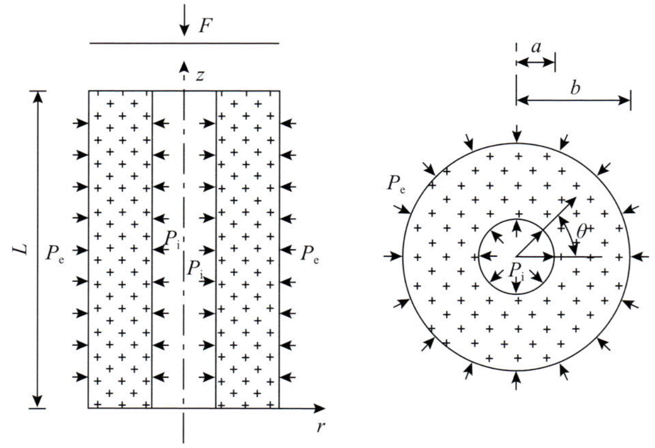

图 5.3.1　厚壁圆筒弹性分析模型

2. 远场地应力分布不均匀

当远场地应力分布不均匀，即 $K \neq 1$ 时，钻井井壁围岩应力分布问题可被简化为平面应变问题进行分析。井壁周围岩体受力状态如图 5.3.2 所示。在无限大的平面上，有一圆孔受均匀内压 P_i，在无限远处受水平最大地应力 σ_H、

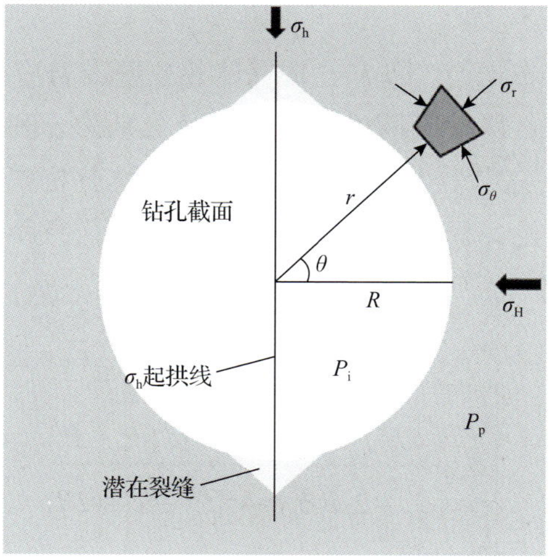

图 5.3.2　井壁周围岩体受力状态

水平最小地应力 σ_{h} 的作用，其铅直方向上受上覆地层压力 σ_{v} 的作用，R 为钻井井眼半径，r 为极坐标半径。井壁围岩总的应力状态可通过先研究各应力分量对井壁围岩应力的影响，再通过叠加方法来得到。

内压 P_{i} 引起的应力为

$$\begin{cases} \sigma_{rr}=\dfrac{R^2}{r^2}P_{\mathrm{i}} \\ \sigma_{\theta\theta}=-\dfrac{R^2}{r^2}P_{\mathrm{i}} \\ \tau_{r\theta}=0 \end{cases} \tag{5.3.3}$$

水平最大地应力 σ_{H} 引起的应力分布变化为

$$\begin{cases} \sigma_{rr}=\dfrac{\sigma_{\mathrm{H}}}{2}\left(1-\dfrac{R^2}{r^2}\right)+\dfrac{\sigma_{\mathrm{H}}}{2}\left(1+\dfrac{3R^4}{r^4}-\dfrac{4R^2}{r^2}\right)\cos(2\theta) \\ \sigma_{\theta\theta}=\dfrac{\sigma_{\mathrm{H}}}{2}\left(1+\dfrac{R^2}{r^2}\right)-\dfrac{\sigma_{\mathrm{H}}}{2}\left(1+\dfrac{3R^4}{r^4}\right)\cos(2\theta) \\ \tau_{r\theta}=-\dfrac{\sigma_{\mathrm{H}}}{2}\left(1-\dfrac{3R^4}{r^4}+\dfrac{2R^2}{r^2}\right)\sin(2\theta) \end{cases} \tag{5.3.4}$$

水平最小地应力 σ_{h} 引起的应力分布变化为

$$\begin{cases} \sigma_{rr}=\dfrac{\sigma_{\mathrm{h}}}{2}\left(1-\dfrac{R^2}{r^2}\right)-\dfrac{\sigma_{\mathrm{h}}}{2}\left(1+\dfrac{3R^4}{r^4}-\dfrac{4R^2}{r^2}\right)\cos(2\theta) \\ \sigma_{\theta\theta}=\dfrac{\sigma_{\mathrm{h}}}{2}\left(1+\dfrac{R^2}{r^2}\right)+\dfrac{\sigma_{\mathrm{h}}}{2}\left(1+\dfrac{3R^4}{r^4}\right)\cos(2\theta) \\ \tau_{r\theta}=\dfrac{\sigma_{\mathrm{h}}}{2}\left(1-\dfrac{3R^4}{r^4}+\dfrac{2R^2}{r^2}\right)\sin(2\theta) \end{cases} \tag{5.3.5}$$

上覆地层压力 σ_{v} 引起的应力分布变化为

$$\sigma_{\mathrm{z}}=\sigma_{\mathrm{v}}-2\mu\left(\sigma_{\mathrm{H}}-\sigma_{\mathrm{h}}\right)\frac{R^2}{r^2}\cos(2\theta) \tag{5.3.6}$$

式中，μ 为岩石泊松比。

因此，井壁围岩的应力分布可由以上部分应力叠加得到，即

$$\begin{cases}\sigma_{rr}=\dfrac{R^2}{r^2}P_{\rm i}+\dfrac{\sigma_{\rm H}+\sigma_{\rm h}}{2}\left(1-\dfrac{R^2}{r^2}\right)+\dfrac{\sigma_{\rm H}-\sigma_{\rm h}}{2}\left(1+\dfrac{3R^4}{r^4}-\dfrac{4R^2}{r^2}\right)\cos(2\theta)\\ \sigma_{\theta\theta}=-\dfrac{R^2}{r^2}P_{\rm i}+\dfrac{\sigma_{\rm H}+\sigma_{\rm h}}{2}\left(1+\dfrac{R^2}{r^2}\right)-\dfrac{\sigma_{\rm H}-\sigma_{\rm h}}{2}\left(1+\dfrac{3R^4}{r^4}\right)\cos(2\theta)\\ \tau_{r\theta}=-\dfrac{\sigma_{\rm H}-\sigma_{\rm h}}{2}\left(1-\dfrac{3R^4}{r^4}+\dfrac{2R^2}{r^2}\right)\sin(2\theta)\\ \sigma_{\rm z}=\sigma_{\rm v}-2\mu\left(\sigma_{\rm H}-\sigma_{\rm h}\right)\dfrac{R^2}{r^2}\cos(2\theta)\end{cases}\tag{5.3.7}$$

3. 钻井液渗流效应

在实际工程中，井壁围岩岩层存在渗流场，在使用钻井液保护井壁时，部分钻井液从井筒内渗入井壁围岩，产生渗流。假设井壁围岩为孔隙介质，流体在介质中流动满足达西定律。根据有效应力原理[7]，可得

$$\sigma'=\sigma-\alpha P_{\rm p}\tag{5.3.8}$$

式中，$P_{\rm p}$ 为原始地层孔隙压力；α 为有效应力系数。

井内钻井液径向渗流在井壁周围产生的附加应力场为

$$\begin{cases}\sigma_{rr}=\left[\dfrac{\alpha(1-2\mu)}{2(1-\mu)}\dfrac{\left(r^2-R^2\right)}{r^2}-\phi\right]\left(P_{\rm i}-P_{\rm p}\right)\\ \sigma_{\theta\theta}=\left[\dfrac{\alpha(1-2\mu)}{2(1-\mu)}\dfrac{\left(r^2+R^2\right)}{r^2}-\phi\right]\left(P_{\rm i}-P_{\rm p}\right)\\ \sigma_{\rm z}=\left[\dfrac{\alpha(1-2\mu)}{1-\mu}-\phi\right]\left(P_{\rm i}-P_{\rm p}\right)\end{cases}\tag{5.3.9}$$

式中，ϕ 为岩体孔隙率。

考虑钻井液的渗流作用，在侧应力系数 K=1.0 时，地层应力分布为

$$\begin{cases}\sigma_{rr}=\dfrac{b^2P_e-a^2P_i}{b^2-a^2}-\dfrac{a^2b^2\left(P_e-P_i\right)}{r^2\left(b^2-a^2\right)}+\left[\dfrac{\alpha(1-2\mu)}{2(1-\mu)}\dfrac{\left(r^2-a^2\right)}{r^2}-\phi\right]\left(P_i-P_p\right)\\ \sigma_{\theta\theta}=\dfrac{b^2P_e-a^2P_i}{b^2-a^2}+\dfrac{a^2b^2\left(P_e-P_i\right)}{r^2\left(b^2-a^2\right)}+\left[\dfrac{\alpha(1-2\mu)}{2(1-\mu)}\dfrac{\left(r^2+a^2\right)}{r^2}-\phi\right]\left(P_i-P_p\right)\\ \sigma_z=\left[\dfrac{\alpha(1-2\mu)}{1-\mu}-\phi\right]\left(P_i-P_p\right)\\ \tau_{r\theta}=0\end{cases}\tag{5.3.10}$$

在侧应力系数$K\neq1$时，地层应力分布为

$$\begin{cases}\sigma_{rr}=\dfrac{R^2}{r^2}P_i+\dfrac{\sigma_H+\sigma_h}{2}\left(1-\dfrac{R^2}{r^2}\right)+\dfrac{\sigma_H-\sigma_h}{2}\left(1+\dfrac{3R^4}{r^4}-\dfrac{4R^2}{r^2}\right)\cos(2\theta)\\ \qquad+\left[\dfrac{\alpha(1-2\mu)}{2(1-\mu)}\dfrac{\left(r^2-a^2\right)}{r^2}-\phi\right]\left(P_i-P_p\right)\\ \sigma_{\theta\theta}=-\dfrac{R^2}{r^2}P_i+\dfrac{\sigma_H+\sigma_h}{2}\left(1+\dfrac{R^2}{r^2}\right)-\dfrac{\sigma_H-\sigma_h}{2}\left(1+\dfrac{3R^4}{r^4}\right)\cos(2\theta)\\ \qquad+\left[\dfrac{\alpha(1-2\mu)}{2(1-\mu)}\dfrac{\left(r^2+a^2\right)}{r^2}-\phi\right]\left(P_i-P_p\right)\\ \tau_{r\theta}=-\dfrac{\sigma_H-\sigma_h}{2}\left(1-\dfrac{3R^4}{r^4}+\dfrac{2R^2}{r^2}\right)\sin(2\theta)\\ \sigma_z=\sigma_v-2\mu\left(\sigma_H-\sigma_h\right)\dfrac{R^2}{r^2}\cos(2\theta)+\left[\dfrac{\alpha(1-2\mu)}{1-\mu}-\phi\right]\left(P_i-P_p\right)\end{cases}\tag{5.3.11}$$

5.3.2　钻井井壁破坏准则

剪切破坏和张拉破坏是井壁失稳的主要形式，对应的常用判断准则分别为莫尔-库仑强度准则和张拉破坏准则。

1. 莫尔-库仑强度准则

莫尔-库仑强度准则认为岩石强度等于岩石本身抗剪切摩擦的黏结力和剪切面上法向产生的摩擦力，即

$$\tau = c + \sigma_{\mathrm{n}} \tan\varphi \tag{5.3.12}$$

式中，

$$\begin{cases} \sigma_{\mathrm{n}} = \dfrac{1}{2}(\sigma_1 + \sigma_3) + \dfrac{1}{2}(\sigma_1 - \sigma_3)\cos(2\theta) \\ \tau = \dfrac{1}{2}(\sigma_1 - \sigma_3)\sin(2\theta) \end{cases} \tag{5.3.13}$$

式中，c 为黏聚力；φ 为内摩擦角；σ_1 为最大主应力；σ_3 为最小主应力；σ_{n} 为剪切面上的正应力；τ 为剪切面上的剪应力；θ 为剪切面法线方向与最大主应力方向的夹角，$\theta = 45° + \varphi / 2$。

将式(5.3.13)代入式(5.3.12)，可得

$$\sigma_1 = \sigma_3 \cot^2\left(45° - \frac{\varphi}{2}\right) + 2c\cot\left(45° - \frac{\varphi}{2}\right) \tag{5.3.14}$$

将式(5.3.14)化简为

$$\sigma_1 = \xi\sigma_3 + \sigma_{\mathrm{c}} \tag{5.3.15}$$

式中，σ_{c} 为岩石单轴抗压强度；ξ 为系数。

将岩体所受应力状态代入式(5.3.15)即可判断井壁围岩是否会出现剪切破坏。

2. 张拉破坏准则

当钻井液密度过高，井内的钻井液柱所产生的压力升高足以压裂地层，从而导致张拉破坏。地层破裂是由于井内钻井液密度过大使岩石所受的周向应力 $\sigma_{\theta\theta}$ 达到岩石抗拉强度而造成的，即

$$\sigma_{\theta\theta} = \sigma_{\mathrm{t}} \tag{5.3.16}$$

式中，σ_{t} 为岩石的抗拉强度。

由式(5.3.1)和式(5.3.7)可知，周向应力 $\sigma_{\theta\theta}$ 随井内围压 P_{i} 的增加而减小，当 P_{i} 增加到一定程度时，$\sigma_{\theta\theta}$ 将变成负值，即岩石所受周向应力由压缩应力变为拉伸应力，当拉伸应力超过岩石抗拉强度时，地层发生破裂。

5.3.3 钻井液密度安全窗口选择

实施钻井作业的过程中应使用合理密度的钻井液，选择安全的钻井液密度窗口，避免钻井垮塌、地层开裂和钻井液漏失的情况出现。选择钻井液密度应

遵循下列原则：安全钻井液密度 ρ_1 所带来的井内压力 P_i 应大于安全压力下限 P_l，小于安全压力上限 P_u。通常，安全压力上限 P_u 由张拉强度准则确定；安全压力下限 P_l 由剪切破坏准则确定，同时需满足井内压力 P_i 不低于地层孔隙压力 P_p。

本节选取侧应力系数 K=1 的情况进行简化分析。由式(5.3.10)可知，使用弹性理论进行分析，井壁处的应力差值 $\sigma_{\theta\theta}-\sigma_{rr}$ 最大，将首先出现失稳破坏。但 Guenot[8]和 Santarelli 等[9]的研究表明，线弹性理论忽略了最小主应力对弹性模量的影响，分析所得钻井井壁临界强度趋于保守。

假设首先出现破坏的位置距离井眼距离为 r^*，原始地层孔隙压力 P_p=0，代入式(5.3.10)，有

$$\begin{cases}\sigma_{rr}^* = \dfrac{b^2 P_e - a^2 P_i}{b^2-a^2} - \dfrac{a^2 b^2 (P_e - P_i)}{r^{*2}(b^2-a^2)} + \left\{\dfrac{\alpha(1-2\mu)}{2(1-\mu)}\dfrac{\left[r^{*2}-a^2\right]}{r^{*2}} - \varphi\right\}P_i \\ \sigma_{\theta\theta}^* = \dfrac{b^2 P_e - a^2 P_i}{b^2-a^2} + \dfrac{a^2 b^2 (P_e - P_i)}{r^{*2}(b^2-a^2)} + \left\{\dfrac{\alpha(1-2\mu)}{2(1-\mu)}\dfrac{\left[r^{*2}+a^2\right]}{r^{*2}} - \varphi\right\}P_i\end{cases} \tag{5.3.17}$$

将式(5.3.17)化简可得

$$\begin{cases}\sigma_{rr}^* = k_r^{\mathrm{e}} P_e^* + k_r^{\mathrm{i}} P_i \\ \sigma_{\theta\theta}^* = k_\theta^{\mathrm{e}} P_e^* + k_\theta^{\mathrm{i}} P_i \\ \tau_{r\theta} = 0\end{cases} \tag{5.3.18}$$

其中，

$$\begin{cases}k_r^{\mathrm{e}} = \dfrac{b^2}{b^2-a^2} - \dfrac{a^2b^2}{r^{*2}(b^2-a^2)} \\ k_r^{\mathrm{i}} = -\dfrac{a^2}{b^2-a^2} + \dfrac{a^2b^2}{r^{*2}(b^2-a^2)} + \dfrac{\alpha(1-2\mu)}{2(1-\mu)}\dfrac{\left(r^{*2}-a^2\right)}{r^{*2}} - \varphi \\ k_\theta^{\mathrm{e}} = \dfrac{b^2}{b^2-a^2} + \dfrac{a^2b^2}{r^{*2}(b^2-a^2)} \\ k_\theta^{\mathrm{i}} = -\dfrac{a^2}{b^2-a^2} - \dfrac{a^2b^2}{r^{*2}(b^2-a^2)} + \dfrac{\alpha(1-2\mu)}{2(1-\mu)}\dfrac{\left(r^{*2}+a^2\right)}{r^{*2}} - \varphi\end{cases} \tag{5.3.19}$$

式中，$\sigma_{\theta\theta}^{*}$ 为破坏处最大主应力；σ_{rr}^{*} 为破坏处最小主应力。

将式(5.3.18)代入式(5.3.15),可得

$$k_{\theta}^{\mathrm{e}}P_{\mathrm{e}}^{*}+k_{\theta}^{\mathrm{i}}P_{\mathrm{i}}=\xi\left(k_{r}^{\mathrm{e}}P_{\mathrm{e}}^{*}+k_{r}^{\mathrm{i}}P_{\mathrm{i}}\right)+\sigma_{c} \tag{5.3.20}$$

将式(5.3.20)化简为

$$P_{\mathrm{e}}^{*}=\frac{\xi k_{r}^{\mathrm{i}}-k_{\theta}^{\mathrm{i}}}{k_{\theta}^{\mathrm{e}}-\xi k_{r}^{\mathrm{e}}}P_{\mathrm{i}}+\frac{\sigma_{c}}{k_{\theta}^{\mathrm{e}}-\xi k_{r}^{\mathrm{e}}}=k_{\mathrm{ie}}P_{\mathrm{i}}+P_{0}^{*} \tag{5.3.21}$$

式中，P_{e}^{*} 为井壁失稳临界静水压力；P_{0}^{*} 为 $P_{\mathrm{i}}=0$ 时的临界地应力大小；k_{ie} 为常数。

将 P_{e} 代入式(5.3.21)计算得到临界井内压力 P_{i}^{*}，即坍塌压力 P_{b}。在实际工程中，地层破裂一般出现在远场地应力分布不均的位置，即 $K\neq1$。由式(5.3.17)可知，地层破裂破坏出现在 $\sigma_{\theta\theta}$ 最小处，即 $\theta=0°$或 180°处，此时 $\sigma_{\theta\theta}$ 为

$$\sigma_{\theta\theta}=3\sigma_{\mathrm{h}}-\sigma_{\mathrm{H}}-P_{\mathrm{i}}-\alpha P_{\mathrm{p}}+K_{\mathrm{i}}\left(P_{\mathrm{i}}-P_{\mathrm{p}}\right) \tag{5.3.22}$$

其中，

$$K_{\mathrm{i}}=\delta\left[\frac{\alpha(1-2\mu)}{1-\mu}-\delta\right] \tag{5.3.23}$$

式中，δ 为井内钻井液渗流作用系数。当 $\delta=0$ 时，表示不考虑井内钻井液渗流作用；当 $\delta=1$ 时，表示考虑井内钻井液渗流作用。

将式(5.3.22)和式(5.3.23)代入式(5.3.16)，得到拉伸破坏时地层破裂压力 P_{f}，即

$$P_{\mathrm{f}}=\frac{3\sigma_{\mathrm{h}}-\sigma_{\mathrm{H}}-\delta\left[\dfrac{\alpha(1-2\mu)}{1-\mu}-\varphi\right]P_{\mathrm{p}}+S_{\mathrm{t}}}{1-\delta\left[\dfrac{\alpha(1-2\mu)}{1-\mu}-\varphi\right]} \tag{5.3.24}$$

因此，有

$$\max\{P_{\mathrm{b}},P_{\mathrm{p}}\}<P_{\mathrm{i}}<P_{\mathrm{f}} \tag{5.3.25}$$

在钻井时，必须使井内钻井液密度介于安全钻井液密度下限和安全钻井液密度上限的范围内才能实现安全钻井，这个范围就是钻井液密度窗口。

5.4　深部钻井井壁失稳数值模拟分析

数值模拟是水力压裂研究的重要途径，因为应力集中、岩石变形、裂缝扩展和流体流动之间的动态相互作用可以在不同的尺度上通过数值模拟加以实现[10]。离散元法作为岩土工程常用的数值模拟方法，可显式表征岩石裂缝萌生和扩展的全过程，因此本节使用 PFC 软件开展水力耦合作用下钻井井壁失稳破坏的数值模拟。

5.4.1　颗粒离散元法计算原理

颗粒离散元法是 Cundall[11]基于分子动力学原理首次提出的，并应用于分析岩石力学问题的一种非连续数值模拟方法。颗粒流（particle flow code，PFC）方法是岩土工程领域最常用的离散元数值模拟程序之一。

离散元法通常把离散介质看作无数颗粒单元的集合体。PFC 软件主要用于模拟有限尺寸内颗粒的运动和相互作用，PFC 软件中颗粒为单位厚度的圆盘，其为带质量的刚体，可以平移和转动，颗粒通过内部惯性力、力矩，以成对接触力方式产生相互作用，接触力的大小由重叠量和力-位移关系决定，通过更新内力和力矩产生相互作用。

颗粒离散元法中颗粒单元之间不用满足变形协调方程，但必须满足物理方程和平衡方程。模型内部接触既存在于球与墙之间，也存在球与球之间。PFC 软件计算循环过程如图 5.4.1 所示。在每一计算时步开始后，根据上一时步结束时颗粒和墙的状态，采用力-位移定律来更新模型中的所有接触状态，计算各接触对应的接触力的大小，再通过牛顿第二运动定律分别计算墙体和颗粒单元的运动速度以及受力大小。每一时步都重复上述的过程进行模拟和计算。

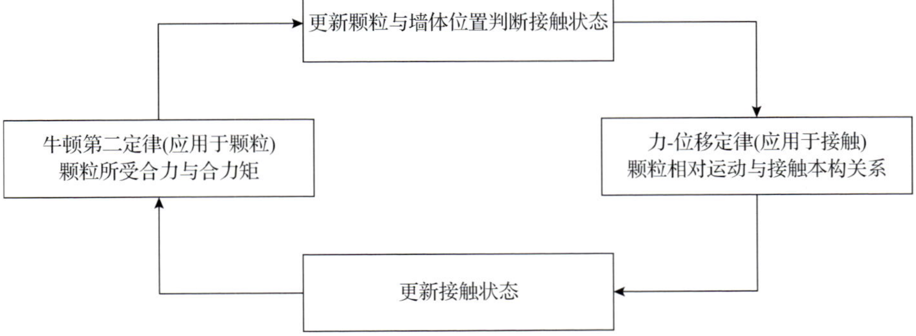

图 5.4.1　PFC 软件计算循环过程

5.4.2 钻井井壁失稳数值模拟方法

1. 伺服加载方法

边界条件是控制方程有定解的前提，选择合理的边界条件与边界条件控制方法，是得到合理、可信的数值模拟结果的关键。

室内钻孔崩落试验采用油压对包裹热缩膜的厚壁圆筒试样进行静水压力加载，使用颗粒膜柔性伺服能更真实地反映室内试验边界条件控制，墙体刚性伺服则更能表征工程所遇远场地应力分布不均的特征。根据工程条件及研究目的的不同，本节将运用颗粒膜柔性伺服与墙体刚性伺服两种伺服控制方法。

在红砂岩厚壁圆筒离散元数值模拟中，采用柔性边界进行伺服控制。建模时，沿模型外侧生成依次排列的颗粒作为膜颗粒，将膜颗粒黏结起来模拟柔性膜，通过在每个膜颗粒上施加力模拟施加荷载，膜颗粒间采用接触黏结模型，以保证传递的是力而非力矩，为膜颗粒相互接触附上足够高的强度和足够低的模量，避免柔性膜接触时出现破坏，同时使柔性膜更容易与边界贴合，便于施加荷载，如图 5.4.2 所示。

图 5.4.2 柔性膜伺服加载示意

对每个膜颗粒施加的等效集中力 F 为[12]

$$\begin{cases} F_X = 0.5\left(l_{12}\cos\theta + l_{23}\cos\beta\right)\sigma_{\text{conf}} \\ F_Y = 0.5\left(l_{12}\sin\theta + l_{23}\sin\beta\right)\sigma_{\text{conf}} \end{cases} \tag{5.4.1}$$

式中，F_X 和 F_Y 分别为施加在该颗粒上的 X、Y 方向的集中力；l_{12} 和 l_{23} 分别为颗粒圆心与相邻颗粒圆心间距离；σ_{conf} 为需要施加的伺服围压。

在离散元数值模拟中，伺服围压 σ_{conf} 从 0 开始增加，与计算时步呈线性关系，按时步遍历更新所有膜颗粒的圆心位置及半径，并接触识别周围两个颗粒的圆心位置及半径，依据式(5.4.1)给每一个颗粒施加外力，进而为整个模型施加荷载。

在远场应力分布不均匀条件下钻井井壁失稳破坏离散元数值模拟中，采用墙体刚性边界进行伺服控制加载，如图 5.4.3 所示。获取每个墙体所有球-墙接触的接触力大小及墙体尺寸，按式(5.4.2)计算每个时步内各墙体对模型施加的应力大小，在整个加载过程中，通过用数值伺服机制调整侧向约束的速度来使得约束应力保持设定值。最大水平主应力与最小水平主应力以一定的比例关系从零增加，与时步成正比，通过求解当前墙体施加应力与应力设定值的差值，调节墙体移动速度。

$$\sigma_{\text{b-w}} = \frac{F_{\text{b-w}}}{S_{\text{b-w}}} \tag{5.4.2}$$

式中，$\sigma_{\text{b-w}}$ 为墙体对模型施加的应力；$F_{\text{b-w}}$ 为作用在该墙体上所有接触力的总和；$S_{\text{b-w}}$ 为墙体与模型的接触面积。

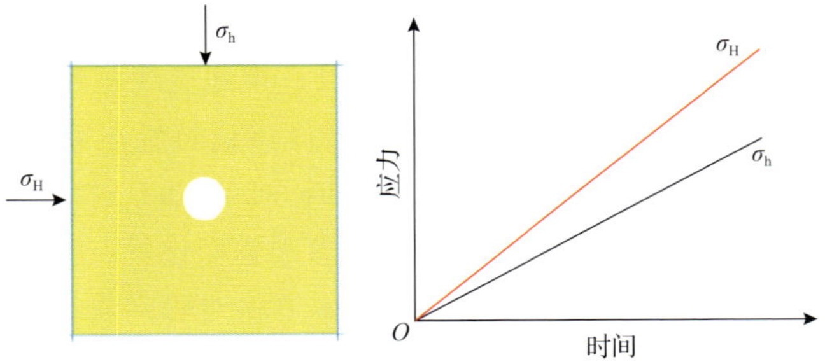

图 5.4.3　刚性伺服及远场地应力加载条件

伺服机制执行下列算法，边界约束的速度等式为

$$u_{\text{w}} = G(\sigma_{\text{conf}} - \sigma_{\text{meas}}) = G\Delta\sigma \tag{5.4.3}$$

式中，u_{w} 为墙体下一时步的移动速度；σ_{meas} 为所测得的墙体施加的应力大小。

在一个时步中由约束运动引起的约束力的最大增量是

$$\Delta F_{\text{w}} = K_{\text{n}}^{\text{w}} N_{\text{c}} u_{\text{w}} \Delta t \tag{5.4.4}$$

式中，N_{c} 为边界约束上接触面的数量；K_{n}^{w} 为这些接触面的平均刚度。

因此，平均约束应力的改变量为

$$\Delta\sigma_{\text{w}} = \frac{K_{\text{n}}^{\text{w}} N_{\text{c}} u_{\text{w}} \Delta t}{A} \tag{5.4.5}$$

式中，A 为约束墙体面积。

为保持模型稳定，约束应力变量的绝对值须小于测量值与需求值的差值。因而有

$$\left|\frac{K_{\mathrm{n}}^{\mathrm{w}} N_{\mathrm{c}} u_{\mathrm{w}} \Delta t}{A}\right| = \zeta \left|\Delta \sigma_{\mathrm{w}}\right| \tag{5.4.6}$$

式中，ζ 为大于 0 小于 1 的常数。

将式(5.4.6)代入式(5.4.3),可得

$$G = \frac{\zeta A}{K_{\mathrm{n}}^{\mathrm{w}} N_{\mathrm{c}} \Delta t} \tag{5.4.7}$$

通过式(5.4.7)计算得到 G 的大小,每个时步迭代计算,调整墙体移动速度,实现伺服加载控制。

2. 水力耦合模拟方法

与其他数值模拟方法相比,离散元法可以直观地展现颗粒变形、开裂过程。大量的试验研究表明，岩体的应力状态对岩体渗透特性具有较大的影响。在 PFC 软件中,通常采用管网流动算法(pipe-network model)对岩石基质内的流体流动进行模拟，该算法对于模拟应力诱导的渗透率变化具有良好的效果[13]。针对水力耦合作用下钻井井壁失稳破坏问题，本节将对管网流动算法进行一些调整及改进，使其更好地应用到钻井井壁失稳问题中去。

在 PFC 软件中,通过大量圆盘型颗粒之间互相胶结来表征岩石材料。管网流动模型如图 5.4.4 所示。假设每个颗粒接触处存在流体流动的细观管道，颗粒间的孔隙为储存流体的“域”，管网流动模型就是由这些管道及通过管道相互连接的域组成。“域”的大小与周围颗粒位置及颗粒尺寸有关，根据每个

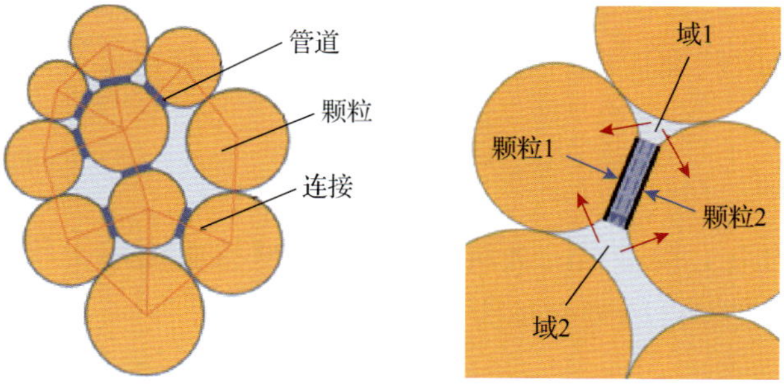

(a) 管网模型建立 (b) 流体流动及区域内流体对周围颗粒作用

图 5.4.4 管网流动模型

域的体积及其中储存流体的数量，计算域中流体压力，流体压力随每一计算步进行更新，并施加到周围颗粒上。管道的初始开度由材料宏观渗透率决定，开度越大，流体交换速率越快，渗透率越高。在计算过程中，根据每个管道对应接触两端颗粒所受力的大小求解管道开度，并随时步更新。

3. PFC 微观参数标定

使用 PFC 方法研究岩土工程问题，选取合适的微观力学参数非常重要，只有令宏观与微观力学特性相互对应，才能得到符合实际的计算结果。为进一步减少微观参数校准的迭代次数，通过对钻孔崩落破坏试验、单轴压缩试验、双轴压缩试验、直接拉伸试验、巴西劈裂试验和达西渗流试验进行数值模拟，分析模拟结果以获取反映红砂岩物理力学特性的微观参数，如表 5.4.1～表 5.4.4 所示。

表 5.4.1　计算模型颗粒细观参数

最小颗粒半径/mm	最大颗粒半径/mm	孔隙率	颗粒密度/(kg/m^3)	摩擦因数
0.15	0.25	0.15	2500	0.45

表 5.4.2　平节理(FJ)接触模型细观参数

弹性模量/GPa	黏聚力/MPa	黏结抗拉强度/MPa	摩擦因数	内摩擦角/(°)	法向、切向刚度比
6.2	22.0±2.2	7.0±0.7	0.45	38	2.5

表 5.4.3　平行黏结(PB)接触模型细观参数

弹性模量/GPa	黏聚力/MPa	黏结抗拉强度/MPa	摩擦因数	内摩擦角/(°)	法向、切向刚度比
3.6	27.0±2.7	27.0±2.7	0.5	60	2.0

表 5.4.4　管网流动算法细观参数

管道初始开度/m	接触力敏感系数	无量纲因子
6.0×10^{-7}	6.43×10^{-8}	0.4

5.4.3　钻井井壁失稳计算数值模型

使用 PFC 软件建立图 5.4.5 所示的厚壁圆筒和方形钻孔离散元数值试验模型，厚壁圆筒模型外径 D_o=50mm，使用柔性伺服进行伺服加载控制，伺服颗粒数量为 1600 个，方形钻孔模型边长 L=50mm，使用刚性墙体进行伺服控制。考虑平行黏结接触模型与平节理接触模型的优缺点，模拟工作过程将综合使用这两种接触模型，使用平行黏结接触模型分析钻孔破坏形态，使用平节理接触模型定量分析不同工况下的临界压力 P^*。颗粒大小及各微观参数如表 5.4.1～表 5.4.4 所示。

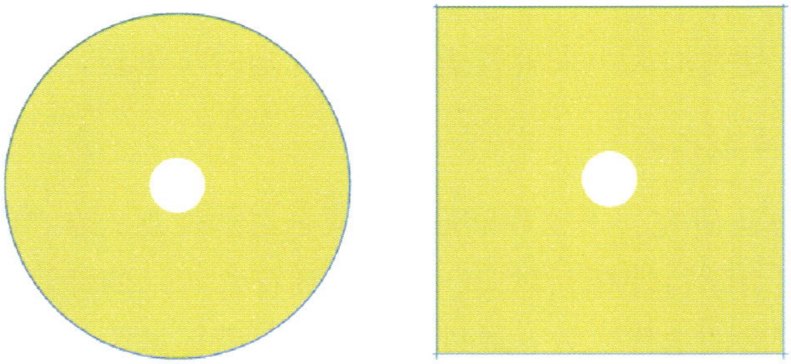

(a) 厚壁圆筒模型　(b) 方形钻孔模型

图 5.4.5　厚壁圆筒和方形钻孔离散元数值试验模型

在模拟过程中，厚壁圆筒模型通过膜颗粒施加荷载，方形钻孔模型通过墙体施加荷载，通过伺服控制保证应力以恒定速率线性增长，同时，加载速率足够慢以确保准静态响应。方形钻孔模型通过墙体记录模型应力及应变，厚壁圆筒模型通过外侧膜颗粒受力记录模型所受应力，因无约束墙体，故选取与模型圆心距离在 22.0～22.2mm 的颗粒为测量颗粒，根据所有测量颗粒与模型圆心间距离平均值的变化来计算并记录模型应变。

1. 应力分布对比验证

选取钻孔半径为 6mm 的模型进行验证。在模型中布设两组测量圆来测量模型不同位置的应力状态，第一组沿钻孔周围分布，每隔 9°布设一个，共 40 个测量单元以测量孔壁在 r=7mm 圆周上的应力分布，第二组从 X=7～24mm 的 18 个单元来测量沿 X 轴的应力分布，每个测量圆之间的距离为 1mm。厚壁圆筒模型和方形钻孔模型以同样方式布设测量圆（见图 5.4.6），测试在不同加载条件下模型内的应力分布。

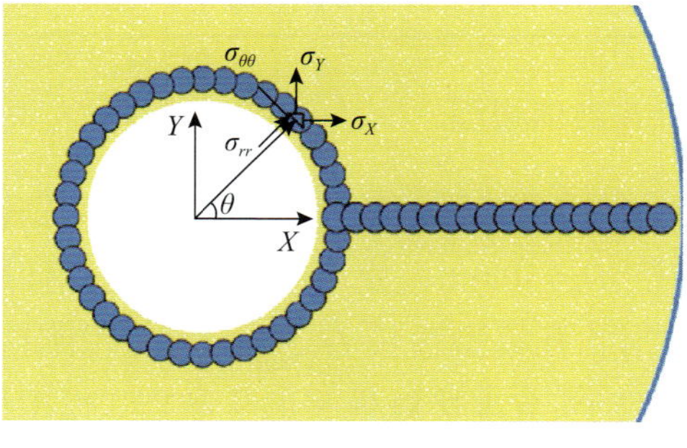

图 5.4.6　离散元模型中测量圆布设

测量圆监测的应力状态为直角坐标系形式，其转化的极坐标形式为

$$\begin{cases}\sigma_{rr}=\sigma_X\cos^2\theta+\sigma_Y\sin^2\theta+2\tau_{XY}\sin\theta\cos\theta\\ \sigma_{\theta\theta}=\sigma_X\sin^2\theta+\sigma_Y\cos^2\theta-2\tau_{XY}\sin\theta\cos\theta\\ \tau_{r\theta}=(\sigma_Y-\sigma_X)\sin\theta\cos\theta+\tau_{XY}\left(\cos^2\theta-\sin^2\theta\right)\end{cases}\tag{5.4.8}$$

式中，σ_X、σ_Y、τ_{XY} 为测量圆测得的直角坐标系下的应力分量；θ 为测量圆位置与圆心连线与 X 轴正方向的夹角。

图 5.4.7 为不同应力条件下解析解计算与离散元计算的应力比较。可以看出，数值模型中监测所得径向应力 σ_{rr} 和切向应力 $\sigma_{\theta\theta}$ 与应力分布理论解吻合。当 K=1.25 时，切向应力 $\sigma_{\theta\theta}$ 在 θ=90°，270°时达到最大，这也解释了钻井井壁首先沿最小地应力方向出现破坏的原因。

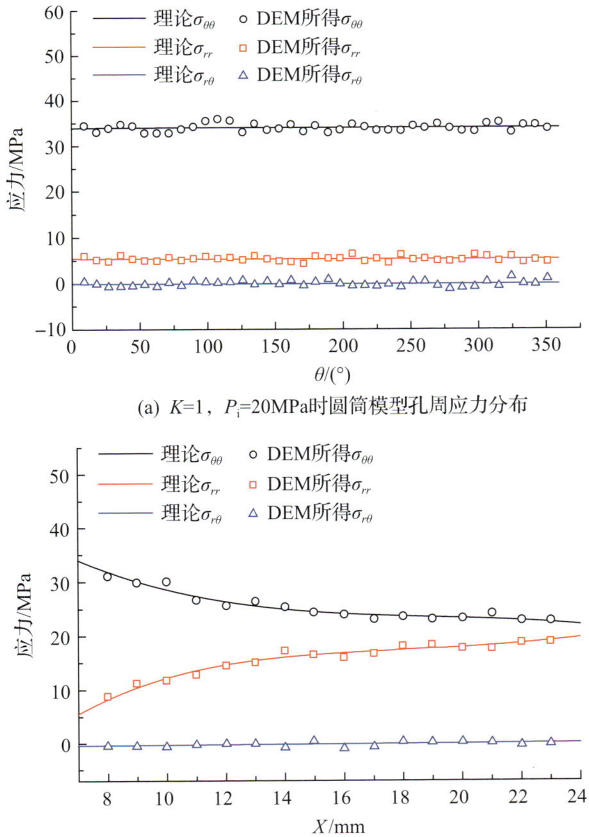

(a) K=1，P_i=20MPa时圆筒模型孔周应力分布

(b) K=1，P_i=20MPa时圆筒模型沿X方向应力分布

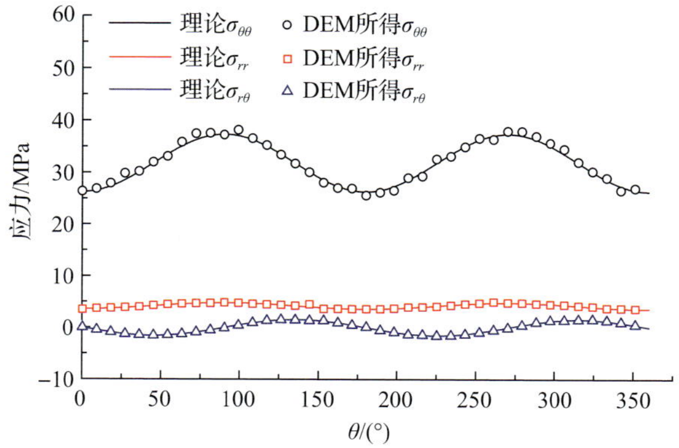

(c) K=1.25，P_e=20MPa时方形钻孔模型孔周应力分布

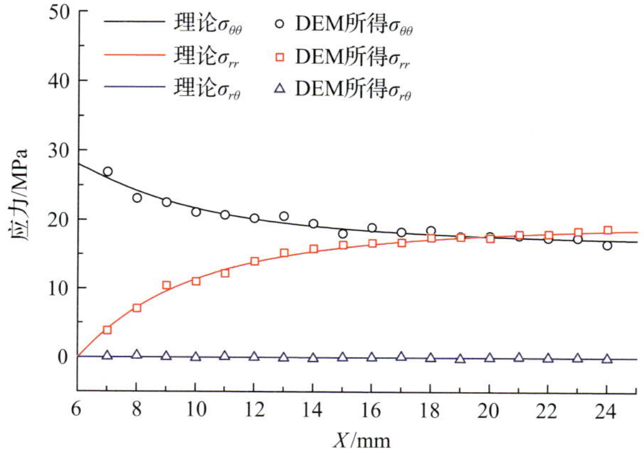

(d) K=1.25，P_e=20MPa时方形钻孔模型沿X方向应力分布

图 5.4.7　不同应力条件下解析解计算与离散元计算的应力比较

2. 与试验结果对比验证

5.2.3 节开展了不同钻孔直径厚壁圆筒形红砂岩试样在静水压力下的钻孔崩落试验，本节开展井壁失稳离散元数值模拟，通过对比试验与数值模拟所得破坏形态、静水压力-环向应变曲线、声发射事件，验证所开发的钻井井壁失稳分析离散元程序的可靠性。

图 5.4.8 为试验与数值模拟应力-应变曲线、裂隙发育和破坏形态对比。可以看出，当达到临界静水压力后，应变速率提高，同时产出大量裂隙。数值模拟所得临界静水压力值略小于室内试验的结果，数值模拟所得应力-应变曲线直线段斜率略低于室内试验结果，这是因为数值模拟将钻孔崩落简化为二维平面应变问题，忽略了中间主应力影响，因此所得弹性模量及临界静水压力略低于试验结果。通过对比钻孔崩落数值模拟和室内试验在静水压力-环向应变曲

线规律、临界静水压力大小和破坏形态等，验证了所建立的钻井井壁失稳模型的可靠性。

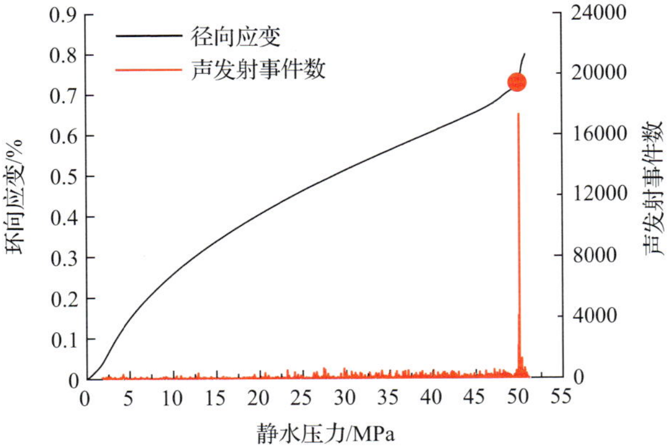

(a) 试样D16室内试验结果

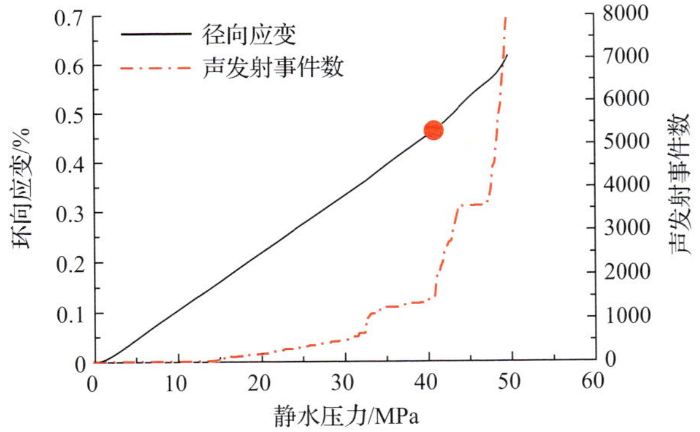

(b) 试样D16数值模拟结果

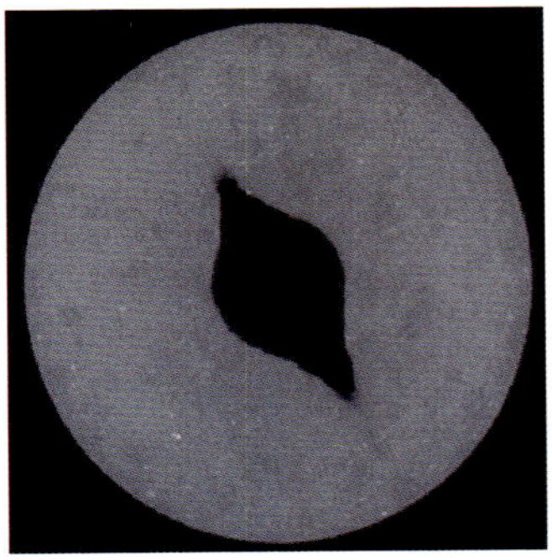

(c) CT扫描所得的试样D12横截面破坏形态

(d) 数值模拟所得的试样D12横截面破坏形态

图 5.4.8　试验与数值模拟应力-应变曲线、裂隙发育和破坏形态对比

● 井壁失稳临界静水压力

5.4.4 钻井井壁失稳数值模拟结果分析

1. 钻孔直径的影响

通过钻孔崩落试验发现，钻孔直径尺寸对钻孔破坏临界静水压力大小及破坏形态影响显著。本节通过对不同钻孔直径的试样进行数值模拟试验，开展无孔内水压、静水压力加载条件下钻孔直径对钻孔崩落破坏的影响研究。

图 5.4.9 为不同钻孔直径试样静水压力加载模拟破坏形态。图中，红色和绿色短线段分别表示张拉裂隙和剪切裂隙。在钻孔直径较小时，试样出现 V 形破坏；在破坏发育过程中，破坏区域逐渐联通，最终产生类似椭圆形的破坏；随着钻孔直径增加，破坏形态最终呈现明显的 V 形。

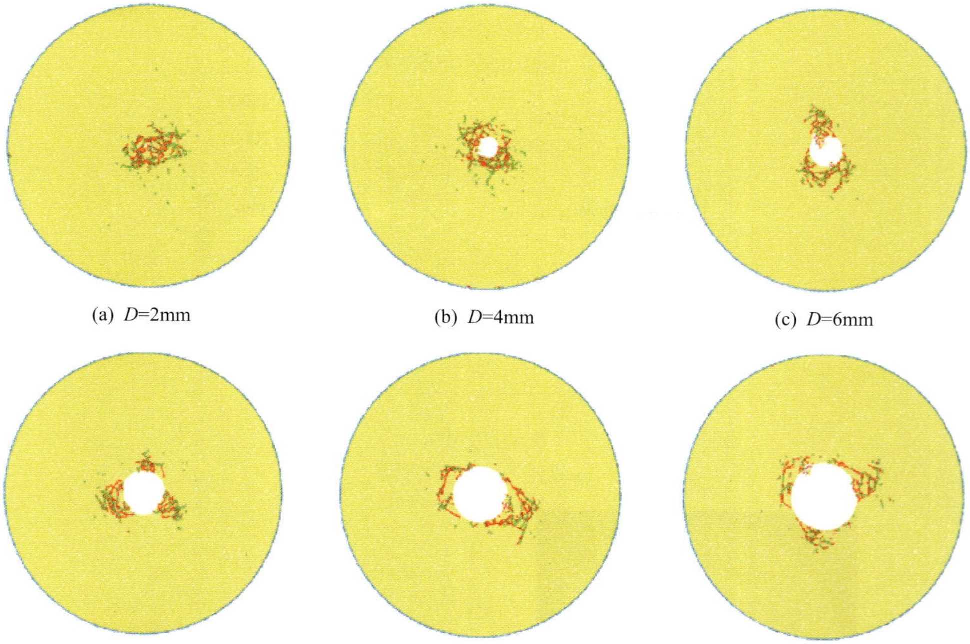

(a) D=2mm　(b) D=4mm　(c) D=6mm

(d) D=8mm　(e) D=12mm　(f) D=14mm

图 5.4.9　不同钻孔直径试样静水压力加载模拟破坏形态

采用平节理接触模型对不同钻孔直径试样开展数值模拟试验，得到不同钻孔直径试样静水压力-环向应变曲线及裂隙发育情况，如图 5.4.10 所示。可以看出，随着钻孔直径增加，临界静水压力大幅降低；当钻孔直径达到 12mm 后，钻孔直径继续增加，临界静水压力的大小趋于稳定。

图 5.4.11 为临界静水压力以及井壁裂隙数随钻孔直径变化曲线。可以看出，钻孔直径增加，临界静水压力大幅降低。模拟结果与试验结果趋势一致，但模

拟所得临界静水压力略低于试验结果。

针对钻孔直径对钻孔临界压力的影响，研究者使用不同岩性的岩石开展了试验研究[14-18]，如图 5.4.11(b)所示。可以看出，随着钻孔直径的增加，钻孔破坏产生的微裂缝类型发生变化，张拉破坏所占比例增多；当钻孔直径从 4mm 增加至 16mm，最终产生的剪切裂隙数与张拉裂隙数比值从 0.98 下降至 0.37。

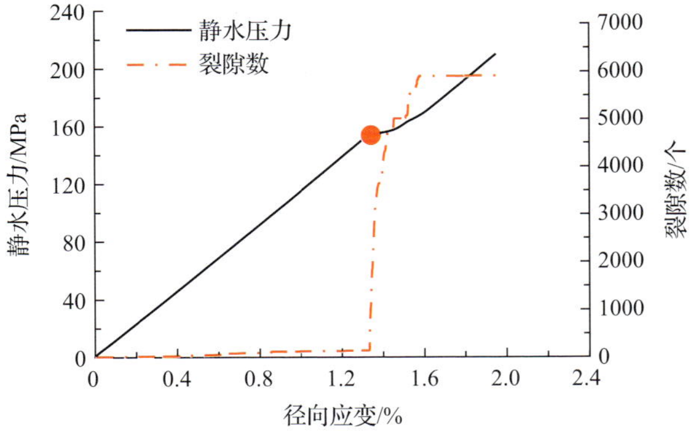

(a) $D=4$mm

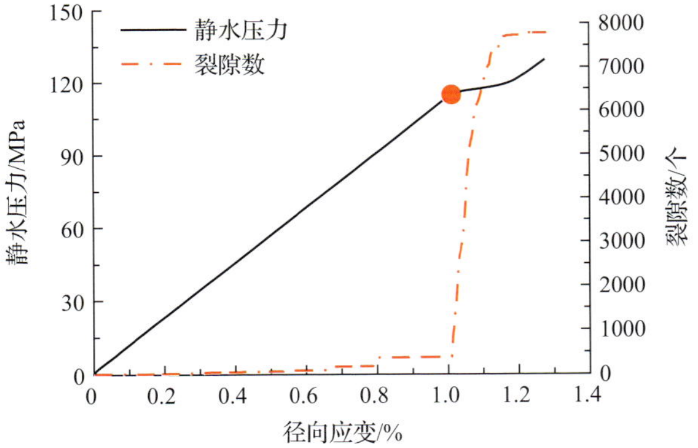

(b) $D=5$mm

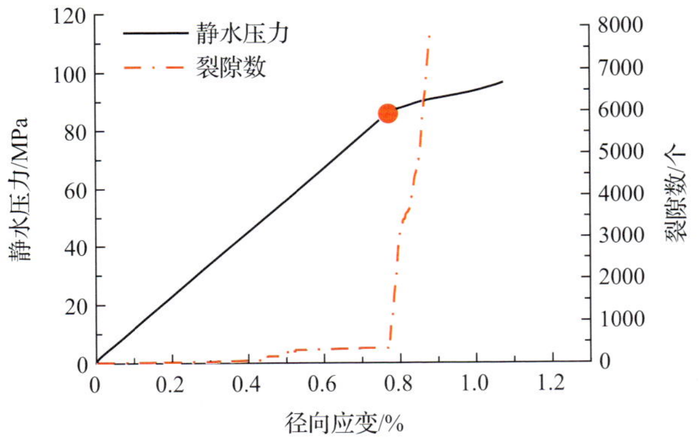

(c) $D=6$mm

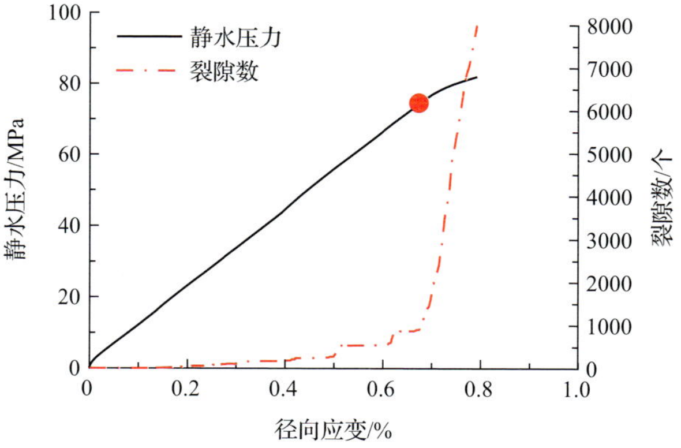

(d) $D=8$mm

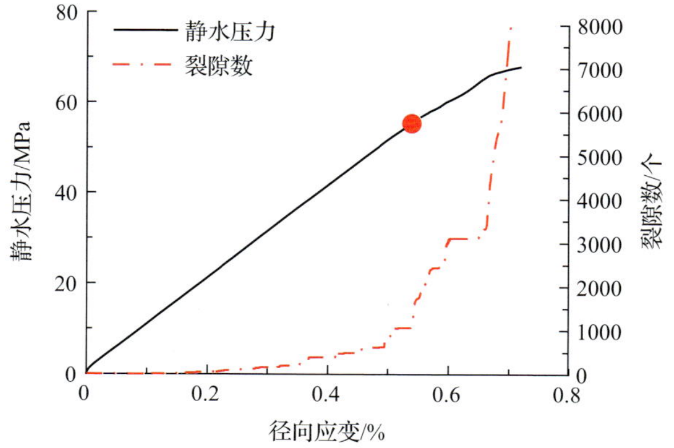

(e) $D=10$mm

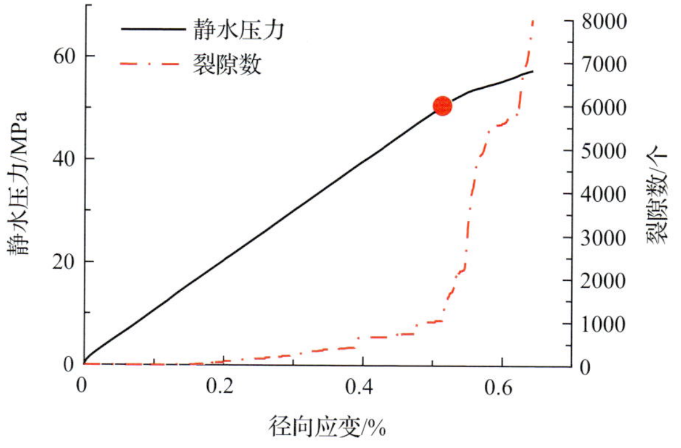

(f) $D=12$mm

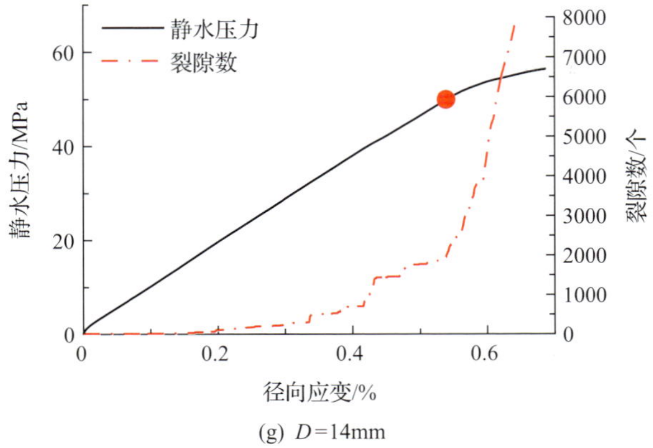

(g) D=14mm

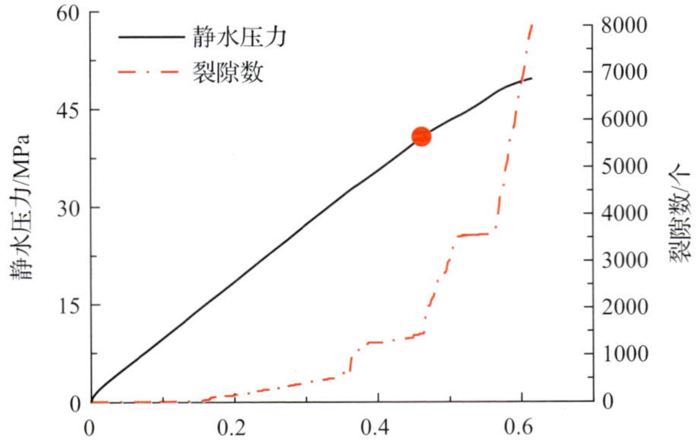

(h) D=16mm

图 5.4.10 不同钻孔直径试样静水压力-环向应变曲线及裂隙发育情况

● 井壁失稳临界静水压力

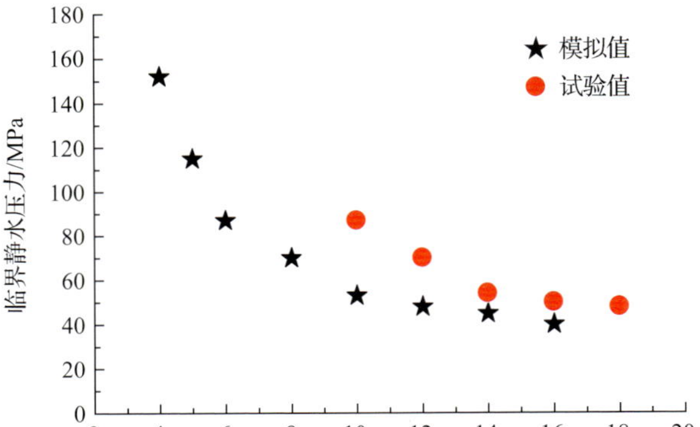

(a) 临界静水压力P^*与模拟试验结果对比

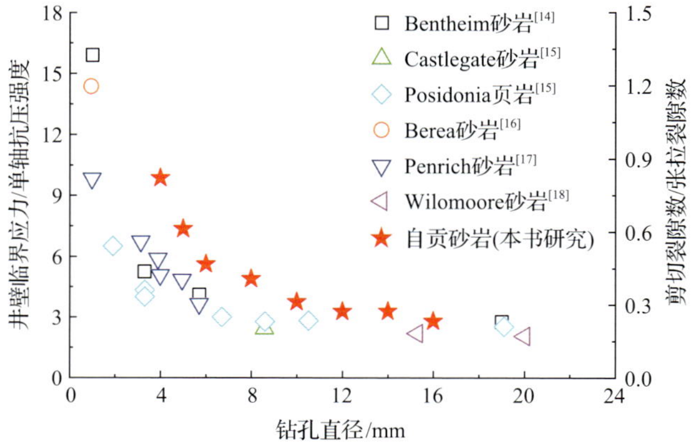

(b) 破坏时孔壁临界切向压力

图 5.4.11　临界静水压力以及井壁裂隙数随钻孔直径变化曲线

离散元数值模拟的结果表明，破坏不一定在井壁上最先发生，而是可能发生在围岩中距井壁一定距离的某个位置，将首先出现破坏的位置到钻孔圆心的距离定义为 r^*，不同钻孔直径试样破坏成核位置如图 5.4.12 所示。

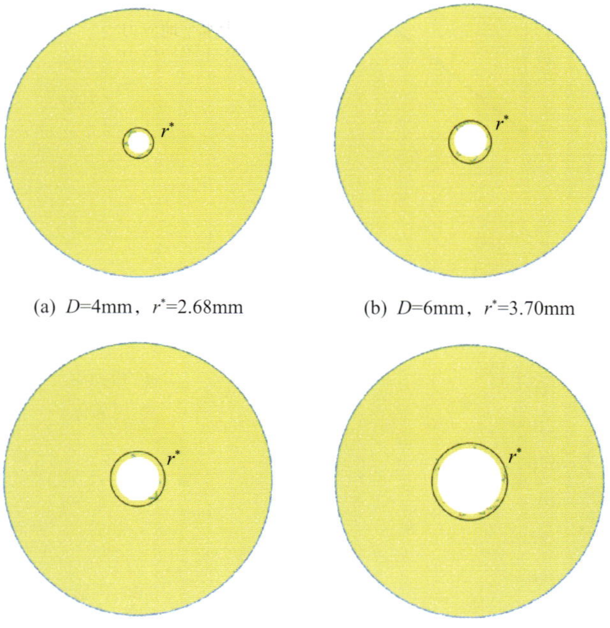

(a) D=4mm，r^*=2.68mm　(b) D=6mm，r^*=3.70mm

(c) D=8mm，r^*=4.74mm　(d) D=12mm，r^*=6.95mm

图 5.4.12　不同钻孔直径试样破坏成核位置

以钻孔直径 8mm 试样为例，将 a=4mm、b=25mm、r^*=4.74mm、P_e=73.6MPa，P_i=0 代入式(5.3.2)得到：$\sigma_1 = \sigma_{\theta\theta} = 129.32\,\text{MPa}$，$\sigma_3 = \sigma_{rr} = 21.68\,\text{MPa}$。

通过微观参数标定确定数值模拟的莫尔-库仑强度准则为

$$\sigma_1 = 5.20416\sigma_3 + 35.4134 \tag{5.4.9}$$

式中，σ_1 为最大主应力；σ_3 为最小主应力。

可以看出，数值模拟结果与莫尔-库仑强度准则吻合程度很高。

2. 远场地应力差异的影响

为研究远场地应力分布对钻井井壁失稳的影响，本节选取了 3 种侧应力系数 K 值（1、1.5 和 2）开展钻孔直径为 8mm 的井壁失稳数值模拟试验，整理模拟结果，绘制不同侧应力系数条件下钻孔破坏形态、水平地应力 X 方向应变和裂隙发育曲线。

图 5.4.13 为不同侧应力系数下钻孔破坏形态及应力-应变曲线与裂隙演化曲线。可以看出：① $K=1$、1.5、2 时的钻孔破坏形态均为对称的 V 形破坏；②当 $K \neq 1$ 时，破坏沿最小水平地应力方向发育；随着 K 的增加，破坏区域跨度小幅度减小；③随着 K 的增加，钻孔出现破坏时对应的 X 方向应变增加，临界

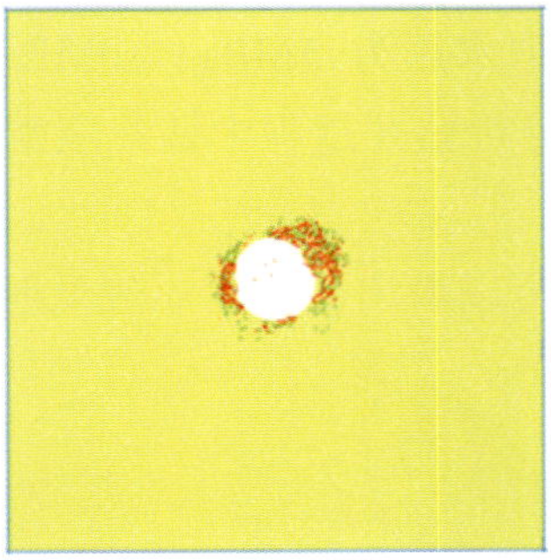

(a) K=1时钻孔破坏形态

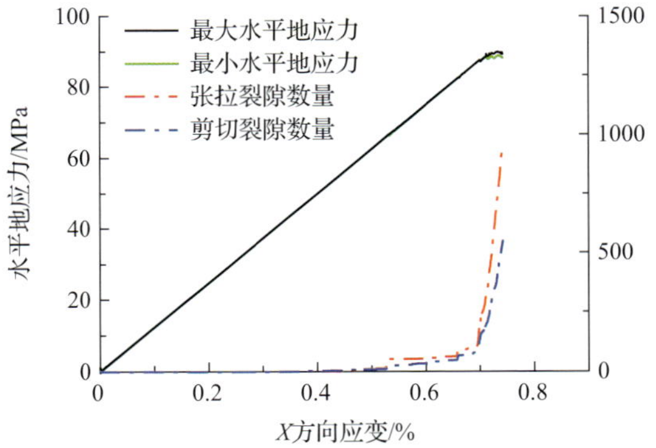

(b) K=1时水平地应力及裂隙数量随X方向应变的变化曲线

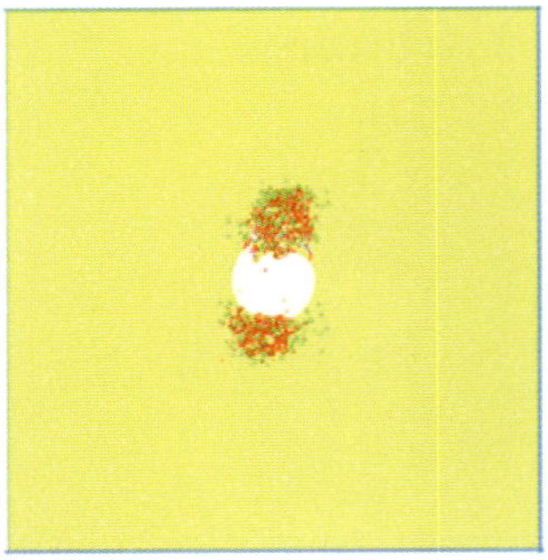

(c) K=1.5时钻孔破坏形态

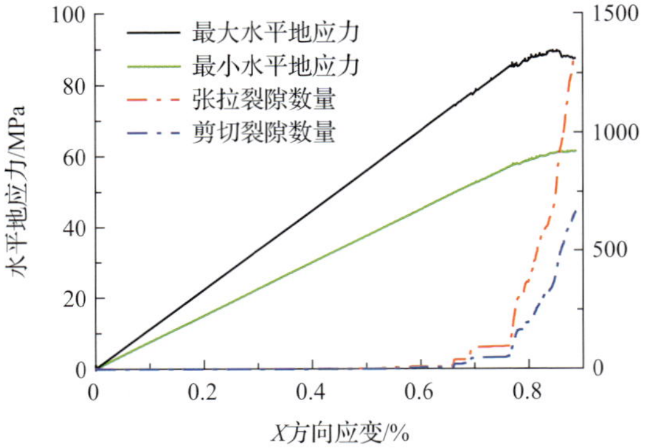

(d) K=1.5时水平地应力及裂隙数量随X方向应变的变化曲线

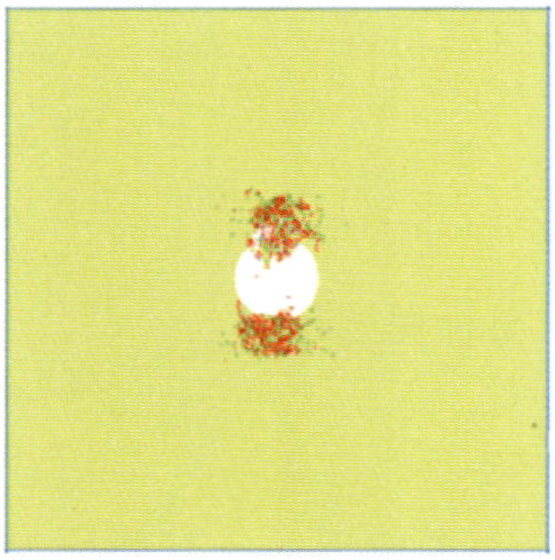

(e) K=2时钻孔破坏形态

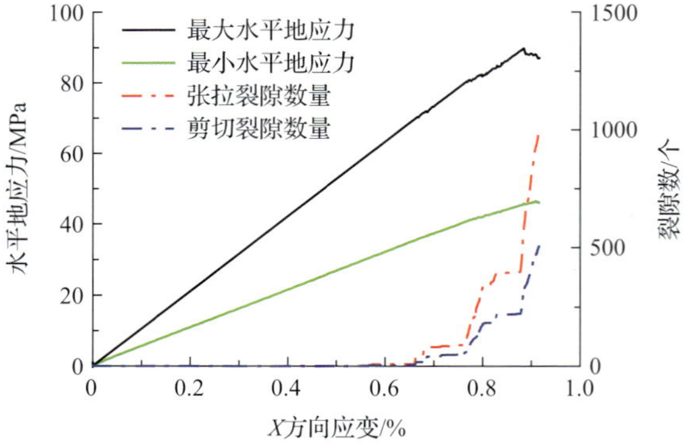

(f) K=2时水平地应力及裂隙数量随X方向应变的变化曲线

图 5.4.13　不同侧应力系数下钻孔破坏形态及应力-应变曲线与裂隙演化曲线

最大水平主应力降低，但降幅很小。

3. 钻井液密度的影响

为保证钻井过程安全稳定，需要选择合适的钻井液密度。本节忽略钻井液与井壁围岩地层的化学作用，通过在钻孔内施加不同大小的水压来表示不同密度钻井液对井壁的影响，钻孔直径设为 10mm，选取水压为 5MPa、10MPa、15MPa、20MPa、25MPa 和 30MPa 进行数值计算，分析钻井过程中钻井液密度对井壁稳定性的影响。

图 5.4.14 为不同孔内水压下的钻孔破坏形态。可以看出，当水压较低时，

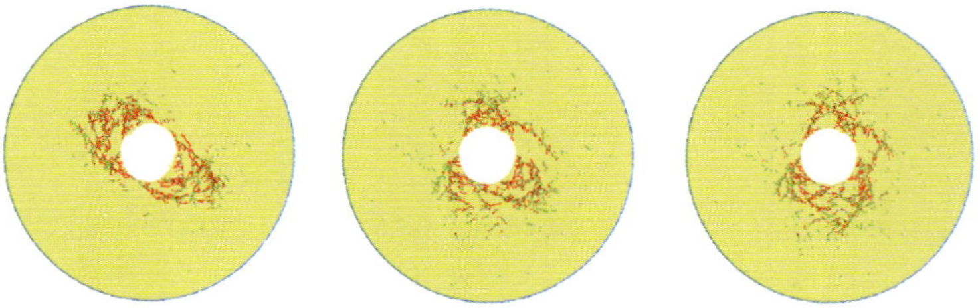

(a) P_i=5MPa　　(b) P_i=10MPa　　(c) P_i=15MPa

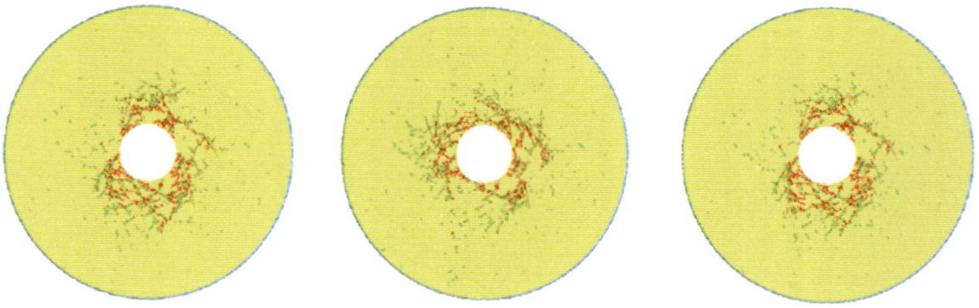

(d) P_i=20MPa　　(e) P_i=25MPa　　(f) P_i=30MPa

图 5.4.14　不同孔内水压下的钻孔破坏形态

试样破坏形态为对称的 V 形破坏，随着水压的升高，破坏形态逐渐转变为螺旋型破坏。

采用平行黏结接触模型模拟得到不同孔压下边界静水压力、径向应变和裂隙发育曲线，如图 5.4.15 所示。可以看出：当孔内水压较大时，裂隙发育后的

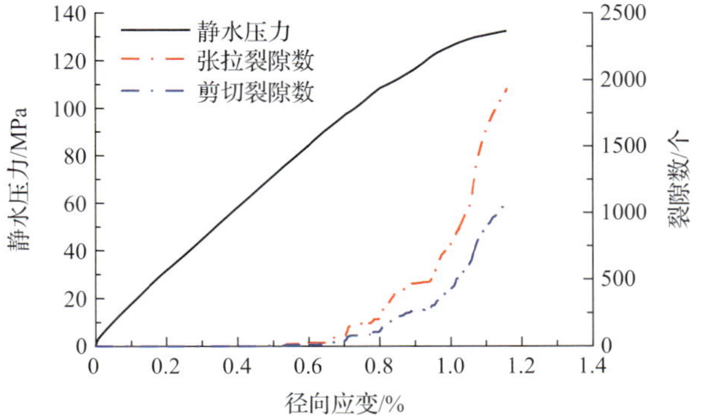

(a) P_i=5MPa

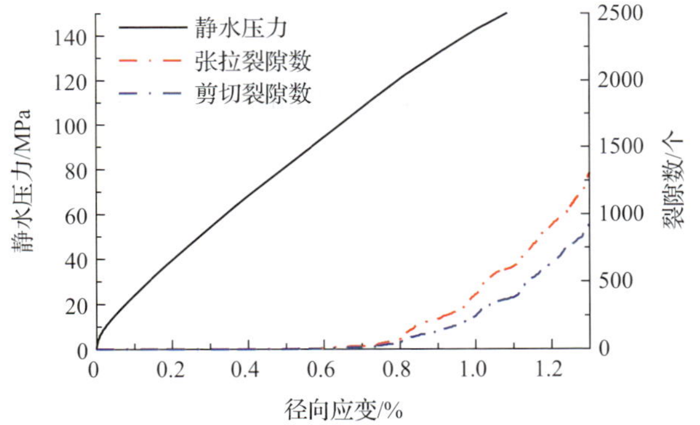

(b) P_i=10MPa

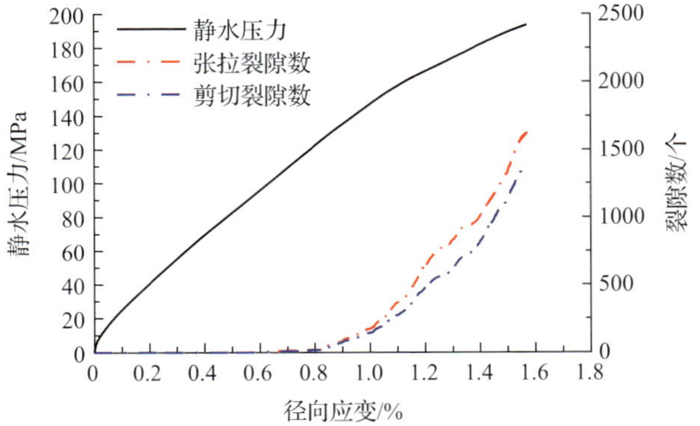

(c) P_i=15MPa

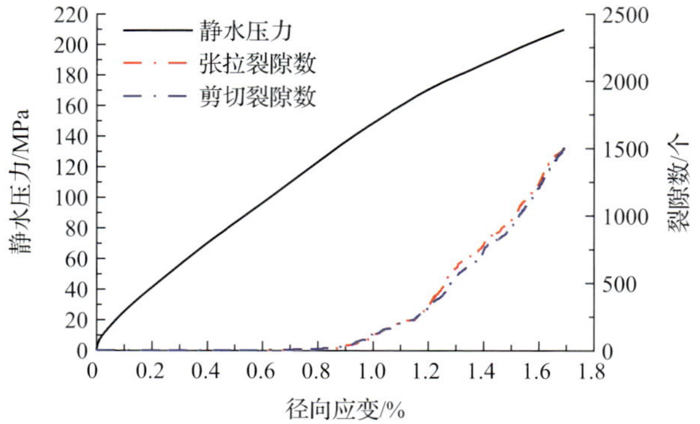

(d) P_i=20MPa

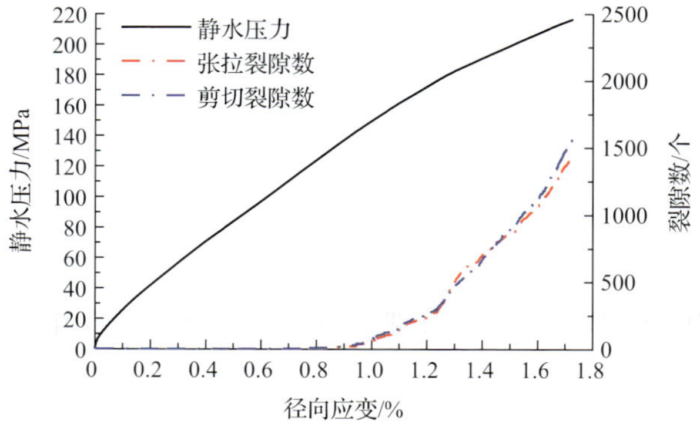

(e) P_i=25MPa

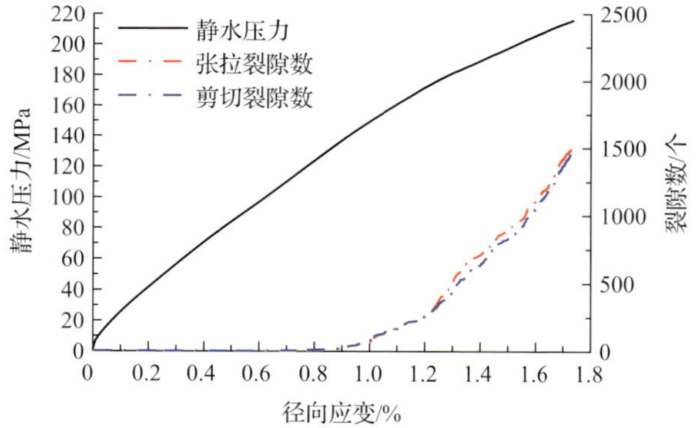

(f) P_i=30MPa

图 5.4.15　不同孔压下边界静水压力、径向应变和裂隙发育曲线

应变速率变化较小，试样不会突然出现破坏；由于钻孔水压的存在，井壁破坏临界静水压力得到提高；随着钻孔水压提高，剪切裂隙所占比例呈上升趋势。

图 5.4.16 为剪切裂隙和张拉裂隙随孔内水压变化曲线。可以看出：

(1)随着孔压增加，剪切裂隙所占比例整体呈上升趋势。

(2) 无孔压时，剪切裂隙数量与张拉裂隙数量比值为 0.41。

(3) 当孔压为 25MPa 时，剪切裂隙所占比例达到最高，剪切裂隙数量与张拉裂隙数量比值为 1。

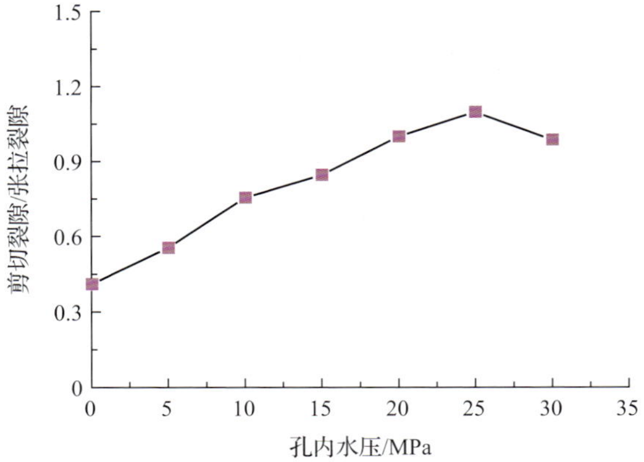

图 5.4.16　剪切裂隙和张拉裂隙随孔内水压变化曲线

平节理接触模型能更准确定量的表征不同孔内水压条件下钻井井壁失稳的临界静水压力，故本节采用平节理接触模型开展不同孔压条件下的钻孔破坏模拟。图 5.4.17 为不同孔压下静水压力-径向应变、裂隙发育曲线。

将 D=10mm、r^*=5.76mm 和 α=1 代入式 (5.3.21)，得到钻井液提供的井内水压 P_i 与井壁失稳临界静水压力 P_e^* 之间的关系，即

$$P_e^* = k_{ie} P_i + P_0^* = 4.98 P_i + 65.85 \tag{5.4.10}$$

由图 5.4.17 (g) 可以看出，随着井内水压 P_i 的增加，静水压力呈线性增长，数值模拟结果整体小于理论解的原因是静水压力加载速度过快，使得模型内渗流尚未达到稳定状态。

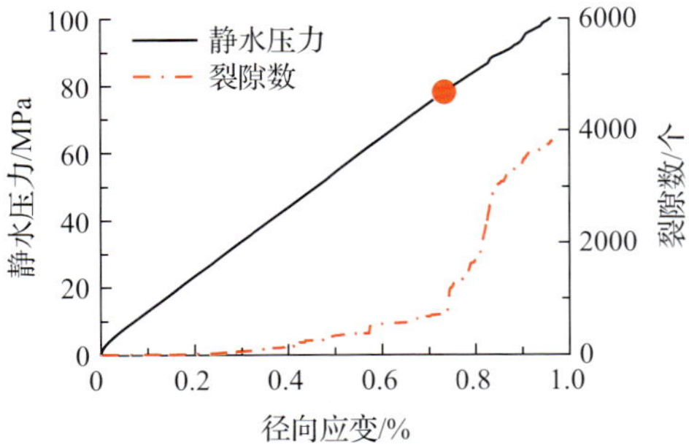

(a) P_i=5MPa

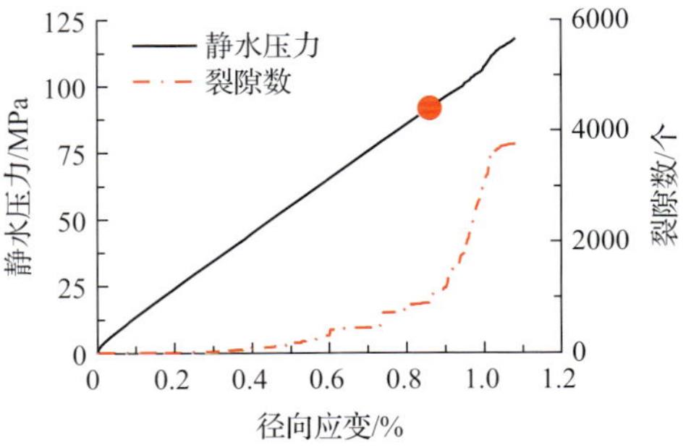

(b) P_i=10MPa

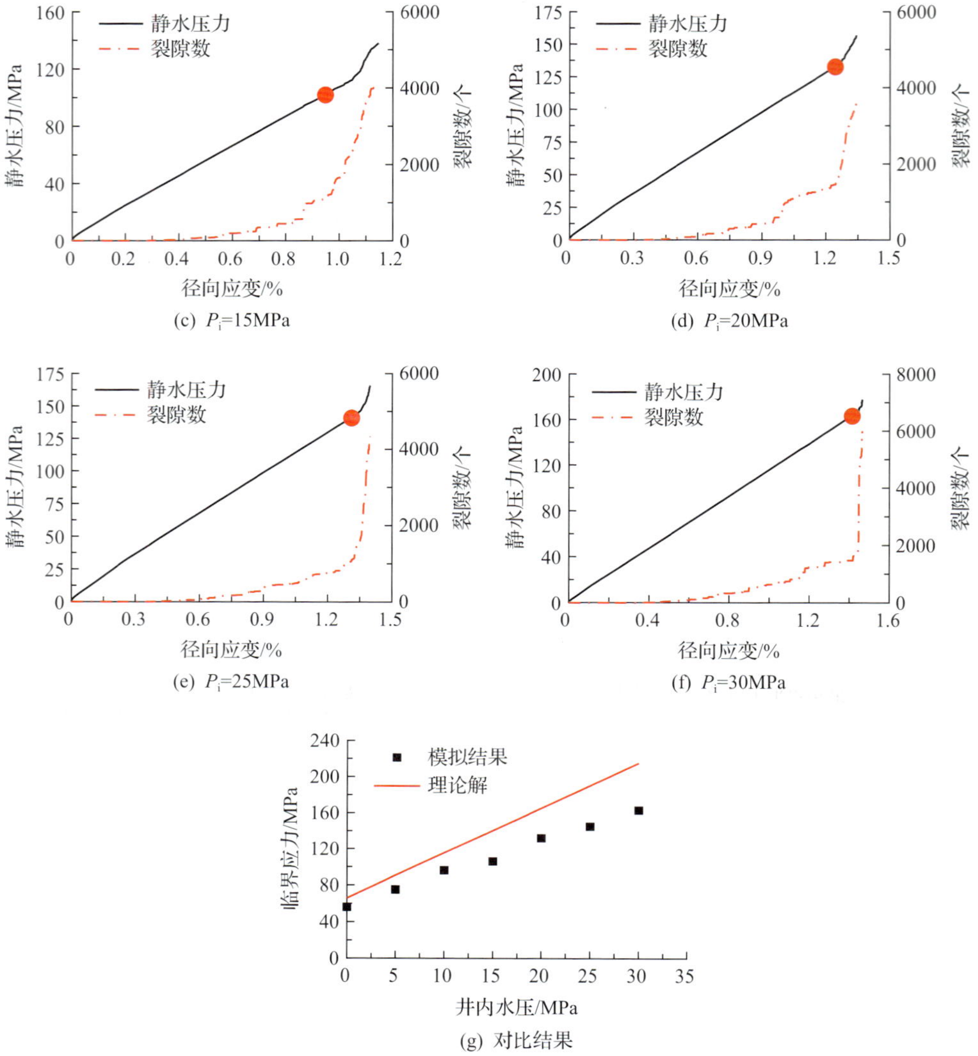

图 5.4.17　不同孔压下静水压力-径向应变、裂隙发育曲线

● 井壁失稳临界静水压力

图 5.4.18 为数值模拟水压与理论值对比。可以看出，理论值为理想状态下孔内水压分布，与井眼距离呈线性关系；而数值模拟为实际水压分布，与井眼距离呈指数递减关系。

为选取合适的钻井液密度，创建钻井液密度安全窗口，开展两种不同工况的模拟研究：①不断降低井内水压 P_i 直至出现垮塌失稳破坏；②不断增加井内水压 P_i 直至出现张拉破坏。通过确定井内水压 P_i 的上下限，为钻探工程提供指导。

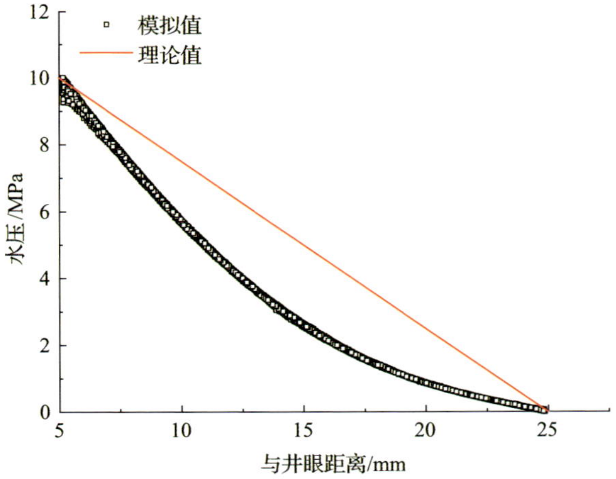

图 5.4.18　数值模拟水压与理论值对比

为获取不同地应力状态下钻孔水压 P_i 的下限，开展最大水平主应力 σ_H 分别为 100MPa、120MPa、140MPa 和 160MPa 的离散元模拟，钻孔直径 D=10mm，侧应力系数 K=1.5，模拟结果如图 5.4.19 和图 5.4.20 所示。可以看出，井内

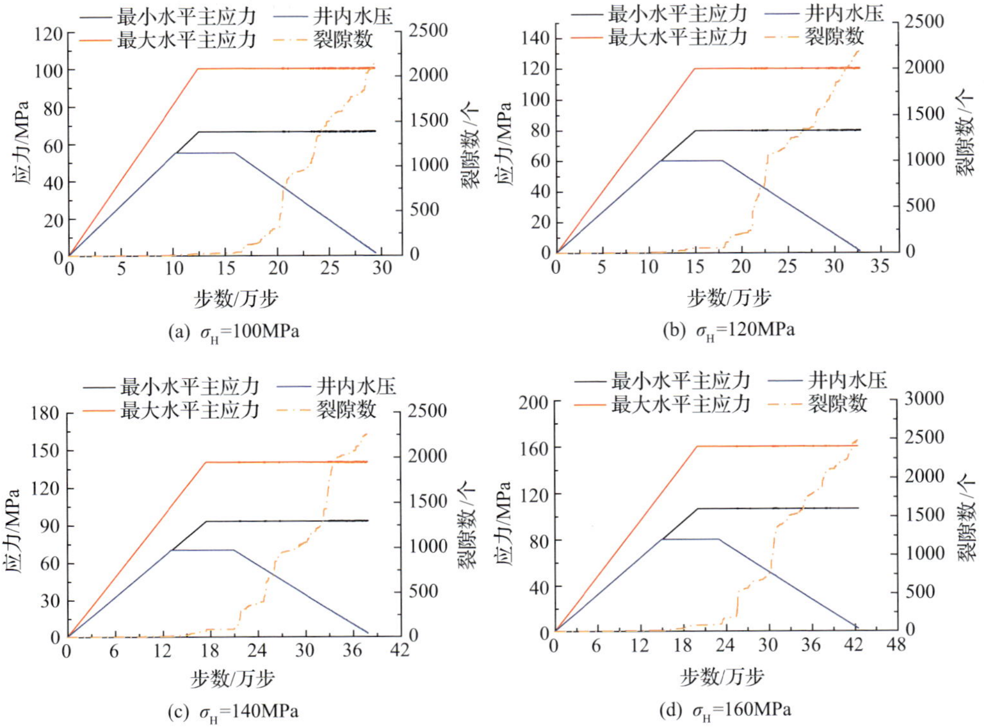

图 5.4.19　不同卸载孔内水压条件下钻孔应力路径及裂隙发育曲线

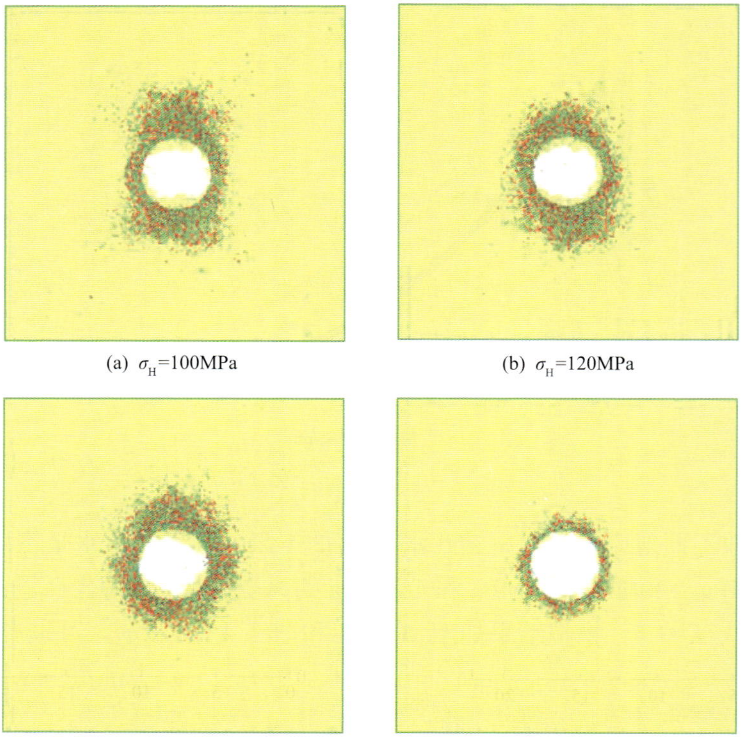

(a) σ_H=100MPa　(b) σ_H=120MPa

(c) σ_H=140MPa　(d) σ_H=160MPa

图 5.4.20　不同卸载孔内水压条件下钻孔破坏形态

水压 P_i 下限，即坍塌压力 P_b 随水平地应力的增加而增加，钻孔最终沿最小水平主应力方向出现剥落破坏。

为研究地应力状态对孔内水压 P_i 上限，即地层破裂压力 P_f 的影响，开展钻孔侧应力系数 K 分别为 1、1.25、1.5、1.75、2、2.25 和 2.5 的离散元模拟，钻孔直径 D=10mm，最大水平地应力 σ_H =40MPa，如图 5.4.21 所示。可以看出，

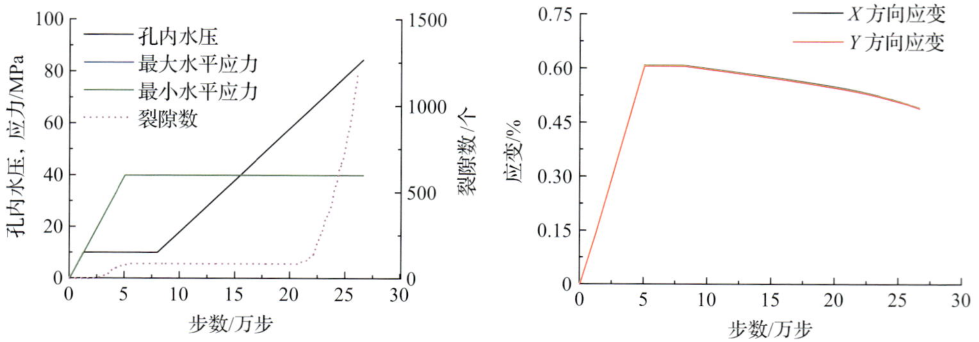

(a) K=1时模型应力路径与裂隙数分布曲线　(b) K=1时模型应变曲线

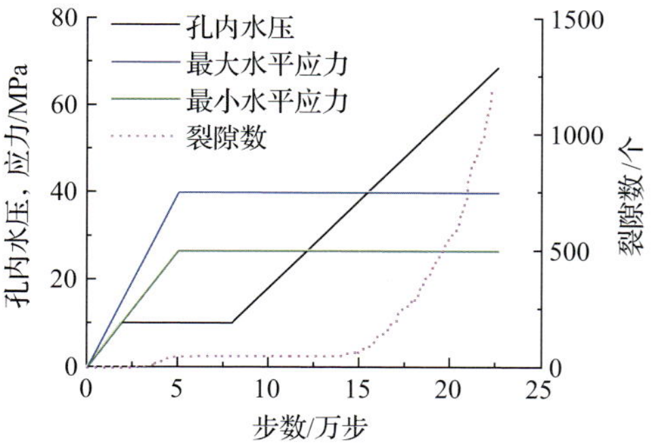

(c) K=1.5时模型应力路径与裂隙数分布曲线

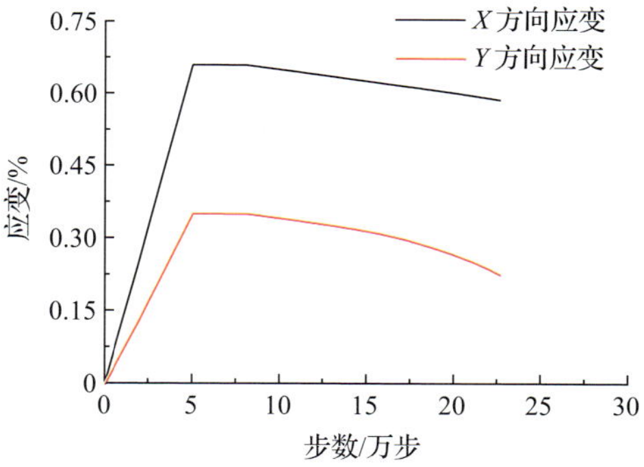

(d) K=1.5时模型应变曲线

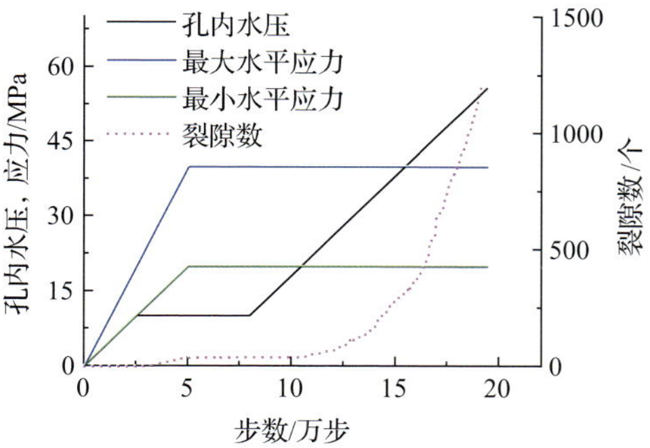

(e) K=2时模型应力路径与裂隙数分布曲线

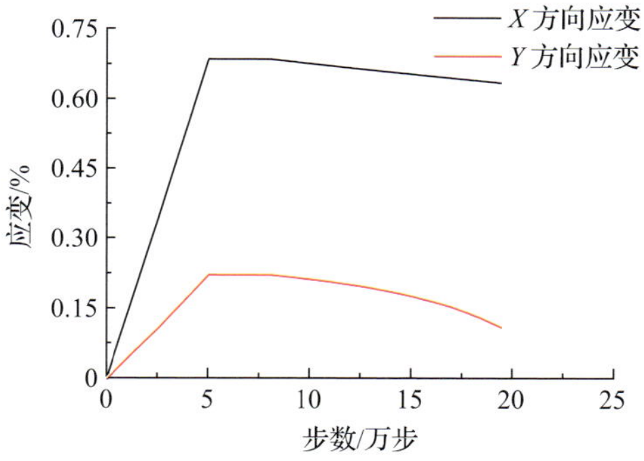

(f) K=2时模型应变曲线

图 5.4.21　不同侧应力系数时模型应力路径、裂隙发育及应变曲线

随着 K 的增加，试样发生张拉破坏时的临界孔内水压，即地层破裂压力大幅度降低，钻井液密度窗口急剧缩小。

图 5.4.22 为不同侧应力系数下加载孔内水压时的钻孔破坏形态。可以看出：①当 K=1 时，在井壁周围出现近似均匀分布的张拉裂隙带；②当 $K\neq1$ 时，模型将沿着最大水平地应力方向产生张拉破坏带，随着 K 的增加，破坏带宽度变窄，张拉裂隙发育集中。

(a) K=1

(b) K=1.25

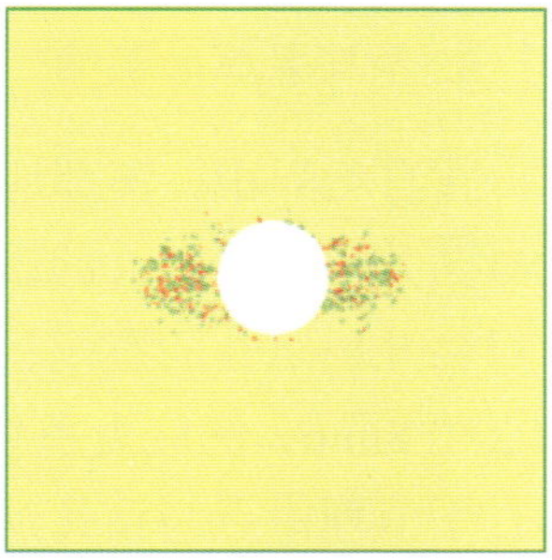

(c) K=1.5

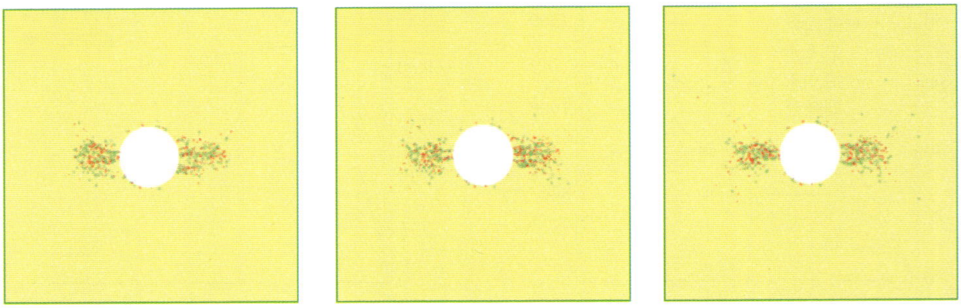

(d) K=1.75　(e) K=2　(f) K=2.25

图 5.4.22　不同侧应力系数下加载孔内水压时的钻孔破坏形态

式(5.3.24)为产生张拉破坏的地层破裂水压 P_f 理论计算公式，将 σ_H = 40MPa，$\sigma_h = \sigma_H / K$ 代入式(5.3.24)可得 P_f=144.57/K–44.6。再将 σ_H =40MPa 时地层破裂水压 P_f 与侧应力系数 K 关系的模拟值与理论解进行对比，发现模拟结果与理论解吻合较好，如图 5.4.23 所示。

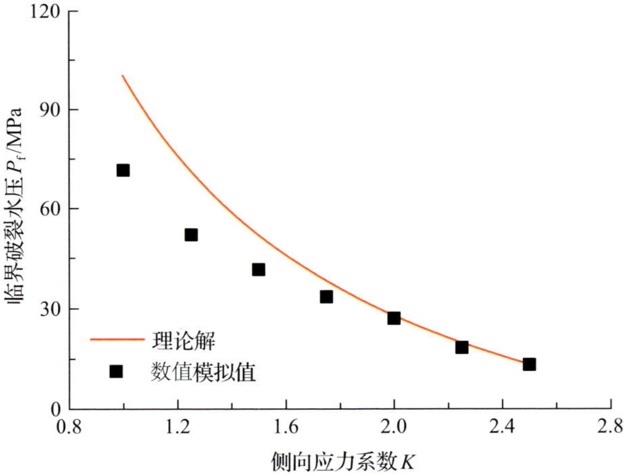

图 5.4.23　地层破裂水压理论解与数值模拟值对比

4. 节理裂隙的影响

在自然界中，深部地层地质构造复杂，节理裂隙发育丰富，节理断层的存在对钻井工程有极大的影响。实际地层节理网络复杂，本节只考虑单个节理存在对钻井稳定性的影响，建立如图 5.4.24 所示的单节理分布数值计算模型，钻孔直径 8mm，侧应力系数 K 设为 1.2，在模型中布设 A-B 所示节理，节理走向垂直于节理中点与钻孔圆心的连线；节理走向与 X 轴正方向的夹角为节理的倾角。图中，R_1 为钻孔半径，R_2 为节理中点到钻孔圆心距离。采用 R_d 为节理与钻孔中心相对距离，其中，$R_d=R_2/R_1$。节理走向与 X 轴正方向的夹角为节理的倾角。

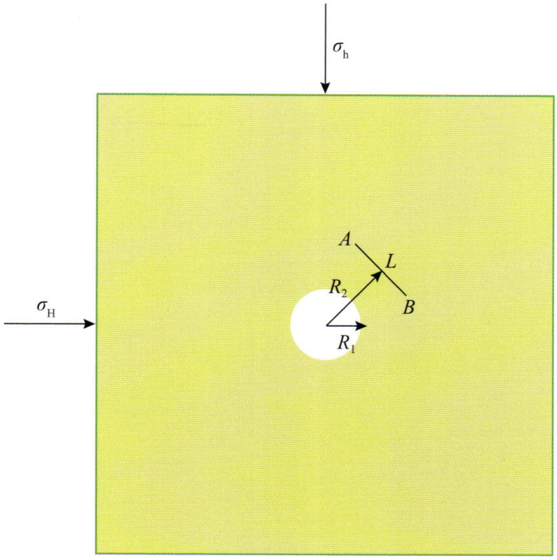

图 5.4.24　单节理分布数值计算模型

由于节理两端会引起应力集中，钻孔孔周出现破坏后，裂隙发育方向将受节理影响。当 K=1.2 时，裂隙沿最小水平主应力方向发育，所以，倾角为 90°节理对钻孔破坏影响较小。因此，本节研究在节理倾角为 0°和 135°条件下，节理长度 L 和节理到钻孔中心相对距离 R_d 对钻孔破坏形态的影响。

图 5.4.25 为节理倾角为 0°时不同节理长度与位置形成的钻孔破坏形态，其中，左侧为钻孔周边刚出现裂隙时的破坏形态，右侧为最终破坏形态。可以看出：

(1) 钻孔孔壁上方出现破坏后被节理两端捕获，随后破坏沿节理两端继续

(a) R_d= 1.75, L =4mm

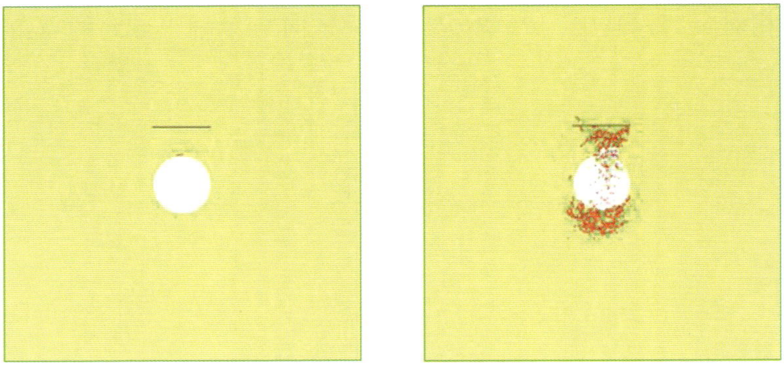

(b) $R_d=1.75$, $L=8$mm

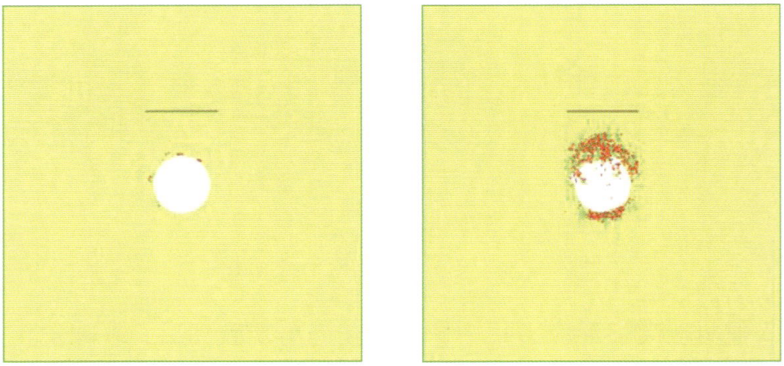

(c) $R_d=2.25$, $L=10$mm

图 5.4.25　节理倾角为 0°时不同节理长度与位置形成的钻孔破坏形态

R_d.节理与钻孔中心相对距离

发育，并产生二次剥落，如图 5.4.25(a)所示。

(2)破坏首先在孔周出现，裂隙逐渐发育，最终形成 V 形破坏；同时，在靠近节理一侧，节理两端开始出现翼状破坏，并逐渐与 V 形破坏连通，形成 X 形交叉破坏，如图 5.4.25(b)所示。

(3)孔周裂隙因节理距离钻孔较远而未发育至节理位置，但因裂隙尖端产生应力集中，破坏区跨度增大，如图 5.4.25(c)所示。

节理倾角 0°时节理长度和位置对钻孔破坏形态的影响如图 5.4.26 所示。可以看出，使用黑色曲线分割区域后可知，在不同的相对距离插入不同长度的节理裂隙将出现不同的破坏形式，如二次剥落、X 形交叉破坏和破坏区跨度增大。

图 5.4.27 为节理倾角 135°时不同节理长度和位置形成的钻孔破坏形态，其中，左侧为钻孔周边刚出现裂隙时的破坏形态，右侧为最终破坏形态。可以看出：

(1)当节理长度较短且距离钻孔孔周较远时，钻孔首先在孔壁处出现破坏，随着裂隙发育，最终形成 V 形破坏，同时节理周围也出现少量裂隙。

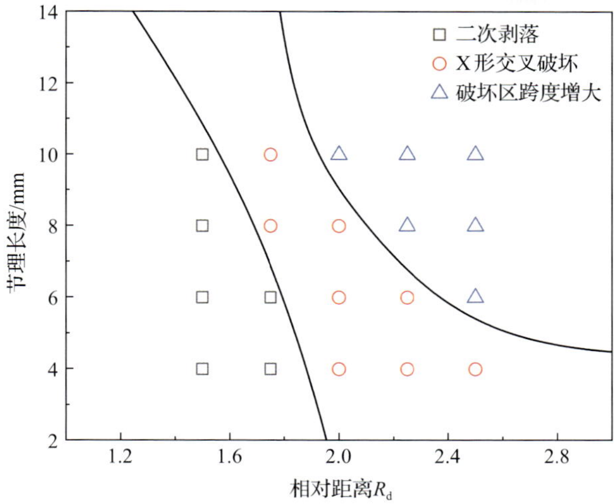

图 5.4.26　节理倾角 0°时节理长度和位置对钻孔破坏形态的影响

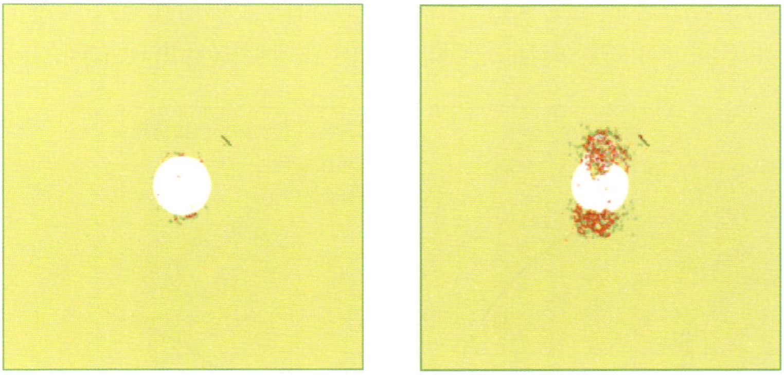

(a) $R_d=2.0, L=2mm$

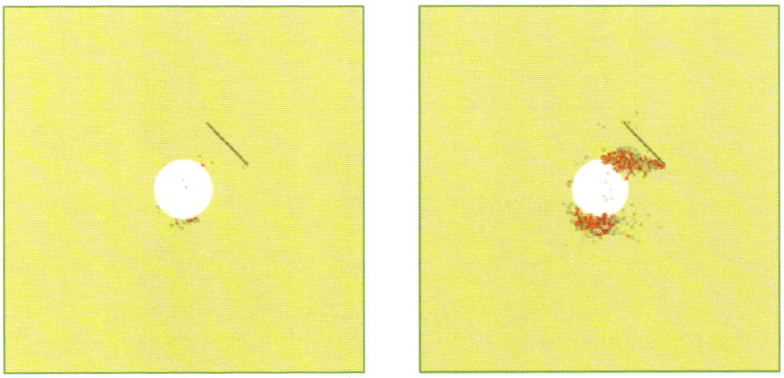

(b) $R_d=2.0, L=8mm$

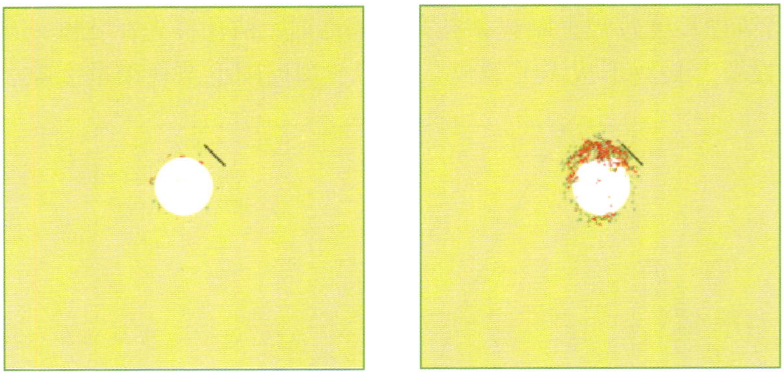

(c) $R_d=1.5, L=4\text{mm}$

图 5.4.27 节理倾角 135°时不同节理长度与位置形成的钻孔破坏形态

(2) 钻孔孔周出现破坏，裂隙受节理尖端应力集中影响向节理尖端方向发育，节理尖端也出现翼状破坏，随着荷载的增加，裂隙贯通，最终破坏区域向节理尖端偏转。

(3) 孔壁裂隙发育产生的破坏区将节理捕获，导致破坏区域跨度进一步增大。

图 5.4.28 为节理倾角为 135°时节理长度和位置对钻孔破坏形态的影响。可以看出，在不同的相对距离插入不同长度的节理裂隙将出现不同的破坏形式。

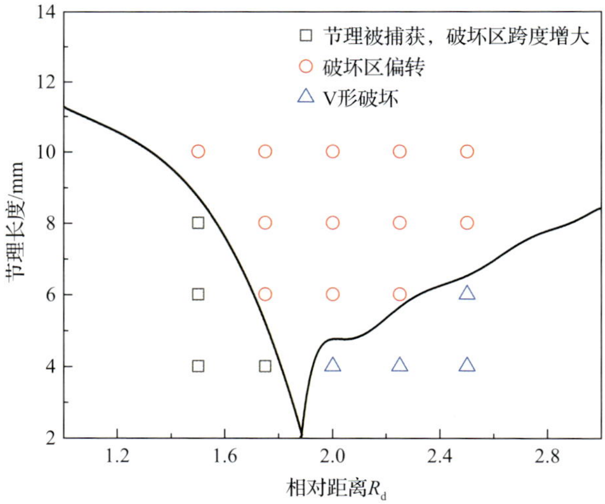

图 5.4.28 节理倾角 135°时节理长度和位置对钻孔破坏形态的影响

5.5 本章小结

本章开展了水力耦合作用下深部砂岩储层钻井井壁失稳破坏机理研究，得到了钻井直径、远场地应力、钻井液密度和节理裂隙等对钻井井壁稳定性的影响规律，揭示了深部钻井井壁的失稳破坏模式。本章得到以下结论：

(1) 根据试验规程开展了一系列红砂岩室内岩石力学和达西渗流试验，获取了红砂岩的力学及渗透参数，揭示了围压、偏应力和渗透压对红砂岩渗透率的影响规律。使用红砂岩空心厚壁圆筒试样开展了不同静水压力条件下的钻孔崩落试验，得到了钻孔破坏形态发育趋势、临界静水压力与钻孔直径之间的相关关系。

(2) 推导了考虑渗流作用的井眼围岩应力计算公式，得到了围岩破坏位置的应力分布；提出了钻井液密度与临界地应力之间的关系公式，确定了钻井液密度安全窗口。

(3) 将室内钻孔崩落试验结果与数值模拟试验结果进行对比，证明了所建立的钻井井壁失稳模型的可靠性。通过 PFC 离散元数值模拟，揭示了不同工况下钻井井壁失稳破坏演化过程，阐明了节理裂隙对钻井破坏形态的影响作用机制。

参考文献

[1] 陈勉, 金衍, 张广清. 石油工程岩石力学. 北京: 科学出版社, 2008.

[2] 金衍, 陈勉. 井壁稳定力学. 北京: 科学出版社. 2012.

[3] 谢和平, 高峰, 鞠杨, 等. 页岩气储层改造的体破裂理论与技术构想. 科学通报, 2016, 61(1): 36-46.

[4] Duan K, Li Y, Yang W. Discrete element method simulation of the growth and efficiency of multiple hydraulic fractures simultaneously-induced from two horizontal wells. Geomechanics and Geophysics for Geo-Energy and Geo-Resources, 2021, 7(1): 1-20.

[5] Zhang G, Wu S, Guo P, et al. Mechanical deformation, acoustic emission characteristics, and microcrack development in porous sandstone during the brittle-ductile transition. Rock Mechanics and Rock Engineering, 2023, 56(12): 9099-9120.

[6] 周喻, 吴庆良, 杜晓伟, 等. 岩石厚壁圆筒试验破坏的细观力学机制. 岩石力学与工程学报, 2016, 35(9): 1854-1863.

[7] Tang C A, Tang S B, Gong B, et al. Discontinuous deformation and displacement analysis: From continuous to discontinuous. Science China Technological Sciences, 2015, 58(9): 1567-1574.

[8] Guenot A. Borehole breakouts and stress fields. International Journal of Rock Mechanics and Mining Sciences & Geomechanics Abstracts, 1989, 27(2): A118.

[9] Santarelli F, Dahen D, Baroudi H, et al. Mechanisms of borehole instability in heavily fractured rock media. International Journal of Rock Mechanics and Mining Sciences & Geomechanics

Abstracts, 1992, 29(5): 457-467.

[10] Li X, Duan K, Zhao M, et al. Competition among simultaneously stimulated multiple hydraulic fractures: Insights from DEM simulation with the consideration of fluid partitioning. International Journal for Numerical and Analytical Methods in Geomechanics, 2024, 48(13): 3392-3412.

[11] Cundall P A. A computer model for simulating progressive, large-scale movement in blocky rock system. Proceedings of the International Symposium on Rock Mechanics, 1971, 8: 129-136.

[12] 石崇, 张强, 王盛年. 颗粒流(PFC5.0)数值模拟技术及应用. 北京: 中国建筑工业出版社, 2018.

[13] Chen Z, Jin X, Wang M. A new thermo-mechanical coupled DEM model with non-spherical grains for thermally induced damage of rocks. Journal of the Mechanics and Physics of Solids, 2018, 116: 54-69.

[14] van den Hoek P J, Smit D J, Kooijman A P, et al. Size dependency of hollow-cylinder stabiliy. Rock Mechanics in Petroleum Engineering, Delft, 1994: 191-198.

[15] Cuss R J, Rutter E H, Holloway R F. Experimental observations of the mechanics of borehole failure in porous sandstone. International Journal of Rock Mechanics and Mining Sciences, 2003, 40(5): 747-761.

[16] Dresen G, Stanchits S, Rybacki E. Borehole breakout evolution through acoustic emission location analysis. International Journal of Rock Mechanics and Mining Sciences, 2010, 47(3): 426-435.

[17] Papamichos E, Tronvoll J, Skjærstein A, et al. Hole stability of Red Wildmoor sandstone under anisotropic stresses and sand production criterion. Journal of Petroleum Science and Engineering, 2010, 72(1-2): 78-92.

[18] Meier T, Rybacki E, Reinicke A, et al. Influence of borehole diameter on the formation of borehole breakouts in black shale. International Journal of Rock Mechanics and Mining Sciences, 2013, 62: 74-85.

第6章　深部围岩物质运移机理与围岩密闭性测试评价分析研究

6.1 引　言

由于人类工业化进程的快速发展，全球气候变暖和能源短缺问题日益突出，如何加强清洁能源的开发与利用已成为全球关注的科学前沿问题。我国作为全球最大的 CO_2 排放国，2023 年排放总量已达 126 亿 t，占全球 1/3 以上，与欧美排放量总和相当，如表 6.1.1 所示[1]。我国以煤炭为主的能源结构短期内难以改变，目前能源消费结构中煤炭比重高达 60%以上，是温室气体的主要来源(见图 6.1.1)，需要采取措施来控制 CO_2 的排放并对其实施地质封存。中国与全球的能源占比如图 6.1.1 所示[1]。

表 6.1.1　世界主要国家及地区 CO_2 捕获、利用、地质封存潜力与 CO_2 排放[1]

国家/地区	理论封存容量/百亿 t	2023 年排放量/亿 t	至 2060 年 CO_2 累计排放量估值/百亿 t
中国	121～413	126	40
亚洲(除中国)	49～55	145	30
北美	230～2153	59	25
欧洲	50	34	17

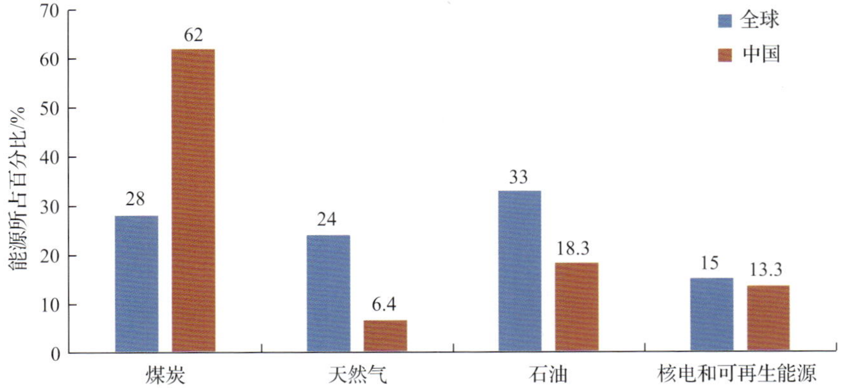

图 6.1.1　中国与全球的能源占比[1]

无论是 CO_2 地质封存、氢能大规模地下储存，还是深部油气资源开采与核废料地质处置，孔隙和裂隙作为岩体中物质运移的主要通道，其导流能力对工程安全性和开采效率等起着至关重要的作用。因此，正确认识储存介质流体流动与物质运移规律对加强工程安全设计有着十分重要的意义。

传统多孔介质物质运移研究多集中于宏观物理现象的唯象描述与概化模拟，对于其微观机理和物理本质的研究尚不完善。基于连续介质假设的宏观模型忽略了岩土介质的微观孔隙结构特性，通过设定宏观参数来概化岩土介质复杂的微观特性，无法反映微观尺度下的多相渗流、阻滞、弥散、指进效应等。尤其致密储层复杂的孔隙结构致使物质运移环境复杂，传统的适用于常规储层建立的物质运移理论已不能实现对致密储层复杂物质运移机理的准确描述，亟需以致密储层微观孔隙为切入点，探究致密储层复杂孔隙分布特征，建立起能够表征致密储层复杂孔隙分布状态与几何特征的物理平台，为流体微流动和物质运移研究提供坚实的理论基础。

致密储层孔隙狭小，微尺度效应对致密储层中流体微流动和物质运移规律的影响不可忽略，需要从单一孔隙出发，探究微纳米孔隙流体微流动特征，提出能够准确表征致密储层流体微观流动规律的数学模型，并进一步将微尺度效应耦合到能够表征致密储层复杂孔隙结构的孔隙级物质运移计算中，建立考虑微尺度效应的致密储层物质运移新模型，实现致密储层从单一孔隙到复杂网络的跨尺度流动模拟，获取有效宏观物性参数，为宏观流动模拟及产能预测提供一定的理论指导。

本章采用不同技术手段对深部围岩介质的孔隙结构和矿物成分进行了多尺度表征和三维重构，建立了深部储层介质的多尺度孔隙网络模型。从多孔介质单一孔隙出发，阐明了围岩物质在微纳米级孔隙中的运移机理，精确表征了流动过程中的微尺度效应，并将其用于能够反映围岩储层复杂孔隙结构的网络模型中，提出了考虑微尺度效应的多孔介质复杂网络流动数值模拟方法，有效揭示了多孔介质从单一孔隙到复杂网络的跨尺度传输规律[2-6]。

6.2 岩石孔隙结构与矿物成分特征

多孔介质的渗透特性及其中物质运移规律是由其内部的微细观孔隙结构特征决定的，而岩石介质中孔隙结构复杂，具有多尺度性、各向异性和非均匀性，其孔隙度和孔隙形状的不同都会对多孔介质中物质的储量和运移速率产生影响，不同类别和几何特征孔隙内物质运移机制可能也不一样。因此，对岩石孔隙结构进行多尺度定量表征对于从微结构上提高多孔介质性能具有重大理论和工程意义，对丰富微细观物质运移理论和数值模拟方法有着重要的推动作用。

6.2.1 煤岩孔隙结构表征

以贵州省毕节市龙凤矿区的龙潭组上二叠统 9 号煤层为例，研究的煤炭属于高变质褐煤，主要由镜质体(72%～90%)、惰质体(2.5%～14%)、黏土矿物(4.5%～19.2%)以及少量的黄铁矿和方解石等矿物组成，其堆积密度在 1.46～1.70g/cm^3，初始含水量小于 4.1%，样品的制备包括以下步骤：用于氮气(N_2)和 CO_2 吸附分析的样品被粉碎成 180～250μm 的颗粒，然后真空 110℃烘干 8h。用于压汞法分析的样品被粉碎成 1～3mm 的颗粒，然后 60℃烘干 24h。用于 X 射线断层扫描成像和聚焦离子束扫描电镜研究的样品在 60℃下自然风干 15d 至质量稳定，其中用于 X 射线断层扫描成像的样品为直径 3mm、高度 2.7mm 的圆柱体，用于 FIB-SEM 的样品尺寸为 15.68μm×14.64μm×13.02μm。N_2 吸附试验准备了 4 个样品，压汞法试验准备了 4 个样品，CO_2 吸附试验准备了 2 个样品，X 射线断层扫描成像试验准备了 2 个样品，FIB-SEM 试验准备了 2 个样品。

1. 煤岩孔隙尺寸大小分布规律

对岩石的孔隙结构一般采用多种不同的测试方法进行研究，如压汞法、CO_2 吸附法、N_2 吸附法、原子力显微镜、聚焦离子束扫描电镜、场发射扫描电镜等，但这些测试方法有各自的优缺点：压汞法适用于表征连通的介孔(孔直径为 2～50nm)和宏孔(孔直径大于 50nm)，对于表征墨水瓶状孔隙时存在一定缺陷；气体吸附法可有效反映纳米级连通孔的分布情况，该方法对于定量表征微孔、介孔的孔隙结构参数较为准确，同时可测定样品范围广。但上述压汞法和气体吸附法会污染岩芯，只能测量连通的孔隙，得到诸如孔隙率和孔径分布等基本的孔隙结构特征参数。图像分析法包括 X 射线断层扫描、扫描电镜等，既能得到基本的孔隙结构特征参数，还能提取非连通孔隙和其他内部渗流路径的空间几何参数(如迂曲度及空间朝向分布等)，但存在样品尺寸与分辨率相矛盾的问题。

综上所述，单一的分析方法只能测得一定范围内的孔隙结构，而无法得到具有代表性范围内的所有孔隙结构信息。因此需结合两种以上的表征手段对岩石的孔隙结构进行测量，本节利用 CO_2 吸附法、N_2 吸附法、压汞法、X 射线断层扫描和扫描电镜等测试方法对煤岩的孔隙结构进行了多尺度表征，对不同方法测得的孔隙结构信息进行分析和整合来为构建代表性的数值计算模型奠定基础。

对于 CO_2 吸附数据，采用文献[7]提出的超临界微孔填充吸附模型计算微孔体积和微孔表面积。微孔填充认为，微孔内的吸附不是一层一层地吸附在孔壁上，而是吸附剂在微孔内发生体积填充，D-R 方程为

$$s=\frac{V}{V_0}=\exp\left[-k\left(\frac{A}{\beta}\right)^n\right] \tag{6.2.1}$$

式中，A 为固体表面吸附势；k 为与孔结构有关的常数；n 为系数；s 为微孔充填率(吸附体积 V 与极限吸附体积 V_0 之比)；β 为亲合性系数。

使用 D-R 方程提取了 CO_2 测得的煤岩孔隙直径与累计孔隙体积分布(见图 6.2.1)，孔隙直径呈单峰分布，主要范围在 0.4～1.4nm，峰值为 0.5nm，且其附近孔隙数量居多，占总孔隙体积的 70%以上。

对于 N_2 吸附-脱附数据，常使用 Barret-Joyner-Halenda(BJH)理论模型[8]计算孔隙尺寸分布。BJH 理论模型假设流体在半径为 r 的孔隙核心区发生凝聚，即孔隙内部的半径为 $r-t(p/p_0)$，其中 $t(p/p_0)$ 为吸附在孔壁上的吸附质厚度，它是相对压力 p/p_0 的函数，因此，在一定压力下，在孔隙半径为 r 的孔隙中发生 N_2 凝聚状态可由改进后的开尔文方程表示：

$$\ln\frac{p}{p_0}=-\frac{\alpha v_1\gamma_{\mathrm{N}}}{RT\left(r_0-t\dfrac{p}{p_0}\right)} \tag{6.2.2}$$

式中，α 为一个代表气液接触面形状的因子，圆柱状孔隙的吸附过程中 $\alpha=1$，半球形孔的脱附过程中 $\alpha=2$；γ_{N} 为液氮的表面张力；v_1 为液氮的摩尔体积；R 为气体常数；T 为绝对温度。

由于 BJH 理论模型是基于圆柱形孔隙建立的，对于孔隙不是圆柱状的岩石，很难得到准确的分布曲线。此外，使用 BJH 理论模型可以较好地得到介孔(孔直径为 2～50nm)的孔隙信息，但会低估微孔(孔直径小于 2nm)的体积。

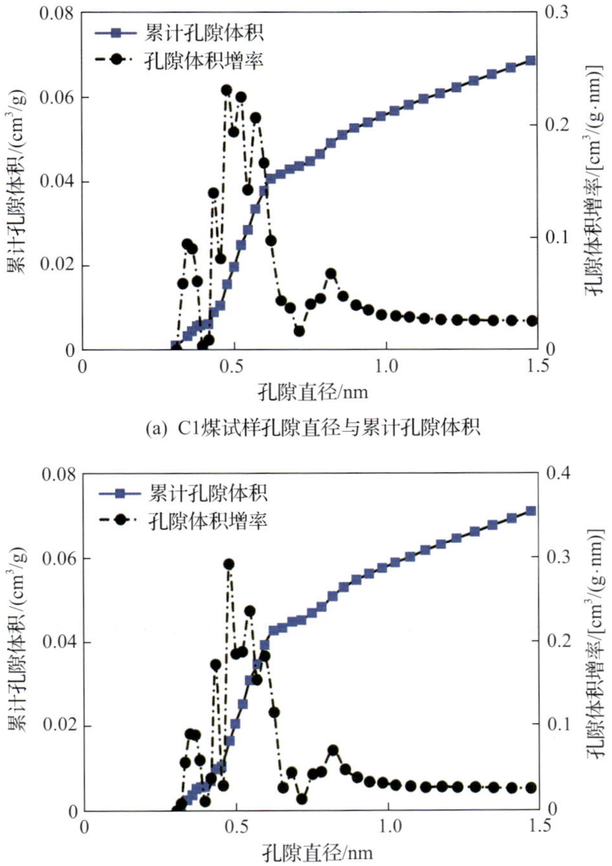

(a) C1煤试样孔隙直径与累计孔隙体积

(b) C2煤试样孔隙直径与累计孔隙体积

图 6.2.1　CO_2 测得的煤岩孔隙直径与累计孔隙体积

由图 6.2.2 可以看出，C3 和 C4 煤试样呈现单峰分布，其主峰在孔隙直径为 10～30nm 的范围，孔隙体积占比最大，而 C5 和 C6 样品的孔隙尺寸呈现多峰分布，且分布较为均匀。

假设孔隙为光滑的圆柱状连通孔，注入压力与孔隙直径关系为

$$d = \frac{4\lambda \cos\beta}{p} \tag{6.2.3}$$

式中，p 为注入压力，Pa；d 为孔隙直径，m；β 为汞与岩石表面的浸润角；λ 为汞的表面张力，N/m。

如图 6.2.3 所示，主要孔隙直径位于 10～30nm。

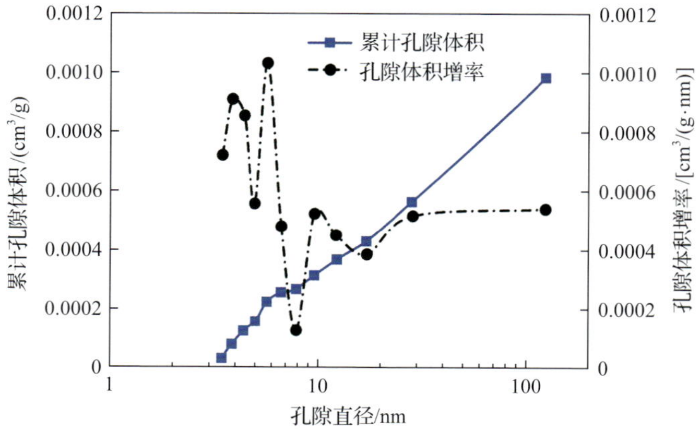

(a) C3煤试样孔隙直径与累计孔隙体积

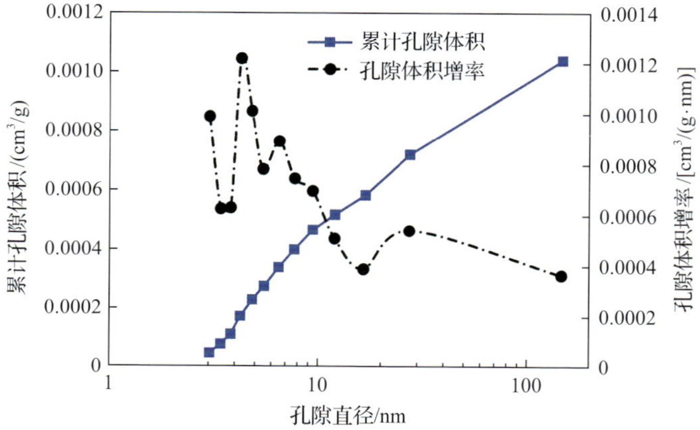

(b) C4煤试样孔隙直径与累计孔隙体积

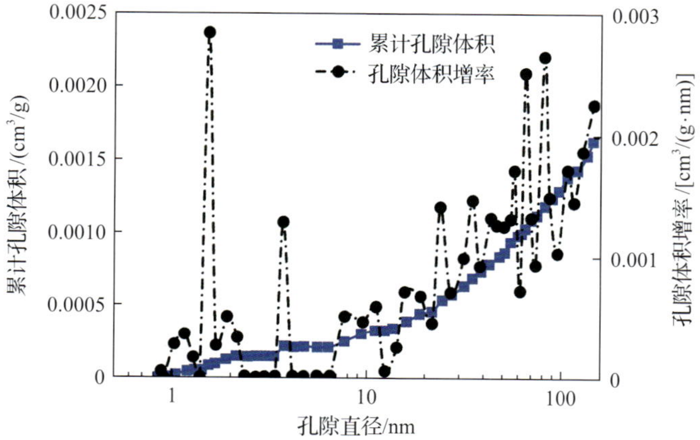

(c) C5煤试样孔隙直径与累计孔隙体积

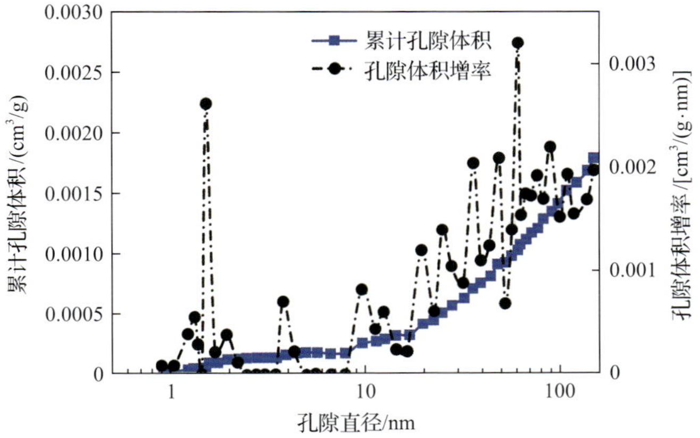

(d) C6煤试样孔隙直径与累计孔隙体积

图 6.2.2　N_2 测得的煤岩孔隙大小与累计孔隙体积

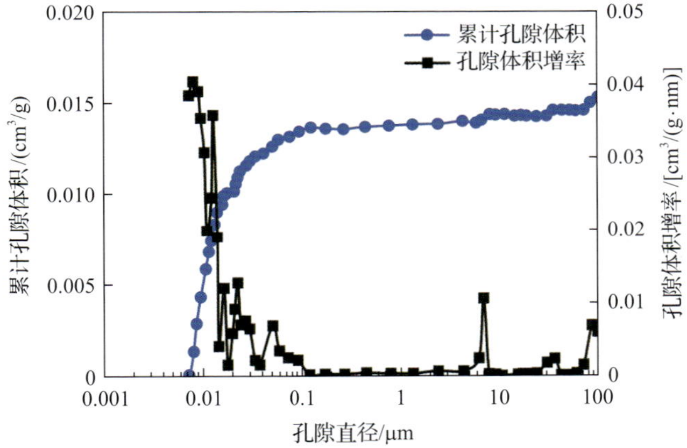

(a) C7煤试样孔隙直径与累计孔隙体积

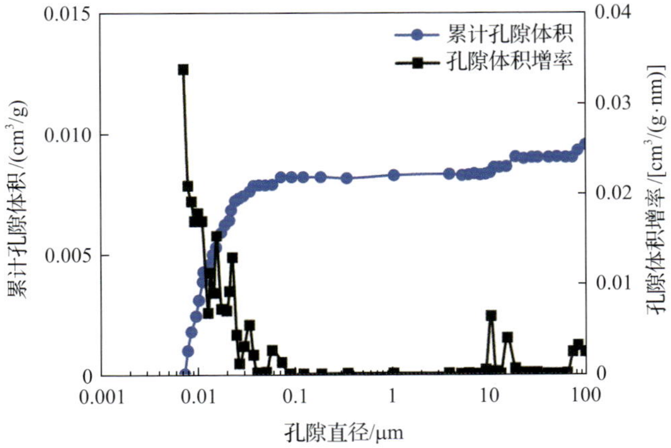

(b) C8煤试样孔隙直径与累计孔隙体积

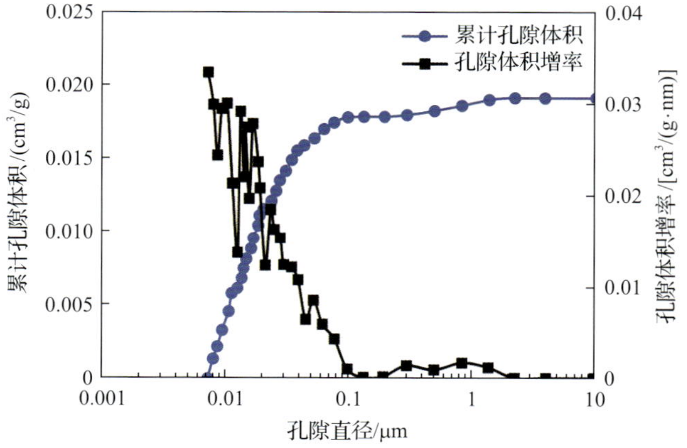

(c) C9煤试样孔隙直径与累计孔隙体积

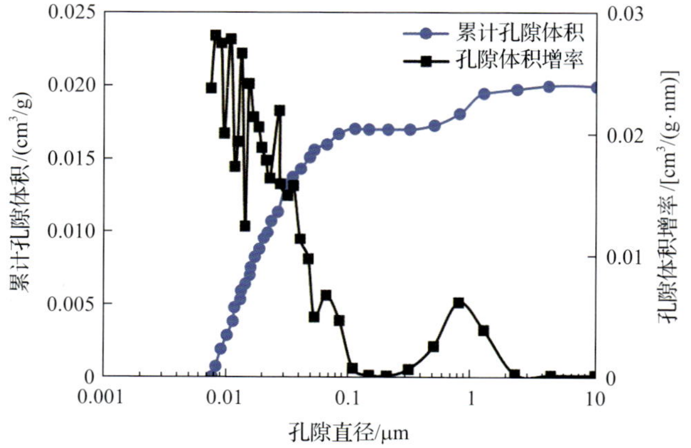

(d) C10煤试样孔隙直径与累计孔隙体积

图 6.2.3　压汞法测得的煤岩孔隙直径与累计孔隙体积

图 6.2.4 为不同分辨率下煤岩的扫描电镜图。利用图像分析软件对聚焦离子束扫描电镜图像进行孔隙分割，图像中的孔隙和不同的矿物相以不同的灰度表示。在不同的分辨率下，这些图像中可以观察到连通和孤立的孔隙对象，将多张二维图像重建构成三维图像，得到聚焦离子束扫描电镜图像重建的煤岩三维微观结构，如图 6.2.5 所示。聚焦离子束扫描电镜重建的三维图像尺寸为 15.68μm×14.64μm×13.02μm，分辨率为 5nm，反映了部分介孔和宏孔的信息，三维重建所得孔隙率为 6.03%，通过聚焦离子束扫描电镜得到的煤岩孔隙直径分布累计率如图 6.2.6 所示。由于聚焦离子束扫描电镜分析的体积较小，超出所分析样本尺寸范围，如大颗粒和黏土矿物基质可能无法被测量到。因此，需结合 X 射线断层扫描在更大尺度上对样品进行分析，三维微 CT 扫描图像提取

的煤岩孔隙空间如图 6.2.7 所示。X 射线断层扫描分析的样品为高度 3mm、半径 2.7mm 的圆柱体，最小分辨率为 3μm，只能测量半径大于 1.5μm 的孔隙，其测得的总体孔隙率为 0.39%，在这一测量尺度上，存在一些微米级以上的不连通的大孔隙和裂隙。

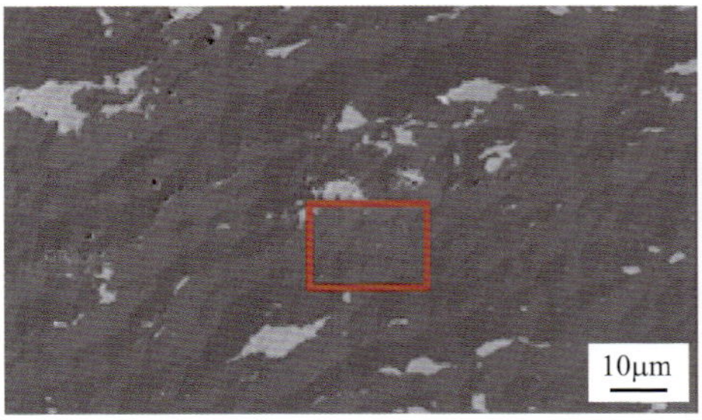

(a) 煤岩扫描电镜图

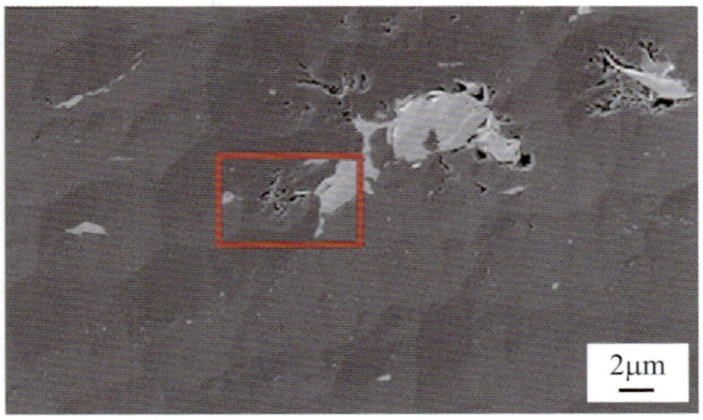

(b) 将(a)图方框放大后扫描电镜图

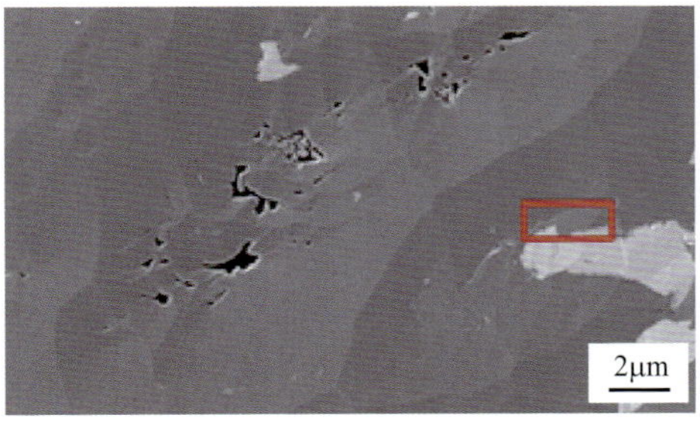

(c) 将(b)图方框放大后扫描电镜图

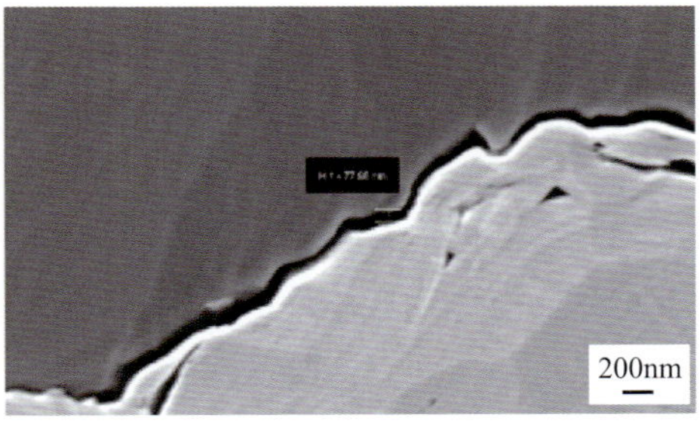

(d) 将(c)图方框放大后扫描电镜图

图 6.2.4　不同分辨率下煤岩的扫描电镜图

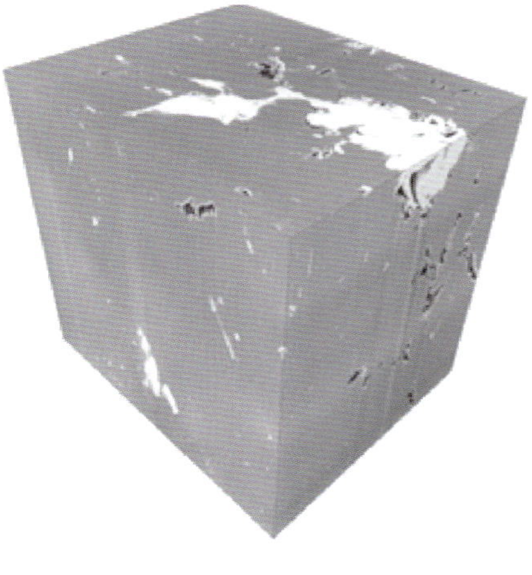

(a) 三维重建后煤岩聚焦离子束扫描电镜图

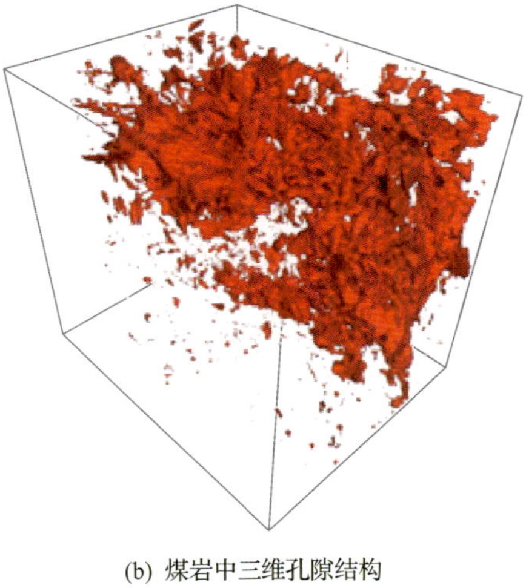

(b) 煤岩中三维孔隙结构

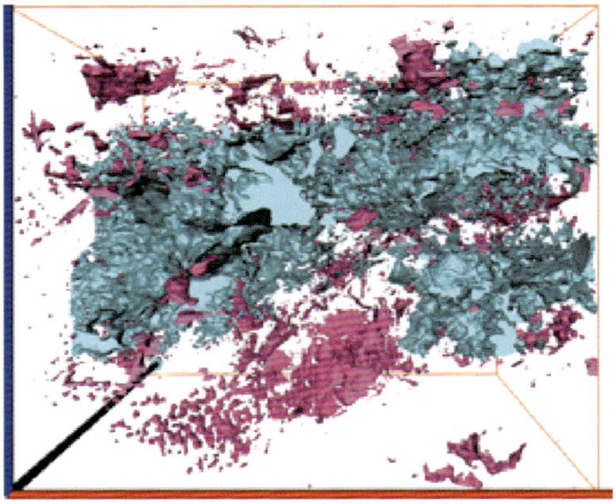

(c) 孔隙空间的三维微观结构

图 6.2.5　聚焦离子束扫描电镜图像重建的煤岩三维微观结构

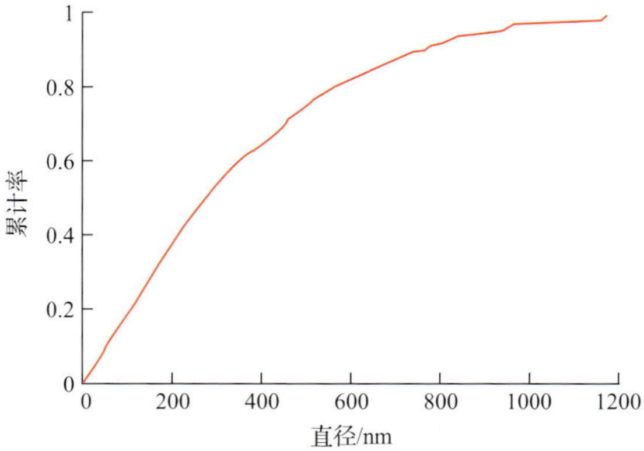

图 6.2.6　通过聚焦离子束扫描电镜得到的煤岩孔隙直径分布累计率

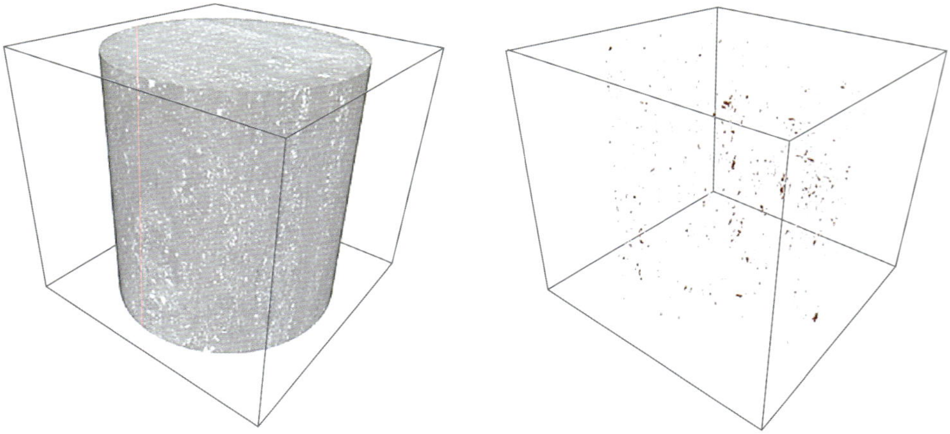

(a) 微X射线断层扫描图像重建的三维分析体积　　(b) 微X射线断层扫描图像提取的三维孔隙空间

图 6.2.7　三维微 CT 扫描图像提取的煤岩孔隙空间

对煤样进行取芯和密度测量，得到平均密度为 1.5g/cm^3，不同测试方法测得的煤岩孔隙率和煤岩孔隙分布情况分别见表 6.2.1 和表 6.2.2。通过压汞法测量得到的干燥煤样中孔径大于 3.5nm 的连通孔孔隙率为 1.20%～3.14%，N_2 吸附分析所得孔隙率为 0.16%～0.40%，与聚焦离子束扫描电镜的结果相比，CO_2 吸附、N_2 吸附和压汞法测得的孔隙率在相似的孔隙范围内较小，可能是因为聚焦离子束扫描电镜探测到了封闭孔隙。

表 6.2.1　不同测试方法测得的煤岩孔隙率　（单位：%）

CO_2 吸附法	压汞法	N_2 吸附法	X 射线断层扫描	聚焦离子束扫描电镜
10～11	1.2～3.14	0.16～0.40	0.39	6.03

表 6.2.2　不同测试方法测得的煤岩孔隙分布情况

测试方法	煤试样	总孔隙体积/(cm^3/g)	孔隙体积占比/%		
			微孔（孔直径<2nm）	介孔（孔直径 2～50nm）	宏孔（孔直径>50nm）
CO_2 吸附法	C1	0.0685	100	0	0
	C2	0.0704	100	0	0
N_2 吸附法	C3	0.0011	0	57.6	42.4
	C4	0.0012	0	69.2	30.8
	C5	0.0023	5.9	31.5	62.6
	C6	0.0025	4.6	31.6	63.8
压汞法	C7	0.0162	0	81.3	18.7
	C8	0.0197	0	85.9	14.1
	C9	0.0101	0	81.4	18.6
	C10	0.0209	0	78.4	21.6

2. 煤岩孔隙比表面积分布

CO_2 吸附得到的煤岩孔隙比表面积如图 6.2.8 所示。可以看出，测定的比表面积在孔直径为 0.6nm 的范围内迅速增加，这意味着孔直径为 0.6nm 的孔隙在 CO_2 吸附测定所得孔隙中的占比最大。N_2 吸附得到的煤岩孔隙比表面积如图 6.2.9 所示。可以看出，N_2 吸附得到的煤岩孔隙比表面积分布，随着孔隙直径的减小，孔隙比表面积增长速度加快，直径小于 10nm 的孔隙比表面积占总测量值的 80%，N_2 吸附分析得到的比表面积为 0.36～0.58m^2/g。从图 6.2.10 可以看出，压汞法得到的煤岩孔隙比表面积为 4.6～4.96m^2/g。根据煤的密度为 1.5g/cm^3 以及上述比表面积计算得到的孔隙表面密度分别为 335.59～344.90μm^{-1}、0.54～0.87μm^{-1} 和 6.90～7.44μm^{-1}。CO_2 吸附和 N_2 吸附之间的测量差异主要是由于扩散的活化

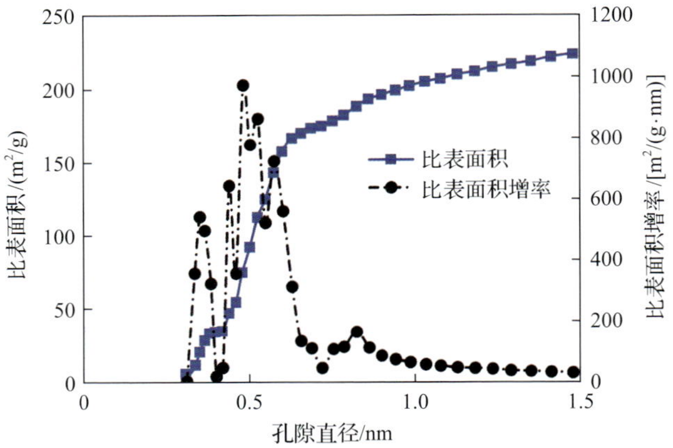

(a) C1煤试样孔隙比表面积

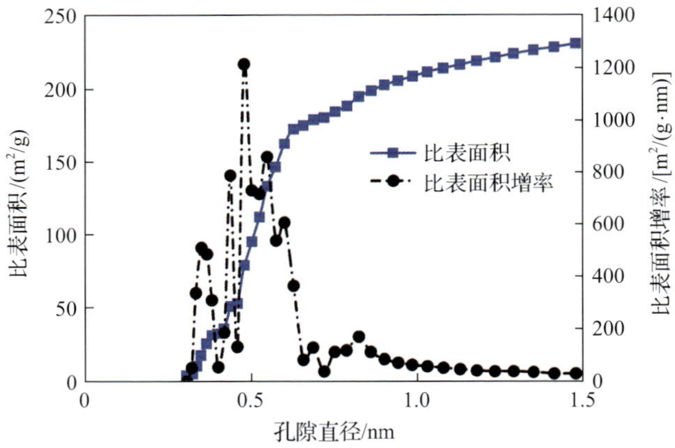

(b) C2煤试样孔隙比表面积

图 6.2.8　CO_2吸附得到的煤岩孔隙比表面积

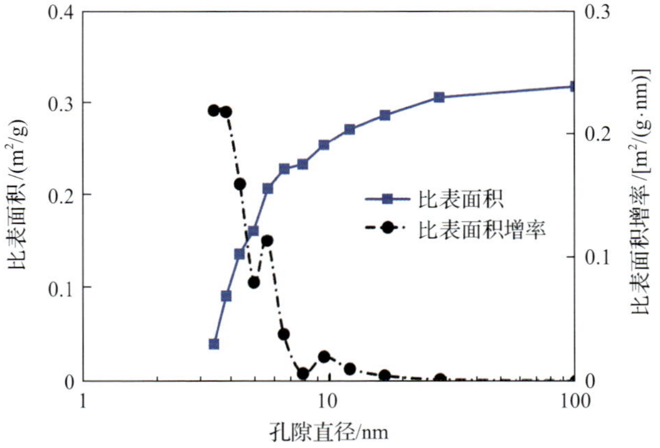

(a) C3煤试样孔隙比表面积

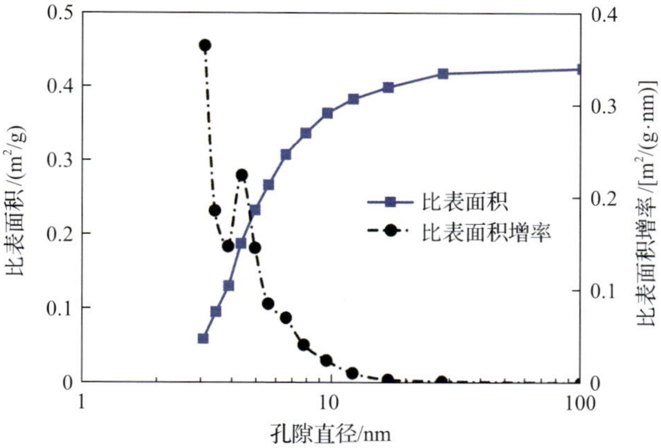

(b) C4煤试样孔隙比表面积

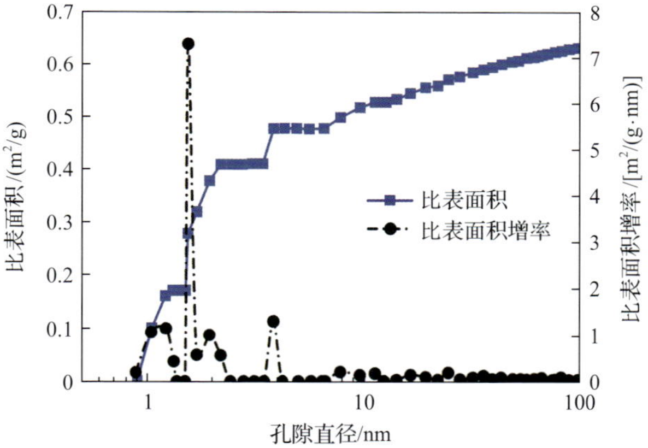

(c) C5煤试样孔隙比表面积

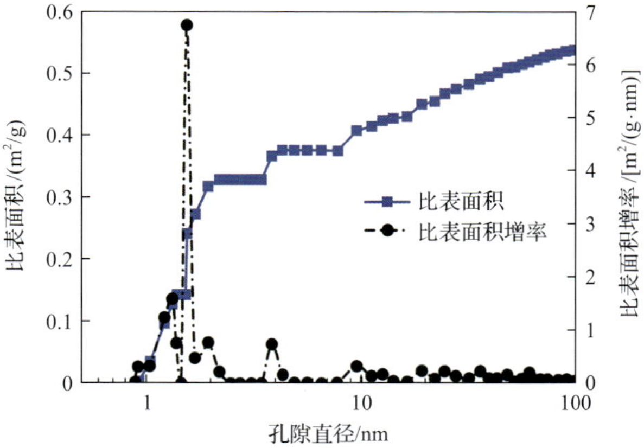

(d) C6煤试样孔隙比表面积

图 6.2.9　N_2 吸附得到的煤岩孔隙比表面积

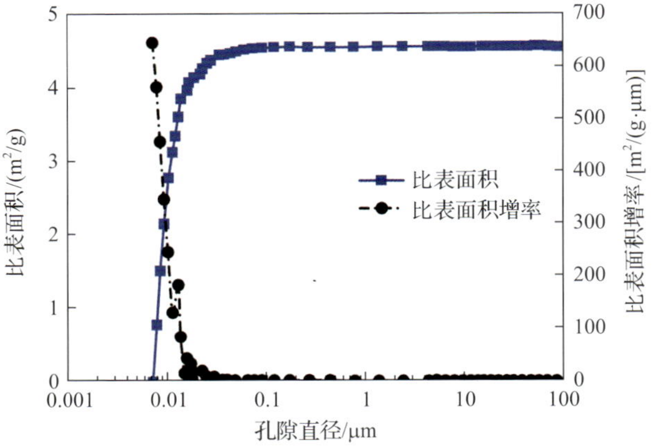

(a) C7煤试样孔隙比表面积

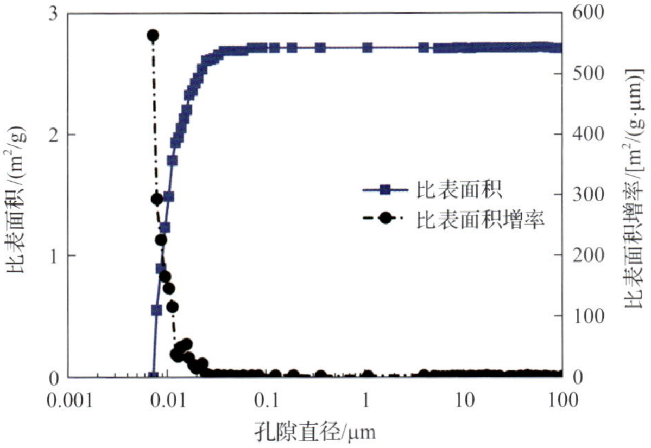

(b) C8煤试样孔隙比表面积

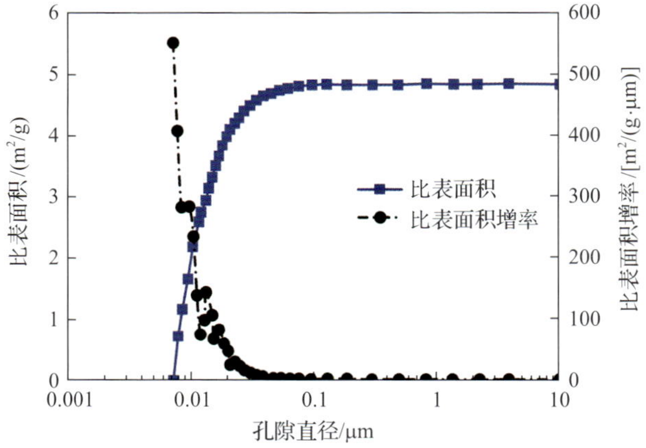

(c) C9煤试样孔隙比表面积

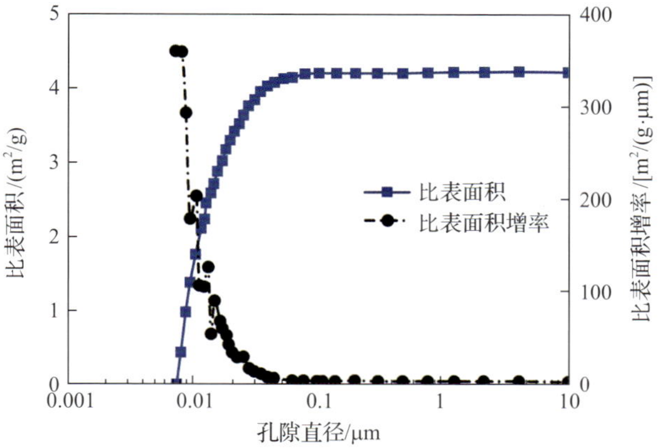

(d) C10煤试样孔隙比表面积

图 6.2.10　压汞法得到的煤岩孔隙比表面积

能不同，CO_2 在 0℃下的活化能比–196.15℃下 N_2 的大得多，这意味着在 0℃下，CO_2 分子通过圆柱形孔道的扩散速率比–196.15℃下的 N_2 高 105 倍，与压汞法的差异是由于汞分子无法渗透进入煤岩的微孔中。表 6.2.3 为不同测试方法得到的煤岩孔隙比表面积。

表 6.2.3　不同测试方法得到的煤岩孔隙比表面积

测试方法	煤试样	比表面积/(m^2/g)	比表面积占比/%		
			微孔(孔直径<2nm)	介孔(孔直径 2～50nm)	宏孔(孔直径>50nm)
CO_2 吸附法	C1	223.73	100	0	0
	C2	229.93	100	0	0
N_2 吸附法	C3	0.36	0	95.1	4.9
	C4	0.58	0	97.1	2.9
	C5	0.37	58.1	34.8	7.1
	C6	0.33	56.5	34.2	9.3
压汞法	C7	4.60	0	99.1	0.9
	C8	4.96	0	98.1	1.9
	C9	2.78	0	99.3	0.7
	C10	4.67	0	97.9	2.1

3. 煤岩孔隙形状分布

根据吸附-脱附曲线形状将孔隙形状大致分为圆柱形、狭缝形、楔形和墨水瓶形四种基本孔隙类型，如图 6.2.11 所示[9]。图 6.2.12 为 N_2 等温吸附/脱附曲线。可以看出，较低的相对压力下 N_2 的吸附量较小，而等温脱附附线在较高的相对压力(>0.45)处没有出现拐点，这种曲线类型可以归类为Ⅱ型滞回环，这意味着直径在 1～400nm 是狭窄的裂隙孔。本节研究中聚焦离子束扫描电镜检测结果证实了样品的孔隙空间形态大多为狭缝形或楔形，在层状结构中未观察到微裂缝和干裂缝，这意味着所分析样本未经历由于样品干燥而引起的严重微结构损坏。

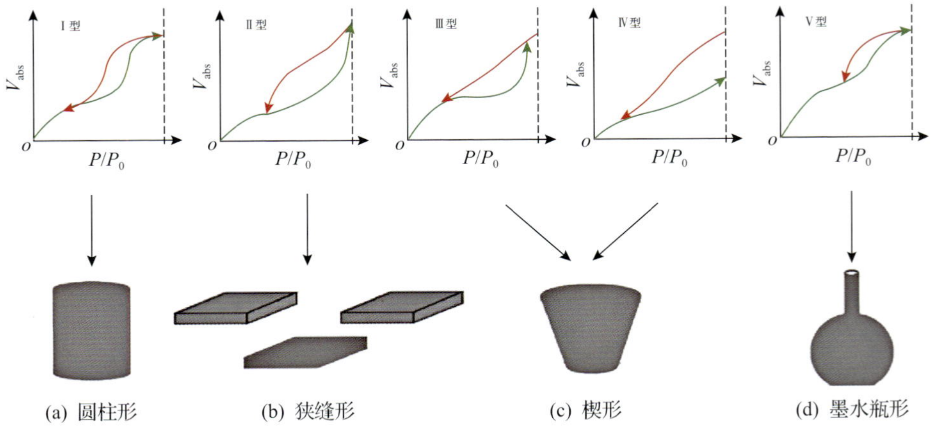

图 6.2.11　吸附-脱附后的分类及其对应的孔隙形状

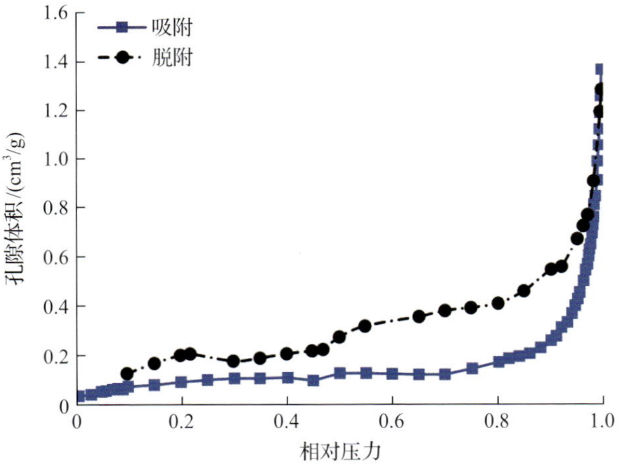

图 6.2.12　N_2 等温吸附/脱附曲线

6.2.2　黏土岩孔隙结构与矿物成分特征

以瑞士高放废物处置库围岩 Opalinus Clay 黏土岩为例，样品含有 63%的黏土矿物、18%的碳酸盐和 17%的石英颗粒[4,5]。在宏观尺度上，分析的黏土试样含有毫米和亚毫米尺度的细白色层，可能富含碳酸盐。由于样品孔隙直径跨越了多个数量级，因此无法通过单一的层析成像方法进行三维可视化表征，因此，应用 X 射线断层扫描成像、聚焦离子束纳米层析成像和扫描透射电镜层析成像来实现从毫米尺度到纳米尺度结构表征，如图 6.2.13 所示。

(1) N_2 吸附数据分析所得比表面积为 20.0m^2/g，计算得到孔隙率为 11.5%。

(2) X 射线断层扫描成像图像显示，Opalinus Clay 中含有碳酸盐、少量黄铁矿和石英等其他矿物。受分辨率限制，最小孔隙的半径为 2.6μm，所得孔隙率为 0.60%，孔隙间并不连通。

(a) 经过图像处理的矿物颗粒和孔隙结构的三维重建图

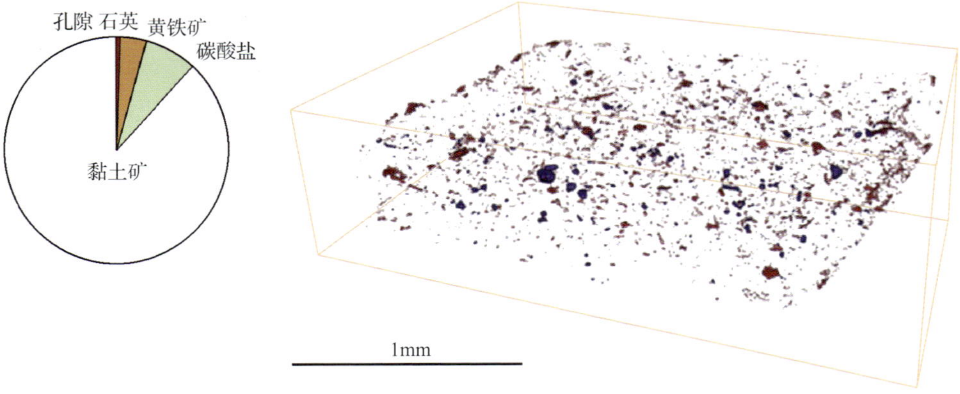

(b) 经过图像处理的孔隙和矿物的三维重建图

图 6.2.13　Opalinus Clay 岩相的 X 射线断层扫描成像

(3) 聚焦离子束纳米层析成像得到的孔隙率在 2%～3%。扫描透镜电镜从像素大小在 1.7～4nm 的图像中分割出了孔隙，分析得到孔隙率为 8.3%，孔直径在 1.7～20nm 的范围内。对于三维几何图形的孔隙路径方向和孔隙几何形状进行分析后，发现孔隙路径大多数分布在层理面内，孔隙路径的几何曲折度在垂直于层理面方向上比在层理面内高。大部分孔隙的路径长度在 2～8μm。根据背散射图像，可以将碳酸盐、石英、较大的黏土矿物颗粒和具有不同成分的有机物分割开来（见表 6.2.4），碳酸盐的平均颗粒直径为 100～300nm。不同测试方法测得的泥质相 Opalinus Clay 的不同孔隙直径对应的累计孔隙率如图 6.2.14 所示。

表 6.2.4　分析区域中主要矿物成分体积

参数	参数值/%
碳酸盐颗粒体积分数	18
石英体积分数	17
黏土基质体积分数	63

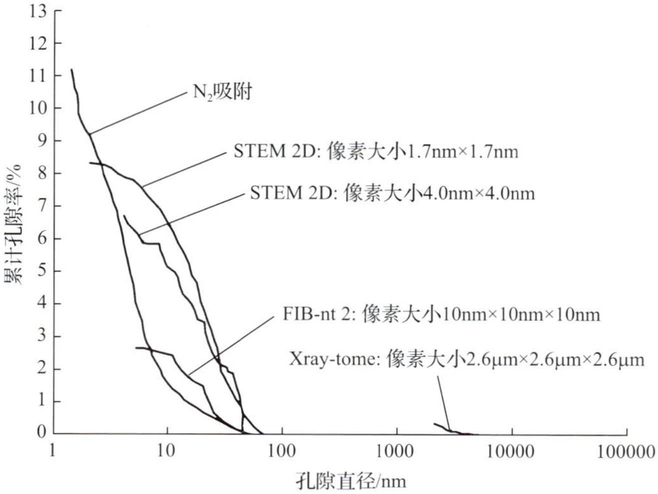

图 6.2.14　不同测试方法测得的泥质相 Opalinus Clay 的不同孔隙直径对应的累计孔隙率

6.3　围岩介质物质运移试验

6.3.1　高压扩散池试验装置

设计的高压扩散池由样品支架、两个端片和一组螺栓组成，如图 6.3.1 所示。样品夹在两个不锈钢滤板之间，与滤板一同放置在样品支架中，两个端片放在滤板上方，通过四个螺栓固定在一起。在端板表面和螺栓头之间，放置了一个由六个弹簧组成的装配体，拧紧螺栓时通过弹簧对样品施加压力，施加压力与每个螺栓的扭矩关系为[4]

$$P_{\text{axial}} = k_{\text{ax}} M \tag{6.3.1}$$

式中，k_{ax} 为系统因子，反映摩擦系数、螺纹步距和螺栓头直径等多个参数的综合作用，MPa/(N·m)；M 为每个螺栓的扭矩，N·m；P_{axial} 为样品所受压力，MPa。

通过对高压扩散池校准可确定系统因子 k_{ax} 的值为 k_{ax}=10.17MPa/(N·m)。

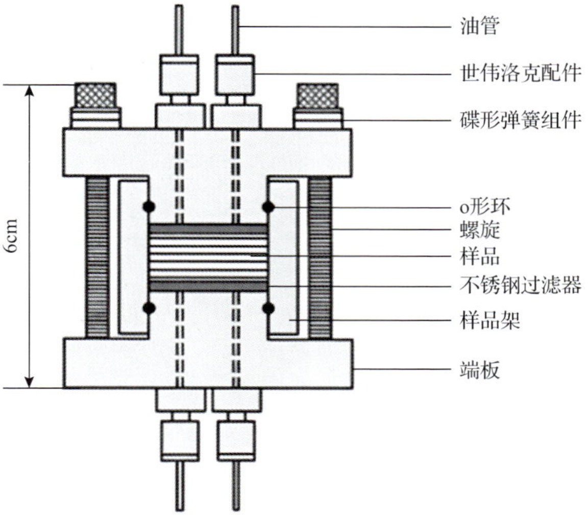

图 6.3.1　高压扩散池剖面图

6.3.2　样品制备

将一根长 5.6～5.8m 的黏土岩芯使用金刚石锯切成 2cm 厚的片段，如图 6.3.2 所示，每个片段被切成四部分，每个部分被放置在一个有机玻璃圆柱(直径为

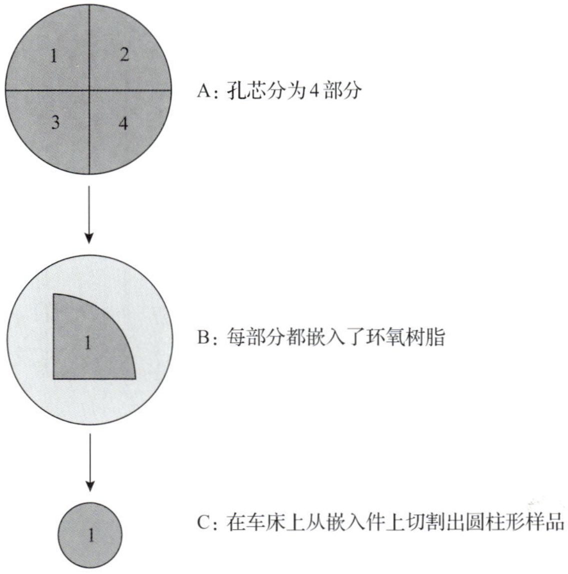

图 6.3.2　岩芯制备圆柱样品过程

5.4cm，高为 5cm）中，并嵌入环氧树脂中。树脂固化后，圆柱体被放置在车床上，制备成一个直径为 2.54cm、长为 1.1cm 的圆柱形样品。

扩散试验中使用的人造 OPA 孔隙水的组成如表 6.3.1 所示。该溶液的主要成分是 NaCl，含有少量 $CaCl_2·2H_2O$、$MgCl_2·6H_2O$、KCl、$SrCl_2·6H_2O$、Na_2SO_4 和 $NaHCO_3$。用 HCl 或 NaOH 调节 pH 值到 7.6。

表 6.3.1 扩散试验中使用的人造 OPA 孔隙水的组成

化学成分	化学成分的质量/(g/L)
NaCl	12.38
KCl	0.12
$MgCl_2·6H_2O$	3.46
$CaCl_2·2H_2O$	3.81
$SrCl_2·6H_2O$	0.14
Na_2SO_4	2.01
$NaHCO_3$	0.04

6.3.3 扩散试验

图 6.3.3 为可考虑不同温度和压强影响的扩散试验装置示意图，包括一个扩散池，一个 8 通道蠕动泵，一个 250cm^3 源容器和一个 25cm^3 接收容器等。

具体试验步骤如下：

(1) 将样品与两个不锈钢滤板一起放置在样品支架中，并用两个端板密封。

(2) 螺栓使用 MoS_2 螺纹膏进行润滑，并拧紧至所需载荷。

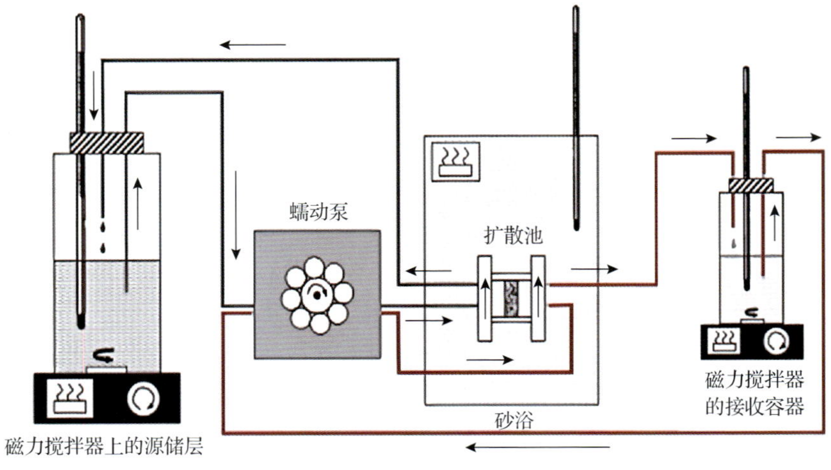

图 6.3.3 可考虑不同温度和压强影响的扩散试验装置示意图

(3) 源容器装入 200cm^3 人造孔隙水，接收容器装入 20cm^3 人造孔隙水。

(4) 人造孔隙水溶液在样品两端循环 5 周以保证样品饱和。

(5) 更新循环溶液，并在源容器中加入放射性同位素示踪剂(氚化水(HTO)、Cl^-溶液或 Na^+溶液等，其中放射性同位素示踪剂活度是指每升水中的放射性物质每秒发生衰变的总次数，是衡量水体放射性标准的依据，其单位是贝克勒尔(Bq)。

(6) 每经过特定的时间间隔 Δt 后更换接收容器中的溶液，保证该容器中示踪剂的活度尽可能低，即小于源容器中高浓度示踪剂活度值的 1%。

(7) 单次扩散试验完成后，两个容器中的溶液更换为不含示踪剂的人造孔隙水，并开始进行扩散，在特定时间间隔内测量溶液中的示踪剂活度，并更新溶液，重复此过程，直至样品中的示踪剂全部扩散出去。

(8) 在源容器内加入新种类的放射性同位素示踪剂，开始新一轮的扩散。放置放射性同位素示踪剂的顺序为：氚化水 HTO、Cl^-溶液、Na^+溶液、$^{233}U(VI)$溶液。其中 $^{233}U(VI)$溶液制备流程为：首先将 $^{233}UO_2(NO_3)_2$ 溶液干燥，得到 $^{233}UO_2(NO_3)_2$ 粉末，然后将其加至 0.01mol/L $NaHCO_3$ 中，溶液中的 $^{233}UO_2(NO_3)_2$ 与 $NaHCO_3$ 的物质的量比为 1∶3，再加入过量的稀盐酸(0.1mol/L HCl)制成 $^{233}UO_2Cl_2$ 溶液，通过液体闪烁计数测定方法保证 $^{233}U(VI)$溶液的示踪剂比活度为 15.2kBq/mL(1.8×10^{-4}mol/L $^{233}UO_2Cl_2$)。扩散试验历时 3 个月，将黏土试样取出，经磨削剥离、提取后通过液体闪烁计数确定提取物中的示踪剂含量。

(9) 为了测定温度对离子扩散的影响，将源容器放在磁力搅拌器上进行搅拌和加热，扩散池放置在一个温度控制的砂浴中进行加热，进行不同温度下黏土岩中示踪剂的扩散试验。

(10) 由于黏土岩具有较强的非均质性，因此在平行和垂直于其层理方向上进行扩散试验，并测量在不同压强条件下不同方向上有效扩散系数和表观扩散系数。

6.3.4　试验结果分析

时间间隔 Δt_i 内的 HTO、Cl^-等溶质的平均通量 J^{t_i} 的计算表达式为

$$J^{t_i} = A_{\text{dif}}^{\Delta t_i} S \Delta t_i \tag{6.3.2}$$

式中，$A_{\text{dif}}^{\Delta t_i}$ 为在时间 Δt_i 内通过岩石扩散的示踪剂活度(可由试验得到)，Bq；

S 为样品横截面面积，m^2。

菲克第一定律描述了溶质的扩散通量 J 为

$$J = -D_e \frac{\partial \xi}{\partial X} \tag{6.3.3}$$

式中，D_e 为有效扩散系数，m^2/s；X 为空间坐标，m；ξ 为示踪剂浓度，mol/m^3。

浓度随时间 t 的变化由菲克第二定律表示为

$$\frac{\partial \xi}{\partial t} = D_a \frac{\partial^2 \xi}{\partial X^2} \tag{6.3.4}$$

式中，D_a 为表观扩散系数，m^2/s。

在试验分析中，浓度值需要进行放射性同位素示踪剂衰变修正。有效扩散系数 D_e 表征了溶质离子通过样品的能力，表观扩散系数 D_a 则考虑了示踪剂与样品间的相互作用，两者之间可通过岩石容量因子 α 建立联系，二者表达式为

$$D_a = \frac{D_e}{\alpha} \tag{6.3.5}$$

岩石容量因子 α 为

$$\alpha = \mathrm{n} + \rho K_d \tag{6.3.6}$$

式中，K_d 为吸附分配系数，m^3/kg；n 为示踪剂离子扩散的有效孔隙率(即溶质可通过的孔隙体积)；ρ 为样品干密度，kg/m^3。

对于氚化水 HTO 等非吸附性示踪剂，$K_d=0$，即 $\alpha = n$，可直接通过低活度储液器示踪剂活度测试得到的浓度时间变化曲线来确定 D_e 和 α 的值。对于 ^{233}U(VI) 等吸附性离子，需要首先确定黏土样品中的试验示踪剂分布，进而确定扩散参数(D_e、α、n、K_d)的值。

当围岩压强在 3MPa 时，表 6.3.2 为不同温度下垂直于黏土岩层理方向的示踪剂有效扩散系数。可见，HTO、Cl^-和 Na^+的有效扩散系数均随温度升高而增加，且在相同的温度下，Na^+的有效扩散系数>HTO 的有效扩散系数>Cl^-的有效扩散系数，这是因为黏土表面遇水后带有负电荷，阴离子会被黏土颗粒表面排斥，从而使得带负电荷的离子在黏土中扩散的有效孔体积变小，而带正电荷的离子在黏土中有效扩散体积变大。

表 6.3.2　不同温度下垂直于黏土岩层理方向的示踪剂有效扩散系数

温度/℃	D_e/(m²/s)		
	HTO	Cl^-	Na^+
5	$(7.80\pm0.47)\times10^{-12}$	$(2.84\pm0.48)\times10^{-12}$	$(9.03\pm1.72)\times10^{-12}$
15	$(1.13\pm0.23)\times10^{-11}$	$(4.23\pm0.50)\times10^{-12}$	$(1.27\pm0.28)\times10^{-11}$
25	$(1.44\pm0.20)\times10^{-11}$	$(5.21\pm0.45)\times10^{-12}$	$(1.71\pm0.33)\times10^{-11}$
35	$(1.93\pm0.18)\times10^{-11}$	$(6.78\pm0.51)\times10^{-12}$	$(2.22\pm0.42)\times10^{-11}$
45	$(2.35\pm0.21)\times10^{-11}$	$(8.50\pm0.53)\times10^{-12}$	$(2.84\pm0.43)\times10^{-11}$
55	$(3.00\pm0.22)\times10^{-11}$	$(1.05\pm0.12)\times10^{-11}$	$(3.45\pm0.35)\times10^{-12}$
65	$(3.64\pm0.35)\times10^{-11}$	$(1.28\pm0.13)\times10^{-11}$	$(4.23\pm0.38)\times10^{-11}$

此外，在 23℃±2.0℃下，铀离子 $^{233}U(VI)$垂直于黏土岩层理方向的有效扩散系数为$(2.0\pm0.5)\times10^{-12}m^2/s$，平行于黏土岩层理方向的表观扩散系数为$D_{a//}=(9.5\pm0.4)\times10^{-14}m^2/s$；在 60℃下的有效扩散系数为$(3.1\pm1.0)\times10^{-12}m^2/s$，表观扩散系数为$(5.4\pm1.0)\times10^{-15}m^2/s$。不同温度下 $^{233}U(VI)$的岩石容量因子α值出现了较大差异，而其有效扩散系数的差异相较于α值来说近乎忽略不计，可能在吸附作用达到某种程度后，其对样品中 $^{233}U(VI)$扩散的阻滞作用接近或达到峰值。

表 6.3.3 为温度 23℃±2.0℃时不同围压下垂直于黏土岩层理方向的示踪剂有效扩散系数。可以看出，随着围压的增加，黏土岩内孔隙变小，孔隙几何路径更加曲折，从而导致 HTO 和 Cl^-的有效扩散系数变小。

表 6.3.3　温度 23℃±2.0℃时不同围压下垂直于黏土岩层理方向的示踪剂有效扩散系数

压强/MPa	D_e/(m²/s)	
	HTO	Cl^-
1	$(1.55\pm0.18)\times10^{-11}$	$(5.54\pm0.23)\times10^{-12}$
3	$(1.44\pm0.20)\times10^{-11}$	$(5.21\pm0.45)\times10^{-12}$
5	$(1.21\pm0.17)\times10^{-11}$	$(4.00\pm0.20)\times10^{-12}$

6.4　深部围岩物质运移数值模拟方法

6.4.1　孔隙网络模型构建

1. 孔隙网络模型选择

孔隙网络模型建立的主要步骤是：首先构建反映真实岩芯孔隙结构特征的

模型，将每个孔隙和喉道赋予实际的物理数学方程，然后在此基础上对整个模型渗流场、扩散场等进行求解得到渗透率和扩散率等表征参数。

构建反映真实岩芯孔隙结构特征模型的主要方法有过程法、真实孔隙网络模型和等效孔隙网络模型。过程法主要通过模拟岩石的成岩过程(沉积和压实过程等)来重构岩石三维形态，不适用于成岩过程复杂的岩石。真实孔隙网络模型主要通过图像分析法得到岩芯二维图片，然后通过建模程序或软件把二维图片叠加重构成三维数字岩芯，再通过中轴线法、最大球法或者两者结合的方式构建三维真实孔隙网络模型，因此，该方法只能构建基于图像分析法的孔隙网络模型。等效孔隙网络模型则克服了这一缺点，等效孔隙网络模型是基于一定的晶格结构，将孔隙结构的统计信息和拓扑参数(如孔喉分布、配位数等)按照一定的生成规则分布在晶格的特定位置上，因此，等效孔隙网络模型的构建既可以基于图像分析法也可以基于流体入侵法(气体吸附法和压汞法等)得到的试验数据。虽然等效规则孔隙网络模型的基本孔喉单元连接关系非常规整，但因孔喉截面形状、孔喉大小及配位数赋值方法的不同，能够呈现出岩石介质的非均质性与各向异性。

等效规则孔隙网络模型通常有以下几种晶格形式[2]：

(1)最大孔配位数为 6 的立方体晶格(见图 6.4.1(a))，孔配位数是指 1 个孔连接其周边相邻的孔隙个数，而在实际多孔介质中孔配位数很可能大于 6。

(2)改进的最大孔配位数为 26 的立方体晶格(见图 6.4.1(b))，但在物理上难以实现。

(3)截断八面体晶格，当孔位于晶格中心时其最大孔配位数为 14，而当孔位于晶格面心时其最大孔配位数为 12(见图 6.4.1(c))。

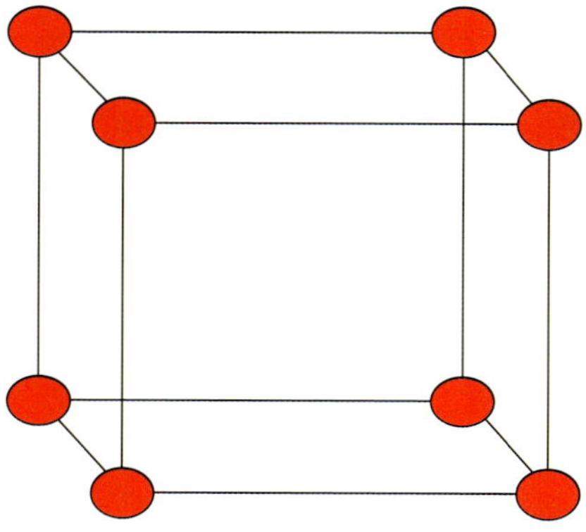

(a) 立方体晶格的孔配位数为6

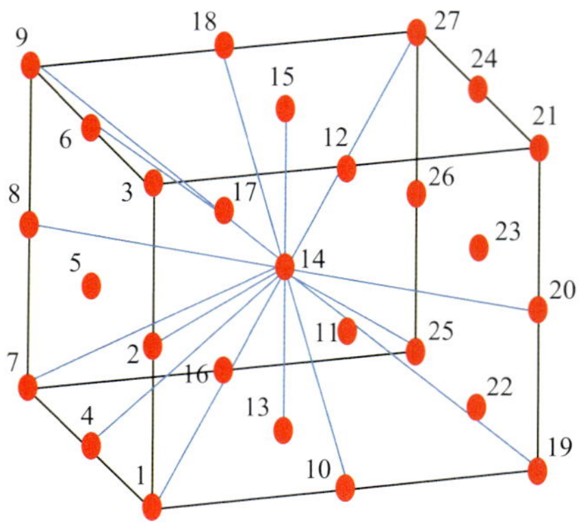

(b) 立方体晶格的孔配位数为26

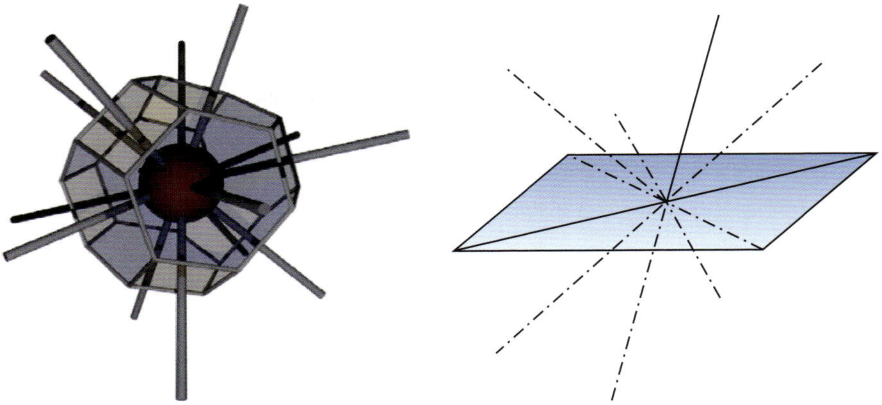

(c) 截断八面体晶格　　　　(d) 菱形十二面体晶格

图 6.4.1　四种不同规则拓扑孔隙网络模型的晶格形状

(4) 最大孔配位数为 12 的菱形十二面体晶格(见图 6.4.1(d))，与截断八面体单元相比对孔隙周围体积的代表性较差。

2. 孔隙试验数据处理

以 6.2 节中 Opalinus Clay(OPA)黏土岩为例进行多尺度孔隙网络模型构建[9]，试验测得的 OPA 黏土岩的微观结构信息如图 6.4.2 所示。根据不同试验技术分辨率将孔隙划分为中孔和小孔。中孔为聚焦离子束纳米层析成像技术解析的半径大于 5nm 圆柱状孔，其相互孤立且约占样品体积的 1.8%，其孔隙率 θ_{mes}=0.018。由于聚焦离子束纳米层析成像测不到孔隙半径小于 10nm 的孔，因此，通过 N_2 吸附解析孔隙半径 2nm 以上的孔，测得的黏土试样的孔隙率为 11.5%，其中半径在 2～10nm 的孔占 9.7%。对于孔隙半径小于 2nm 的微孔，假设其遵循与占 9.7%的小孔一样的分布规律，当黏土岩总孔隙率为 16%时，孔

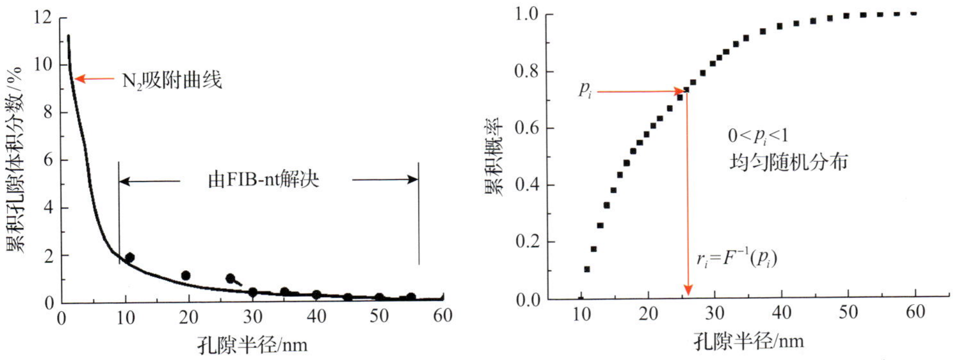

(a) 累积孔隙体积分数随孔隙半径变化关系曲线　　　　(b) 对应介孔半径的累积概率分布

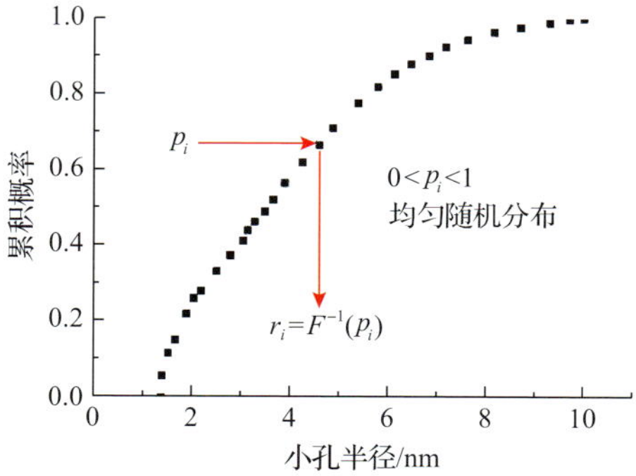

(c) 对应小孔半径的累积概率分布

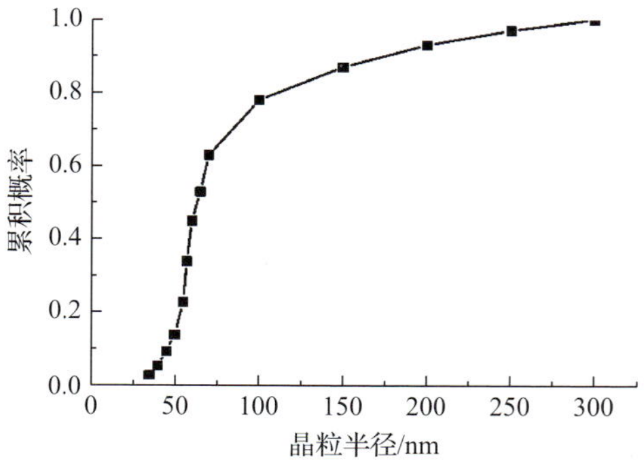

(d) 对应碳酸盐晶粒的累积概率分布

图 6.4.2　OPA 黏土岩的微观结构信息

隙半径小于 2nm 的小孔占 4.5%，即小孔的孔隙率为 $\theta_{\text{micro}}=0.097+0.045=0.142$。根据图 6.4.2(a)中的孔隙试验信息，利用均匀分布数($0<p_i<1$)计算中孔和小孔的累积概率(见图 6.4.2(b)和(c))。试验测得样品中含有 18%的碳酸盐和 17%的石英颗粒，假设碳酸盐和石英为球形颗粒，将试验测得的碳酸盐颗粒尺寸转换为累积概率分布，其颗粒尺寸范围为 100～300nm(见图 6.4.2(d))。由于没有石英颗粒尺寸分布的试验数据，因此假设石英颗粒与碳酸盐颗粒尺寸具有相同的累积概率分布。

3. 孔隙试验数据与孔隙网络模型的映射

将图 6.4.2 中颗粒和孔隙信息分配到图 6.4.3(a)所示的截断八面体晶格中。根据图 6.4.2(d)中碳酸盐和石英颗粒尺寸分布随机生成不同半径大小的颗粒并一一映射到晶格中心，如图 6.4.3(b)所示。各向异性由三个不同的长度参数表示，即 S_1、S_2 和 S_3，分别表示 X、Y、Z 三个空间直角坐标系轴上截断八面体两个相对正方形面之间的距离。每个晶格的体积为 $V_c=S_1S_2S_3/2$，对于含有 N_c 个截断八面体晶格的模型，颗粒持续分配直至其累积体积分数等于试验测量值，即

$$f=\frac{1}{N_cV_c}\sum_{i=1}^{N_c}\frac{4\pi r_i^3}{3} \tag{6.4.1}$$

式中，f 为测量的颗粒体积总百分比；r_i 为第 i 个颗粒半径，m。

不同的 S_1、S_2 和 S_3 值用来反映多孔介质的各向异性，当 $S_1=S_2=S_3$ 时，多孔介质为各向同性。已知 f、N_c、r_i，当 S_1、S_2 和 S_3 之间比例关系确定时可以得到 S_1、S_2 和 S_3 的值。

(a) 利用截断八面体晶格表示多孔介质

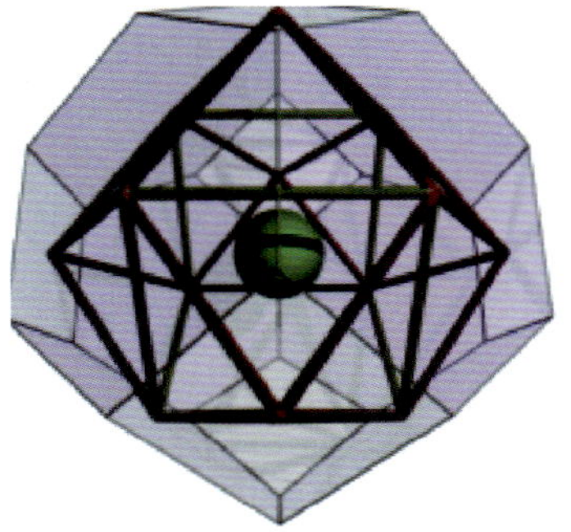

(b) 单个晶格

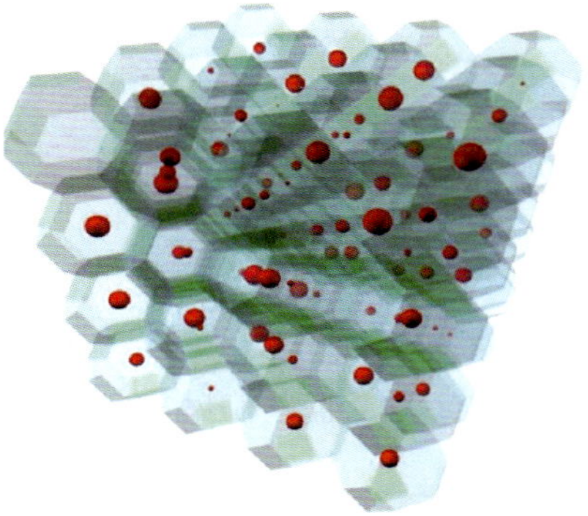

(c) 多孔介质中矿物颗粒分布

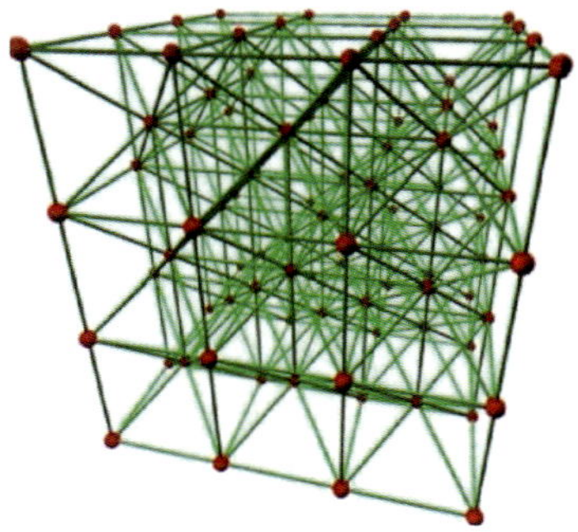

(d) 晶格变形和破坏

(e) 孔隙或者孔隙交叉节点(晶胞面心)分布

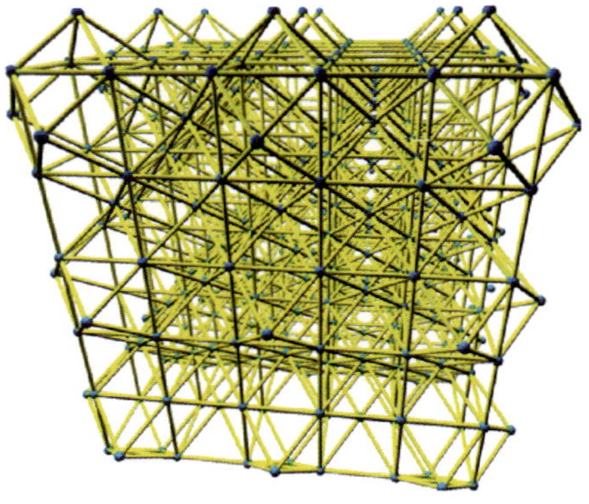

(f) 孔隙连接示意

图 6.4.3　微细观尺度上多孔介质力学、物理和化学耦合拓扑结构图

在上述基础上，以截断八面体的面心为相邻孔隙交叉点，孔隙分布在连接相邻面心的位置上，截断八面体晶格中连接四边形与六边形的孔隙，其最大孔配位数可达 8，而对于截断八面体晶格中连接六边形与六边形的孔隙，其最大孔配位数可达 12。根据图 6.4.2(b)黏土试样中孔大小分布数据，将其分配到

图 6.4.3(f) 中的可用潜在连接位置上(相邻面心的连接位置上)，且每个潜在连接位置上只分布一个中孔，直至分配的中孔体积和试验测量的中孔体积分数相同，即

$$\sum_{i=1}^{n} V_i = N_c V_c \theta_{mes} \tag{6.4.2}$$

式中，n 为孔隙数量；V_i 为第 i 个中孔体积，m^3；θ_{mes} 为中孔的孔隙率。

中孔的分配可以在不同方向上进行，也可以限制在选定方向上，以模拟各向异性和非均质性，在选定的方向上孔隙随机分配到潜在连接位置上。

将小孔分配到未被中孔占据的潜在连接位置上，如若未被中孔占据的潜在连接位置上都分配有小孔，但小孔总体积仍未达到试验测得体积时，将小孔随机并联在已有的中孔或者小孔位置上，直至小孔总体积达到测定的总体积，因此，一个潜在连接位置上最终会有一个或者多个小孔以并联的形式存在(见图 6.4.4(c))。小孔的分布为

$$\sum_{j=1}^{m} V_j = N_c V_c \theta_{micro} \tag{6.4.3}$$

式中，m 为小孔数量；V_j 为第 j 个小孔体积，m^3；θ_{micro} 为小孔的孔隙率。

单个中孔和小孔的体积取决于孔隙形状和长度，为了利用规则几何形状表征真实多孔介质复杂孔喉截面特征的不规则性和复杂性，允许多相流体在同一孔隙或喉道内存在，并方便孔隙体积和表面积计算，引入形状因子来表征孔喉截面的不规则性：

$$G = \frac{A}{P^2} \tag{6.4.4}$$

式中，A 为孔喉横截面面积，m^2；P 为孔喉截面周长，m。

多孔介质中常用的三角形截面最大形状因子为 0.048，四边形截面最大形状因子为 0.062，圆形截面最大形状因子为 0.08。

图 6.4.4 为多尺度孔隙网络模型。每次新孔隙分配根据选定的截面面积和连接长度来增加孔隙体积直到中孔和小孔的总孔隙率达到试验孔隙率。孔隙网络模型在黏土岩层理方向和非层理方向上采用不同的长度参数来表示其各向异性。

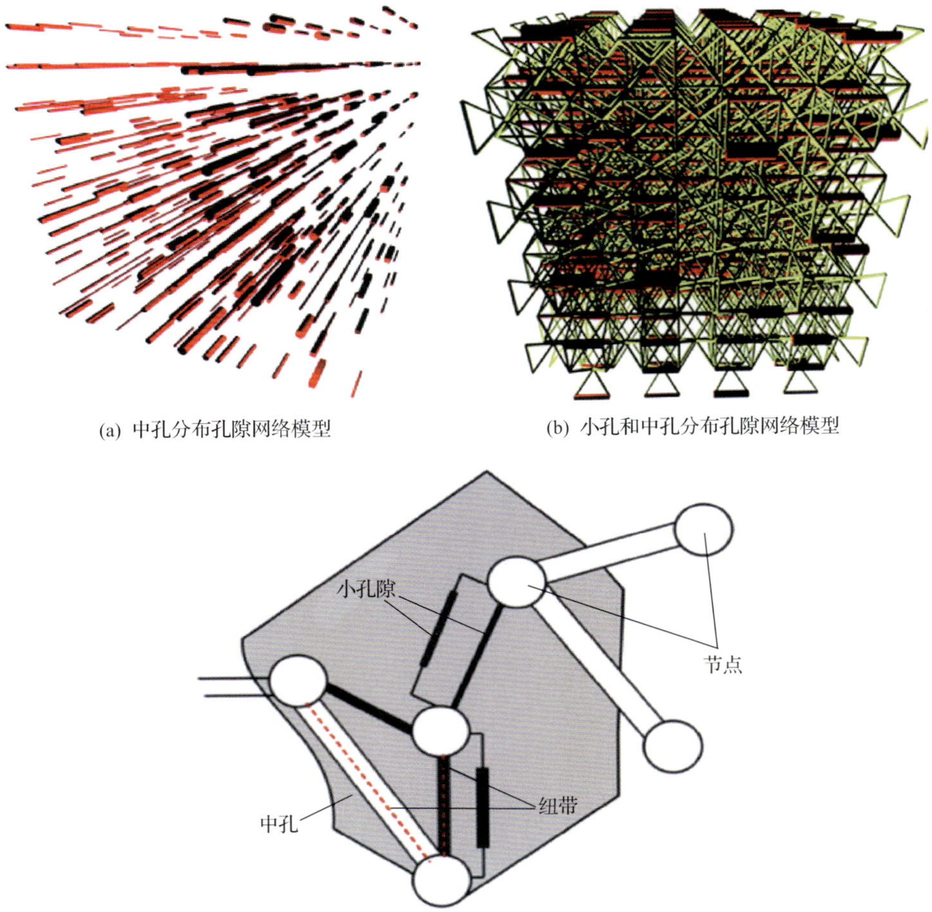

(a) 中孔分布孔隙网络模型　(b) 小孔和中孔分布孔隙网络模型

(c) 中孔和小孔连接示意

图 6.4.4　多尺度孔隙网络模型

4. 孔隙网络模型构建流程

为反映真实岩石孔隙结构的多尺度性、非均质性和各向异性，提出了反映围岩矿物成分和多尺度孔隙结构特征的等效规则孔隙网络模型，具体构建流程如下：

(1) 给出生成随机网络模型的物理尺寸为 $0 \leqslant X_1 \leqslant NS_1$，$0 \leqslant X_2 \leqslant NS_2$，$0 \leqslant X_3 \leqslant NS_3$，$N$ 是每个坐标方向上的单元数，S_1、S_2、S_3 是三个坐标轴方向上的单元尺寸。在同一孔隙大小分布曲线中，随机给定 S_1、S_2、S_3 的值，对模型进行 50 种随机分配，并计算不同分配情况下的渗透率或者扩散率方差，试算得到计算方差减小到 10%以下的 N 值。

(2) 在所给范围的截断八面体晶格中心上随机生成矿物颗粒节点(包括大小及位置)。首先依据矿物颗粒尺寸累计分布曲线随机赋予晶格中心上颗粒的半径值；在所有晶格中心布置完颗粒后，计算所有颗粒体积，结合颗粒体积分数与 S_1、S_2 和 S_3 之间的关系比例，利用式(6.4.1)计算出 S_1、S_2 和 S_3 的值，在此基础上，计算网络模型中最大颗粒与相邻颗粒中心之间的距离，若两颗粒半径不相交，则模型满足要求。若两颗粒之间的距离小于两颗粒半径之和时，认为两颗粒位置过近，不符合实际多孔介质颗粒空间位置分布特征，将这个相邻颗粒与模型中半径最小的颗粒位置对调使其满足距离不相交要求，重新计算被对调位置后颗粒半径与周围相邻颗粒之间的距离，判断是否满足两相邻颗粒距离不相交要求，重复上述过程，直至所有颗粒节点都满足要求。

(3) 在上述计算出的 S_1、S_2 和 S_3 值基础上，在截断八面体晶格相邻面心连接位置上依据中孔尺寸累计分布曲线随机赋予该孔隙节点半径值和位置，在插入孔隙节点的过程中，记录对应的孔隙编号，对随机生成的每一孔隙节点，按照网络模型元素给出的孔喉截面形状及其组合类型，给出等效半径及形状因子，根据形状因子、孔隙半径和孔隙长度计算出每个孔隙体积，直至孔隙体积达到中孔孔隙率 0.018 为止。中孔的分配可以在不同方向上进行，也可以限制在选定方向上，以模拟各向异性和非均质性。为了模拟黏土岩的层理特性，将中孔集中分配在某一个方向上。

(4) 将小孔分配到未被中孔占据的潜在连接位置上，如若未被中孔占据的潜在连接位置上都分配有小孔，但小孔总体积仍未达到试验测得的体积，则小孔将以随机分布的方式，以并联的形式分配在已有的中孔或者小孔位置上，直至小孔总体积达到测定的体积密度，即 0.142，因此，一个潜在连接位置上最终会有一个或者多个小孔以并联的形式存在。在插入孔隙节点的过程中，第一个孔隙编号接在最后一个中孔编号后面。

(5) 通过上述方法实现中孔范围的大尺度孔隙网络模型与小孔范围的小尺度孔隙网络模型的耦合，在储层围岩中，大尺度孔隙周围往往环绕很多小尺度孔隙，且大尺度孔隙个数要远小于小孔隙个数，上述方法符合实际情况，在此基础上，计算每个孔隙的配位数。

6.4.2　孔隙尺度数学物理方程

1. 饱和条件下孔隙尺度离子运移数学物理方程

在构建完孔隙网络模型框架后，需对每个孔隙赋予实际的数学物理方程，假设孔隙网络模型中孔的两端节点分别为 i 和 j，其体积为 V_{ij}，表面积为 S_{ij}，则通过每个孔的物质运移方程包含对流项、带双电层影响的扩散项和吸附项，计算公式为

$$V_{ij}\frac{\mathrm{d}\xi_{ij}}{\mathrm{d}t}=q_{ij}\left(\xi_i-\xi_j\right)+F_{ij}-S_{ij}\frac{\mathrm{d}s'_{ij}}{\mathrm{d}t} \tag{6.4.5}$$

式中，ξ_i 和 ξ_j 分别为 i 节点和 j 节点处的物质浓度 kg/m^3；F_{ij} 为考虑双电层影响的扩散项；$q_{ij}\left(\xi_i-\xi_j\right)$ 为由速度引起的对流项；q_{ij} 为单孔的流量；$S_{ij}\dfrac{\mathrm{d}s'_{ij}}{\mathrm{d}t}$ 为吸附项；s'_{ij} 为单位面积平衡吸附量。

单孔的流量 q_{ij} 为

$$q_{ij}=M\frac{A_{ij}^2G_{ij}}{\mu l_{ij}}\left(p_i-p_j\right) \tag{6.4.6}$$

式中，A_{ij} 为孔隙截面积，$A_{ij}=\pi r_{ij}^2$，m^2；G_{ij} 为形状因子；l_{ij} 为孔隙长度，m；M 为孔隙形状系数(截面为圆形、三角形和正方形时，M 分别为 0.5、0.6 和 0.5623)；p_i 和 p_j 分别为孔隙 i 和 j 处的压力，Pa；μ 为流体黏度，Pa·s。

扩散项 F_{ij} 包括自由扩散项 $F_{\text{free},ij}$ 和双电层扩散项 $F_{\text{DL},ij}$，计算公式为

$$F_{ij}=F_{\text{free},ij}+F_{\text{DL},ij} \tag{6.4.7}$$

$$F_{\text{free},ij}=4\pi G_{ij}A_{ij}f_{\text{free},ij}D_{\text{w}}\frac{\xi_i-\xi_j}{l_{ij}} \tag{6.4.8}$$

$$F_{\text{DL},ij}=4\pi G_{ij}A_{ij}f_{\text{DL},ij}\frac{\xi_{\text{DL},ij}}{\xi_{ij}}D_{\text{w}}\frac{\xi_i-\xi_j}{l_{ij}} \tag{6.4.9}$$

式中，D_{w} 为分子扩散系数，m^2/s；$f_{\text{free},ij}$ 为自由孔隙水占总孔隙体积的体积分数；$f_{\text{DL},ij}$ 为双电层溶液所占的体积分数，可以通过总孔隙体积与自由孔隙水体积之差来计算；$\xi_{\text{DL},ij}$ 为双电层中物质浓度，kg/m^3；$\xi_i-\xi_j$ 为孔隙节点之间的浓度差，kg/m^3；ξ_{ij} 为孔隙中平均浓度，kg/m^3。

$f_{\text{free},ij}$ 的计算公式为

$$f_{\text{free},ij} = \frac{\left(r_{ij} - d_{\text{DL}}\right)^2}{r_{ij}^2} \tag{6.4.10}$$

式中，d_{DL}为双扩散层厚度。

d_{DL}和$\xi_{\text{DL},ij}$可由式(6.4.11)和式(6.4.12)计算得到

$$d_{\text{DL}} = 2\sqrt{\frac{\kappa RT}{2F^2 1000I}} \tag{6.4.11}$$

$$\xi_{\text{DL},ij} = \frac{2\xi_{\text{free},ij}^2}{-q + \sqrt{q^2 + 4\xi_{\text{free},ij}^2}} \tag{6.4.12}$$

式中，q为离子浓度，kg/m^3；F为法拉第常数，F=96485C/mol；I为无量纲离子强度；R为气体常数，R=8.3145J/(mol·K)；T为绝对温度，K；κ为水介电常数，20℃时$\kappa=6.93\times10^{-10}$F/m。

分子扩散系数D_{w}的计算公式为

$$D_{\text{w}} = A\exp\left(-\frac{Q}{RT}\right) \tag{6.4.13}$$

式中，A为经验预扩散系数，m^2/s；Q为在自由水中扩散的活化能，J/mol。

当物质属于线性吸附平衡时，单位面积平衡吸附量s'_{ij}的计算公式为

$$s'_{ij} = k_{a,ij}\xi_{ij} \tag{6.4.14}$$

式中，$k_{a,ij}$为归一化表面积，m。

将式(6.4.14)代入式(6.4.5)，可得

$$V_{ij}\left(1 + k_{a,ij}\beta\right)\frac{\mathrm{d}\xi_{ij}}{\mathrm{d}t} = q_{ij}\left(\xi_i - \xi_j\right) + F_{ij} \tag{6.4.15}$$

式中，β为系数，$\beta = S_{ij} / V_{ij}$，m^{-1}。

当物质属于非线性平衡吸附时，单位面积平衡吸附量s'_{ij}的计算公式为

$$s'_{ij} = a\xi_{ij}^b \tag{6.4.16}$$

式中，a、b为吸附常数。

将式(6.4.16)代入式(6.4.5)，可得

$$V_{ij}\left(1+a\beta\xi_{ij}^{b-1}\right)\frac{\mathrm{d}\xi_{ij}}{\mathrm{d}t}=q_{ij}\left(\xi_i-\xi_j\right)+F_{ij} \tag{6.4.17}$$

2. 细观尺度岩石介质力学性能对流体流动影响的数值模拟

储层围岩介质通常由多种矿物成分、孔隙和裂缝等组成，具有多相性和非均质性等特点，从宏观尺度对储层围岩介质的力学性能发展进行预测，难以体现岩石细观结构力学性能演化与开裂破坏机理。随着数值仿真技术的发展，在细观力学的研究中发展出了丰富的数值模拟方法，主要分为基于有限元的连续介质模型、基于离散元的非连续介质模型以及连续-离散耦合模型。但是有限元无法从几何上真实反映岩石的开裂破坏过程；离散元能够有效反映岩石裂缝的产生与发展，但通常计算量较大；连续-离散耦合模型在耦合边界处须做特殊处理，且耦合模型的单元判断效率较低，限制了其在大规模计算中的应用。格构离散单元法能够在准确模拟力学性能的同时兼顾计算效率，且能够与孔隙网络模型做到很好的流固耦合。本节采用格构离散单元法耦合孔隙网络单元进行流固耦合的数值模拟。

格构离散单元法将连续介质离散为杆单元或梁单元等基本单元，岩石中不同矿物成分的力学特性通过其对应位置的基本单元属性来表征，依次实现岩石细观结构的非均质性。具体步骤如下[6]：

(1) 将连续体以截断八面体离散后（见图 6.4.3(c)），以截断八面体体心为单元节点，用梁单元进行离散体间的界面连接，如图 6.4.3(d) 所示。

(2) 根据梁单元所在位置的单元节点属性来赋予梁单元属性。

(3) 将岩石受力破坏的过程转化为梁单元的逐步破坏断裂，施加一个基础的应变（如单位应变），对模型进行受力分析后得到最弱结构单元，将其表征为断裂并剔除后再进行下一步的分析，通过定义合理的转化系数可以计算得到每个分析步对应的外力与模型应变，通过单元节点应变等可以计算模型的裂缝宽度，根据模型形变可以计算其弹性剪切模量和断裂耗能。

本节采用梁单元，单元截面为圆形，不仅可以传递轴力、剪切力、弯矩以及扭矩，还可以考虑剪切变形的影响，其挠度和截面转动各自独立插值。每个单元节点具有六个独立的自由度：三个平移自由度和三个旋转自由度。相邻晶胞中心节点的位移 u 和反作用力 F 之间的关系由标准方程 $F=\boldsymbol{K}u$ 给出，$\boldsymbol{K}$ 为对称的梁单元刚度矩阵，其矩阵元素为

$$
\begin{cases}
k_{1,1}=k_{7,7}=-k_{1,7}=\dfrac{A_\beta E_b}{L_{\text{ij}}} \\
k_{2,2}=k_{3,3}=-k_{8,8}=k_{9,9}=-k_{2,8}=-k_{3,9}=\dfrac{3A_\beta^2 E_b^3}{\pi L_{\text{ij}}} \\
k_{4,4}=k_{10,10}=-k_{4,10}=\dfrac{A_\beta^2 G_b}{2\pi L_{\text{ij}}} \\
k_{5,5}=k_{6,6}=-k_{11,11}=k_{12,12}=2k_{5,11}=2k_{6,12}=\dfrac{A_\beta^2 E_b}{\pi L_{\text{ij}}} \\
k_{2,6}=k_{2,12}=-k_{3,5}=-k_{3,11}=k_{5,9}=-k_{6,8}=-k_{8,12}=k_{9,11}=\dfrac{3A_\beta^2 E_b^2}{2\pi L_{\text{ij}}}
\end{cases}
\tag{6.4.18}
$$

式中，L_{ij}为梁单元的长度，即相邻截断八面体的体心距。

根据试验数据对不同方向的梁单元分配了不同的弹性模量和泊松比来表征黏土岩的各向异性，梁单元力学性能参数见表 6.4.1。在此仅研究黏土岩的弹性变形，式(6.2.18)中的β=4 或 6，表示两种类型的梁单元，穿过截断八面体晶格正方形面的梁单元具有较长的长度，其圆形截面面积为$A_4=0.106S_{\text{i}}^2$；穿过截断八面体晶格六边形面的梁单元具有较短的长度，其圆形截面面积为$A_6=0.358S_{\text{i}}^2$。

表 6.4.1　梁单元力学性能参数

参数	参数值
$E_{//}$	7.5GPa
$E_{\perp}$	3.4GPa
$v_{//}$	0.35
$v_{\perp}$	0.25
G	3.7GPa
ρ	2430kg/m^3

注：//表示平行于黏土层理方向；⊥表示垂直于黏土层理方向。

(4)为了从细观尺度上探究岩石介质变形对流体流动的影响，将格构模型基本单元与孔隙网络模型中孔喉单元进行耦合，具体做法为：以截断八面体体心为单元节点，利用格构梁单元连接截断八面体体心，而孔隙网络模型中的孔单元连接截断八面体的面心，实现了梁单元与孔单元的一一对应，梁单元的变形破坏直接体现在孔单元的大小和长度的变化上，该方法也符合实际裂缝产生

后的流体流动方向。例如围压引起的应变对孔隙半径改变可表示为

$$r_{ij}' = r_{ij}^0 + \varepsilon L_{ij} \tag{6.4.19}$$

式中，L_{ij} 为穿过孔隙所在表面的梁单元长度，m；r_{ij}^0 为初始半径，m；ε 为应变。

6.4.3　物质运移模型的多场耦合求解

图 6.4.3(d)是一个三维数学图形，图形的拓扑结构(孔隙之间连通性)由关联矩阵 $\boldsymbol{B}$ 描述，大小为 $M \times N$，行数 M 是边(孔隙)的数量，可以随着系统中添加的新边(孔隙)而增长；列数 N 是节点(孔隙交汇处)的数量。矩阵元素 b_{mn} 可以是−1、+1 或 0，分别表示节点 n 是边 m 的起点、终点或不相关的节点。起点和终点的具体分配不会影响后续分析，但每行中仅有两个非零元素且符号相反是至关重要的。节点继承了原始单元的整体属性，例如单元的材料体积和单元中扩散物质的总质量。边继承了原始单元面的整体属性，例如面积和通过面积的总通量。因此，可以将节点视为边的交汇点，这些交汇点可能会分布在物理单元内，但需要满足质量守恒。此外，一条边可以表示一个单一孔隙、多个不同横截面积的孔隙(共同描述通量)，或者不表示任何孔隙。

关联矩阵描述了用于连通性分析的拓扑结构和定义在节点上的离散函数的导数。具体而言，维度为 N 节点上的浓度场向量 $\boldsymbol{\xi}$，该场的梯度通过矩阵乘积 $\boldsymbol{B\xi}$ 表示，这是一个定义在边上的场，可表示为维度为 M 的向量 $\nabla\boldsymbol{\xi}$。关联矩阵的转置是边集合的边界算子，即描述定义在边上的(离散)函数的导数。具体来说，在图的边上定义的通量场可以表示为一个维度为 M 的向量 $\boldsymbol{J}$，该场的梯度通过 $\boldsymbol{B}^{\mathrm{T}}\boldsymbol{J}$ 表示，这是一个定义在节点上的场，写为维度为N的向量$\nabla\boldsymbol{J}$。

节点处质量变化速率等于通过节点的净质量流，因此，离散流场为

$$V_{\mathrm{n}} \frac{\mathrm{d}\xi}{\mathrm{d}t} = \nabla\boldsymbol{J} = \boldsymbol{B}^{\mathrm{T}}\boldsymbol{J} = -\boldsymbol{B}^{\mathrm{T}}\boldsymbol{BW\xi} \tag{6.4.20}$$

式中，t 为时间；V_{n} 为节点体积，可以视为单元体积；$\boldsymbol{W}$ 为一个维度为 $M \times M$ 的对角矩阵，其元素具体推导过程见文献[2]、[6]。

补充节点上初始条件和边界条件，通过数值求解可以得到任意时间点节点浓度和边界通量。当达到稳态时，即所有节点的浓度都保持不变时，模拟终止。

对于格构模型图 6.4.3(f)，图形的拓扑结构(连接性)由关联矩阵 $\boldsymbol{B}_1$ 描述，其维度为 $M_1 \times N_1$，其中 M_1 是代表梁单元，N_1 是节点(固体颗粒位置)的数量。矩阵元素 $b_{m_1n_1}$ 可以是−1、+1 或 0，代表节点 n_1 是梁单元 m_1 的第一个、第二个

或不是梁单元 m_1 的节点。具体而言，维度为 N_1 的节点上的位移向量 $\boldsymbol{u}$，其梯度 $\nabla\boldsymbol{u}$ 的维度为 M_1 且由矩阵乘积 $\boldsymbol{B}_1\boldsymbol{u}$ 给出。而关联矩阵的转置描述了定义在梁单元上的离散函数的导数，即维度为 M_1 的力向量 $\boldsymbol{F}$，其梯度为 $\boldsymbol{B}_1^{\mathrm{T}}\boldsymbol{F}$ 是节点维度为 N_1 的离散场向量 $\nabla\boldsymbol{F}$。类似于流场，力学场中

$$\boldsymbol{F}=-\boldsymbol{W}\boldsymbol{B}_1\boldsymbol{u} \tag{6.4.21}$$

通过图形节点上的力学守恒规则，补充节点上初始条件和边界条件，可以得到任意时间点的节点位移。

与传统的有限元或有限差分形式相比，通过对图形进行离散分析展示了孔隙空间拓扑结构和传输之间的内在关系，两者都通过关联矩阵来描述。在实践中，它清晰地区分了连接性的影响(由关联矩阵 $\boldsymbol{B}$ 或者 $\boldsymbol{B}_1$ 捕捉)和几何学与物理学的影响(由边权重矩阵 $\boldsymbol{W}$ 捕捉)，这有助于通过有效的计算方式揭示潜在的孔隙空间变化机制。例如，由腐蚀、吸附、细菌膜生长、变形等引起的局部孔隙几何变化只会影响 $\boldsymbol{W}$ 的相应系数，而不会改变 $\boldsymbol{B}$ 或者 $\boldsymbol{B}_1$。材料失效(如微裂纹)在演化过程中呈现出更复杂的情况，不仅连接性发生改变，即 $\boldsymbol{B}$ 和 $\boldsymbol{B}_1$ 发生改变，还会引起新的几何条件和物理条件，即 $\boldsymbol{W}$ 发生改变。

6.4.4 围岩物质运移数值模拟结果

数值模型大小为 $0\leqslant X_1\leqslant NS_1$，$0\leqslant X_2\leqslant NS_2$，$0\leqslant X_3\leqslant NS_3$，其中 S_1、S_2、S_3 是三个直角坐标系方向上的单元尺寸，N 是每个坐标方向上的单元数，对同一孔隙大小分布曲线进行 50 种随机分配，计算不同 N 值 50 种随机分配情况下的平均渗透率(或扩散率)和均方差，试算得到当 N 增至 20 时计算方差减小到 10%以下，故所有模拟得到的结果均是基于 N=20 时 50 个随机分配的平均值[4,6]。

对于物质运移模拟，所有节点的初始浓度为零，在两个相对的边界上设定了边界条件浓度 c_0 和 c_1，例如用于计算平行黏土岩层理方向的宏观有效扩散率 $D_{e//}$的边界条件为：在平面 X_1=0 上的所有节点浓度为 c_0，在平面 $X_1=20S_1$ 上的所有节点浓度为 c_1，而其他四个边界不允许物质通过，即在平面 X_2=0，$X_2=20S_2$，X_3=0，$X_3=20S_3$ 上的所有节点上通量为零。用于计算垂直黏土岩层理方向的宏观有效扩散率 $D_{e\perp}$的边界条件为：在平面 X_2=0 上的所有节点浓度为 c_0，在平面 $X_2=20S_2$ 上的所有节点上浓度为 c_1，在平面 X_1=0，$X_1=20S_1$，X_3=0，$X_3=20S_3$ 上的所有节点上通量为零。对于力学模拟，垂直于黏土岩层理方向的边界条件是：在 X_0 和 X_1 上施加压力，平面 X_2=0 和 $X_2=20S_2$ 上的所有节点在 X_2 方向上位移为零，平面 X_3=0 和 $X_3=20S_3$ 上的所有节点 X_3 方向上位移也为零。

常温下氚化水分子(HTO)和铀离子(U(VI))在平行和垂直于黏土岩层理方向的有效扩散系数 $D_{e//}$和 $D_{e\perp}$随形状因子 G 的增加而增加(见图 6.4.5)。模拟得到的 HTO 有效扩散系数范围为 $D_{e//}=5.41\times10^{-11}\sim17.10\times10^{-11}m^2/s$, $D_{e\perp}=1.58\times10^{-11}\sim5.03\times10^{-11}m^2/s$；模拟得到的 U(VI) 有效扩散系数为 $D_{e//}=8.04\times10^{-12}\sim2.56\times10^{-11}m^2/s$，$D_{e\perp}=1.98\times10^{-12}\sim7.26\times10^{-12}m^2/s$。当形状因子值相同时，平行于层理方向的有效扩散系数均大于垂直于层理方向的有效扩散系数，这与 6.2.2 节中试验观测得到的孔隙路径几何曲折度在垂直于层理面方向上比在层理面内高，并导致在垂直于层理方向离子扩散更慢的结果是一致的。此外，U(VI)在平行和垂直于层理面有效扩散系数均小于对应的 HTO 有效扩散系数，这是因为 U(VI)离子半径大于 HTO，从而导致其可通过的有效孔隙率小于 HTO 分子的有效孔隙率。当平均形状因子 G=0.025 时，HTO 和 U(VI)的数值模拟结果与试验研究结果吻合，由此可知黏土岩的孔隙平均形状因子为 0.025。

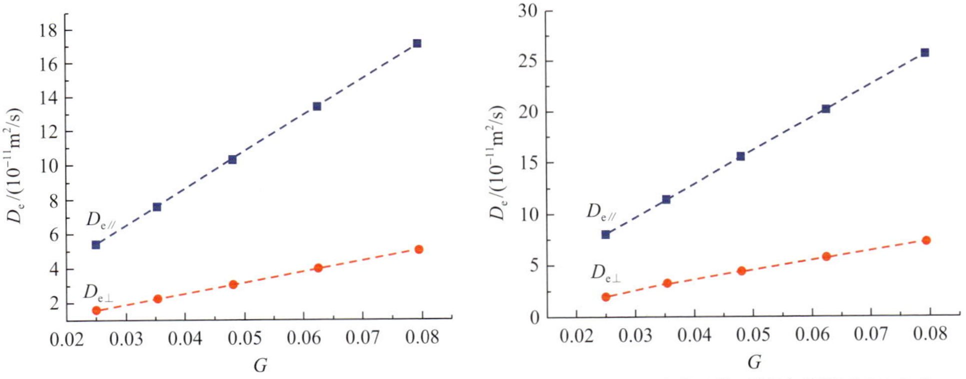

(a) HTO有效扩散系数随形状因子的变化 (r_A=0.1nm)

(b) U(VI)有效扩散系数随形状因子的变化 (r_A=0.524nm)

图 6.4.5　HTO 和 U(VI)在平行和垂直于 OPA 黏土层理方向中的有效扩散系数

当平均形状因子从 0.025 增加到 0.08 时，U(VI)平行于和垂直于黏土岩层理方向的表观扩散系数随着平均形状因子的增加而增加，其变化范围大于有效扩散系数的变化范围，且平行于层理方向上的表观扩散系数比垂直于层理面的表观扩散系数的变化范围大(见图 6.4.6)。这是因为形状因子是截面积与周长的比值，较小的形状因子导致孔隙体积与表面积的比值较小，比表面积越大，吸附到孔壁上的物质就越多。在垂直于层理面方向上更曲折的孔隙几何路径导致其吸附到孔壁上的物质更多。

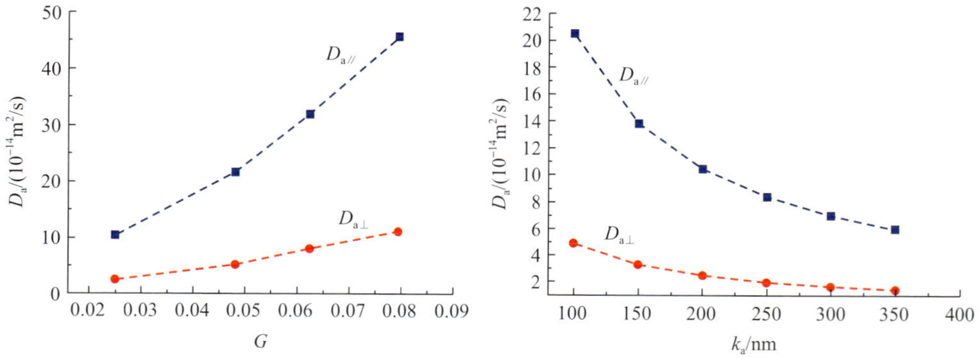

(a) U(VI)表观扩散系数随形状因子G的变化 (k_a=200nm)　(b) U(VI)表观扩散系数随吸附系数k_a的变化 (G=0.025)

图 6.4.6　U(VI)在平行和垂直于 OPA 黏土层理方向中的表观扩散系数

由于平均形状因子 G=0.025 时，U(VI)的有效扩散系数与试验值吻合较好，因此，采用这个 G 值来研究黏土岩中 U(VI)的吸附效应。假设在孔隙尺度上发生线性吸附，图 6.4.6(b)显示 U(VI)的表观扩散系数 $D_{a//}$和 $D_{a\perp}$随分配系数 k_a 的增加而降低，这是因为当 k_a 增加时更多的物质将被吸附，使得用于扩散的孔隙空间减少。

通过计算得出的表观扩散系数为：$D_{a//}=8.35\times10^{-14}\sim2.05\times10^{-13}m^2/s$；$D_{a\perp}=1.98\times10^{-14}\sim4.87\times10^{-14}m^2/s$。试验测得的 U(VI)表观扩散系数为 $D_{a//}=(9.5\pm0.4)\times10^{-14}m^2/s$，$D_{a\perp}=2.86\times10^{-14}\sim3.43\times10^{-14}m^2/s$，$k_a$ 范围为 128～350nm。当 k_a=200nm 时，模拟结果与试验结果吻合，由此可见，U(VI)的吸附是线性的。

假设孔隙尺度上为非线性等温吸附，即 $s=ac^b$。由图 6.4.7 可以看出，在 $X_0=0$ 处浓度 $c_0=0.05mol/m^3$ 和 $X_1=20S_1$ 处浓度 $c_1=0$，其他边界处无通量条件下参数 a 和 b 对表观扩散系数的影响。当 b=1.5 时，a 的增加导致 U(VI)在两个方向上的表观扩散系数降低(见图 6.4.7(a))；当 a 固定时，U(VI)在两个方向上的表观扩散系数随着 b 的增加而增加(见图 6.4.7(b))。但当 b 增加到一定值后，表观扩散系数的增加变得缓慢，这是因为随着参数 b 的增加，吸附质量减少。

由试验测得的 HTO 扩散的活化能为 20.10kJ/mol(式(6.4.13)中系数 Q)。由于在 Arrhenius 类型的扩散方程中预扩散系数(式(6.4.13)中系数 A)无法通过试验测量，所以调整预扩散系数来拟合 25℃试验条件下的有效扩散系数，试算得到的 HTO 预扩散系数为 $9.50\times10^{-6}m^2/s$，使用这些预扩散系数来模拟计算其他温度下的有效扩散系数，模拟得到的 HTO 氚化水分子垂直于黏土岩层理方向的有效扩散系数与 6.3.4 节中不同温度下的试验测量结果非常吻合，且有效扩散系数随着温度升高而增加(见图 6.4.8)。其次，以相同的原理拟合得到了25℃时 Cl^-和 Na^+的预扩散系数，在此基础上模拟得到的不同温度下Cl^-和 Na^+

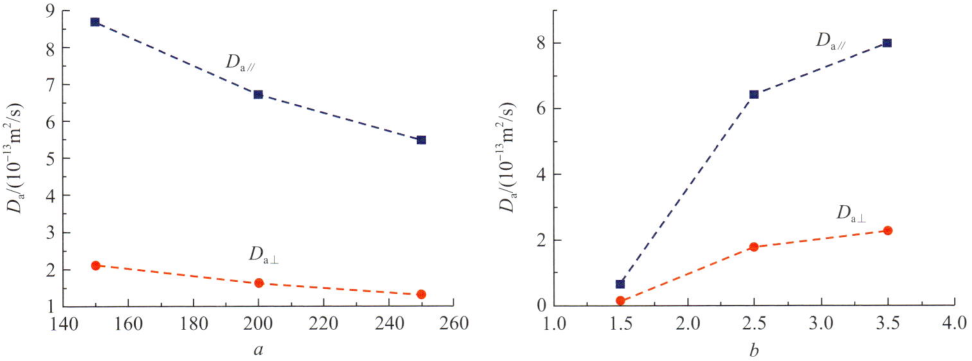

(a) U(VI) 表观扩散系数随吸附方程中系数a的变化(b=1.5)　　(b) U(VI) 表观扩散系数随系数b的变化(a=200)

图 6.4.7　非线性吸附情况下 U(VI)平行和垂直于 OPA 层理的表观扩散系数

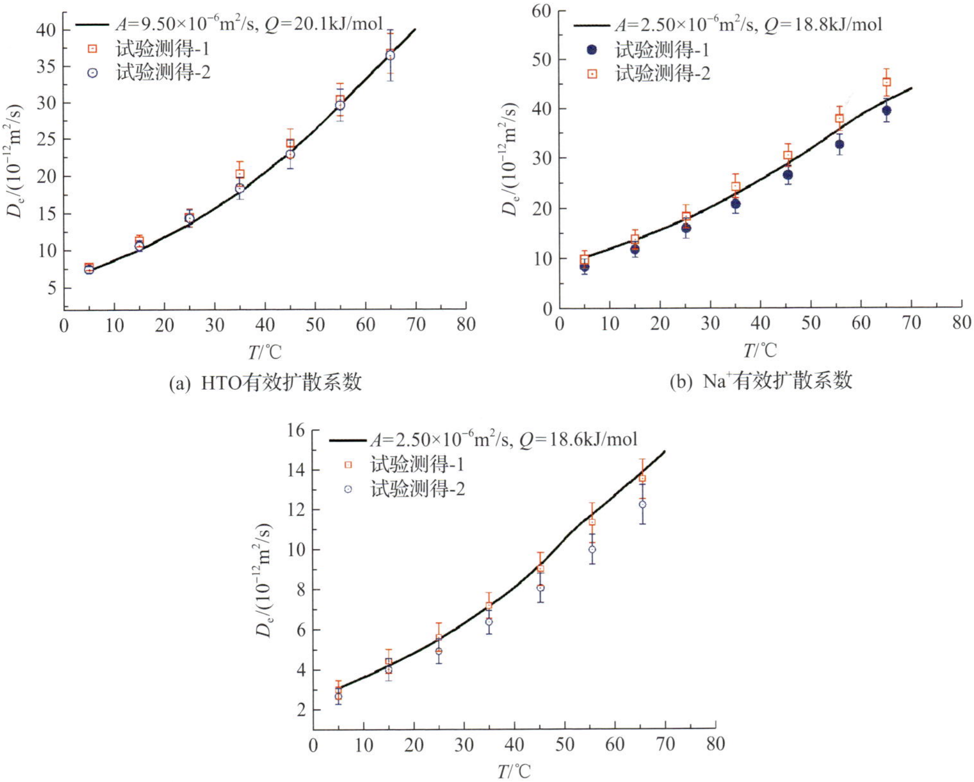

(a) HTO有效扩散系数　　(b) Na^+有效扩散系数

(c) Cl^-有效扩散系数

图 6.4.8　不同温度下数值模拟与试验测得的 HTO、Cl^-和 Na^+有效扩散系数

垂直于黏土岩层理方向的有效扩散系数与试验值相吻合，Cl^-的活化能值(18.6kJ/mol)和 Na^+的活化能值(18.8kJ/mol)是通过试验测量得到的。值得注意的是，因为黏土颗粒表面带有负电荷从而在颗粒表面附近形成双电层，双电层会吸附阳离子排斥阴离子，使得阳离子有效扩散系数(Na^+)>中性离子有效扩散系数(HTO)>阴离子有效扩散系数(Cl^-)。

由图 6.4.9 可以看出，常温下当围压从 1MPa 增至 5MPa 时，数值模拟得到的 HTO 有效扩散系数从 $15.20\times10^{-12}m^2/s$ 减少至 $11.70\times10^{-12}m^2/s$，Cl^-的有效扩散系数从 $5.71\times10^{-12}m^2/s$ 降至 $4.00\times10^{-12}m^2/s$，与 6.3.4 节中试验测量结果相吻合，因此，围压对黏土岩中物质的有效扩散系数影响较小。此外，围压的影响与示踪剂特异性相关，其中阴离子比中性离子(如 HTO)更明显，这是由于在更高的围压下，随着孔隙尺寸的减小，黏土岩中带负电荷的矿物表面与阴离子示踪剂之间的阻挡作用逐渐增强，当围压从 1MPa 增至 5MPa 时，HTO 的有效扩散系数减小约 17%，Cl^-的有效扩散系数减小约 28%。

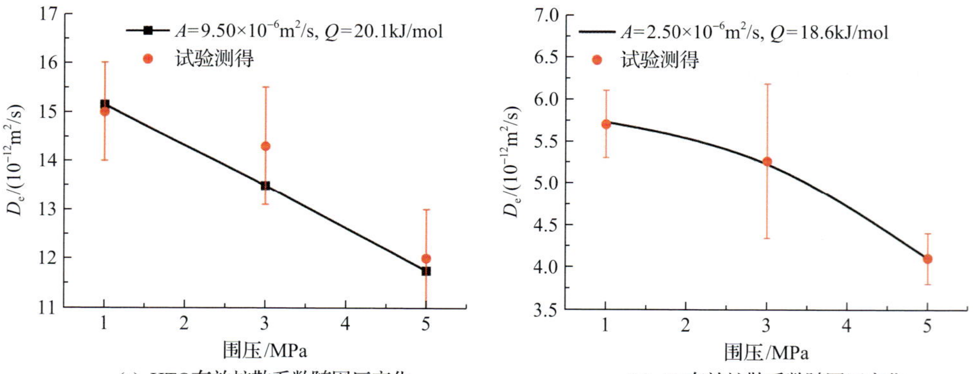

(a) HTO有效扩散系数随围压变化　(b) Cl^-有效扩散系数随围压变化

图 6.4.9　T=23℃±2℃下数值模拟与试验测得的 HTO 和 Cl^-在不同围压下的有效扩散系数

6.5　本 章 小 结

本章通过试验、理论和数值分析，开展了围岩孔隙结构和物质运移规律的试验测试，建立了考虑岩石矿物成分、对流扩散、吸附/脱附与双电层效应的物质运移模型，提出了多尺度多场耦合作用下物质运移的数值分析方法，编制了相应的计算程序。本章得到以下结论：

(1)通过围岩介质在不同围压、温度条件下不同离子的物质运移试验，得到离子在不同围压和温度条件下的迁移规律，揭示了不同离子考虑双电层和吸附作用的非线性运移机理。

(2) 基于流体侵入法和图像分析法对岩石多尺度孔隙结构进行了表征分析，得到了岩石孔隙大小和连通性分布规律，提出了基于截断八面体晶格的等效孔隙网络模型和基于分析对象的孔隙结构模型，建立了围岩介质多尺度的物质运移模型，开发了相应的数值计算分析程序。

(3) 应用开发的程序对在不同围压和温度下深部黏土岩中离子运移进行了数值模拟分析，发现离子扩散系数随着温度升高而增加，随着围压增加而降低，在相同条件下，阳离子的扩散系数>中性离子的扩散系数>阴离子的扩散系数，为评估深部围岩储存介质的密闭性提供了理论和技术指导。

参 考 文 献

[1] 中国 21 世纪议程管理中心.《中国二氧化碳捕集利用与封存(CCUS)年度报告(2023)》发布. 聚氯乙烯, 2023, 51(8): 42.

[2] Xiong Q R, Joseph C, Schmeide K, et al. Measurement and modelling of reactive transport in geological barriers for nuclear waste containment. Physical Chemistry Chemical Physics, 2015, 17(45): 30577-30589.

[3] Xiong Q R, Jivkov A P. Analysis of pore structure effects on diffusive transport in Opalinus clay via pore network models. Mineralogical Magazine, 2015, 79(6): 1369-1377.

[4] Xiong Q R, Baychev T G, Jivkov A P. Review of pore network modelling of porous media: Experimental characterisations, network constructions and applications to reactive transport. Journal of Contaminant Hydrology, 2016, 192: 101-117.

[5] Xiong Q R, Li K, Yang D S, et al. Characterizing coal pore space by gas adsorption, mercury intrusion, FIB-SEM and mu-CT. Environmental Earth Sciences, 2020, 79(10): 209.

[6] Xiong Q R. Discrete modelling of hydro-chemo-mechanical performance of clay materials. Applied Clay Science, 2020, 197,105760.

[7] Saeidi N, Parvini M. Accuracy of Dubinin-Astakhov and Dubinin-Radushkevich adsorption isotherm models in evaluating micropore volume of bentonite. Periodica Polytechnica Chemical Engineering, 2016, 60(2): 123-129.

[8] Barrett E P, Joyner L G, Halenda P P. The determination of pore volume and area distributions in porous substances computations from nitrogen isotherms. Journal of the American Chemical Society, 1951, 73(1): 373-380.

[9] Thommes M, Kaneko K, Neimark A V, et al. Physisorption of gases, with special reference to the evaluation of surface area and pore size distribution (IUPAC Technical Report). Pure and Applied Chemistry, 2015, 87(9-10): 1051-1069.